BUSINESS METRICS
ARCHITECTURE AND PLATFORM

指标体系与指标平台

方法与实践

数势科技 大数据技术标准推进委员会◎著

机械工业出版社
CHINA MACHINE PRESS

图书在版编目（CIP）数据

指标体系与指标平台：方法与实践 / 数势科技，大数据技术标准推进委员会著 . —北京：机械工业出版社，2024.7（2025.1 重印）

ISBN 978-7-111-75776-4

Ⅰ. ①指…　Ⅱ. ①数… ②大…　Ⅲ. ①数据管理 – 指标　Ⅳ. ① TP274

中国国家版本馆 CIP 数据核字（2024）第 092531 号

机械工业出版社（北京市百万庄大街 22 号　邮政编码 100037）

策划编辑：杨福川　　　　责任编辑：杨福川　罗词亮

责任校对：樊钟英　张　薇　　责任印制：郜　敏

中煤（北京）印务有限公司印刷

2025 年 1 月第 1 版第 3 次印刷

147mm × 210mm · 11.5 印张 · 3 插页 · 276 千字

标准书号：ISBN 978-7-111-75776-4

定价：109.00 元

电话服务	网络服务
客服电话：010-88361066	机　工　官　网：www.cmpbook.com
010-88379833	机　工　官　博：weibo.com/cmp1952
010-68326294	金　　书　　网：www.golden-book.com
封底无防伪标均为盗版	机工教育服务网：www.cmpedu.com

赞 誉

（按推荐人的姓氏拼音排序）

在消费者需求与渠道策略日益复杂的零售业，数据和指标是企业生存与发展的关键。在腾讯智慧零售与众多行业伙伴的密切合作中，我们深刻感受到大家对此的殷切期待。本书深入探讨了如何通过精细化的指标管理来驾驭数据，驱动企业数字化转型。同时，结合丰富的行业案例，展示了指标平台在企业经营中的核心作用，为零售业提供了清晰的数字化转型蓝图。无论零售业的决策者还是数据分析师，都能从本书中获得宝贵的洞见，推荐阅读。

——陈菲　腾讯智慧零售副总裁 / 腾讯云副总裁

本书不仅阐述了指标体系的重要性和设计方法，而且将指标平台的构建与大模型技术的应用完美结合，为企业数字化转型提供了宝贵的指导。黎科峰博士团队凭借其在大数据技术领域的丰富经验和深刻见解，为我们展现了一幅企业数字化经营的宏伟蓝图。我相信，通过阅读本书，你将获得宝贵的知识和灵感，帮助你在数据驱动的商业世界中乘风破浪。

——洪涛　百川智能联合创始人兼总裁

在本书中，黎科峰博士和数势科技团队贡献了自己多年基于指标管理的数字化实践成果和体系方法论，系统介绍了指标平台与指标体系的设计方法、产品平台和行业实践。可以说，本书不仅为企业提供了一套完整的数字化经营新模式，更是一本能够引导企业在复杂市场环境中稳健前行的实战手册。本书可读性和实践性俱佳，强烈推荐给广大企业决策者、数字化技术从业者，相信大家都能从中得到巨大启发！

——连林江　飞轮科技联合创始人

读完这本书，我们将数据智能和企业经营关联起来并融会贯通。企业的任何经营决策都要有数据支撑，以弥补人的经验的不足。依托大模型可以完成从生产到市场营销整个闭环链路的经验积累，过程中创造的价值超乎数据使用者的想象。连接使用者和数据之间的语言就是“指标”，优秀的数据系统把指标的生成、使用和反馈作为核心产品能力，让数据分析师和决策者可以轻松地把业务经验和数据连接起来，无缝实现创意到行动之间的规划，让经营分析和决策智能化。

——孙文现　镜舟科技 CEO

序　一

在数字经济时代，各个行业的企业都面临着一个共同的难题：如何高效管理和利用海量数据，实现从数据到知识，再到智慧的淬炼，进而为企业的发展注入新动能？

答案就是充分利用一系列数字技术和深刻理解数字化转型方法论。数字技术是企业数字化转型的引擎，为企业夯实转型基础；数字化转型方法论指导企业进行组织、制度、流程变革，为企业提供转型保障。最终，“技术”+“方法论”形成双轮驱动效应，让企业业务充分受益于数据，激发企业的创新活力，进而开创新的增长模式。

指标平台是数字技术的重要一环，指标体系构建方法论是数字化转型方法论的关键组成部分。但由于业内缺乏对相关理论知识的系统梳理，各企业的数字化探索之路成本高昂。

很高兴看到这本书的面世，它提供了数据指标领域的深刻见解和具体操作指南，并以指标为牵引，为企业深化数字化建设提供了新的思路和方法。

本书汇聚了数势科技创始人黎科峰博士及其团队在企业数字化经营领域的丰富经验、技术能力和深刻见解，系统梳理了指标体系设计的理论框架与实践方法，深入探讨了指标在数字化经营中的作用。书中提出了“自上而下”和“自下而上”相结合的指标体系设计思路，并为构建有效的指标平台提供了关键的技术分析。同时，通过金融、高科技制造和零售消费行业的案例分析，用生动的故事和严谨的逻辑，展示了如何根据具体场景定制指标体系以满足企业的实际需求，实用性很强。此外，书中还深入探讨了大数据、大模型等技术的应用，展现了技术与实体经济深度融合的广阔前景。

在参与和推动大数据技术标准制定的过程中，我深切体会到数据管理和利用的复杂性与挑战性。本书所阐述的方法论和案例，对那些致力于数字化转型的企业家、决策者和技术专家具有显著的参考价值。

同时，我十分期待本书能引发业界对指标体系和指标平台的深入探讨，以共同推动企业数字化经营的发展和创新，为数字经济贡献更多的智慧和力量。

最后，我要感谢作者的辛勤付出和卓越贡献。相信本书的出版将会给企业的数字化建设和指标体系建设注入新的活力。

方向既定，行则将至。让我们携手共进，共同开创数字化经营的新篇章！

马鹏玮

中国信息通信研究院云计算与大数据研究所

大数据与区块链部副主任

序　二

在数字化、智能化高速发展的今天，数据已成为企业最宝贵的资产之一。然而，拥有数据并不等于拥有智慧，要想拥有智慧，还要将这些数据转化为有价值的信息，进而在企业决策与运营中发挥关键作用。本书的问世，不仅为我们提供了将数据转化为有价值信息的方法，更为数字化转型的实践者们指明了方向。

本书不仅讲解了方法论，还分享了从丰富的商业实战与行业洞察中积累的实践心得和案例。黎科峰博士和他的团队，凭借在企业数字化经营领域的丰富经验和深刻见解，为我们介绍了全新的构建指标体系和指标平台的理论框架和实践路径，不仅阐释了如何以指标为核心，构建起一个能够精准反映企业运营状况的指标体系，还详细介绍了如何搭建一个能够支撑这一体系的强大指标平台。

本书的核心价值在于实用性和前瞻性。在实用性方面，本书提供了详尽的步骤和方法，包括指标体系的设计原则、构建流程，以及如何有效地将指标应用于日常的业务决策中。书中的案例分析尤为宝贵，它们来自作者团队在零售、金融、制造、连锁加盟等多个行业的实战经验，使理论知识得以在实践中生根发芽。

在前瞻性方面，本书不仅关注当前的技术应用，还对大数据、人工智能等领域的未来发展趋势进行了深入探讨。本书认为，随着技术的发展，指标体系和指标平台将不断演进，提供更加精细化、智能化的数据分析服务。这种洞见对于那些希望保持竞争优势的企业来说具有不可估量的价值。

在数字化、智能化转型的时代，企业不仅需要技术上的升级，更需要思维上的革新。本书拥有这两方面的价值，不仅指明了数字化转型的道路，指引企业如何在这条道路上稳步前行，而且为企业提供了一种全新的思考方式，帮助企业领导者重新审视和优化他们的业务模型。

在此，我要对作者团队的辛勤写作表示衷心的感谢。相信本书不仅可以为企业的数字化转型提供实用的指导，也可以为整个行业的发展贡献重要的智慧财富。让我们一同期待本书能够激发出更多的思考和实践，为推动企业数字化转型、实现数据价值的普惠化作出更大的贡献。

曹鹏

京东集团技术委员会主席、京东云总裁

前 言

推动企业数字化升级，实现数据价值的普惠化，是我们写作本书的初衷。

在当今瞬息万变的商业时代，互联网、大数据、人工智能等技术飞速发展，数字化转型已成为企业竞争格局的决定性因素之一。数字化不仅改变了企业的运营方式，也重塑了企业与客户、企业与市场以及企业内部流程之间的互动模式。在这一背景下，指标体系和指标平台的构建显得尤为重要，它们是企业数字化转型的基石，是实现数据驱动决策的关键。在这个关键时刻，我们决定写这样一本系统介绍指标体系与指标平台的方法与实践的书，旨在为企业提供一盏明灯，照亮其数字化转型的道路。

借用埃隆·马斯克提出的“对齐向量”的理念，如果把企业里的每个人都看作一个向量，那么他们方向的合力就是这家企业前进的方向和动力。向量方向一致则促进企业的发展，向量方向不一致甚至相反，就会阻碍企业的发展。一家企业需要对齐的向量包括：将个人努力同企业的奋斗目标结合起来，将各个团队（产品、市场、销售、服务等）的努力同企业的奋斗目标结合起来，将企业的奋斗目标同客户的需求结合起来。而将这么多向量对齐的力量，就源自指标体系和指标管理。

在多年的实践中，我们越来越深切地感受到指标平台在企业决策和运营优化中的核心作用。从企业管理到运营优化，决策者面临的挑战是如何在不确定的环境下做出正确的判断，而指标体系和数据分析就像企业这艘巨轮在航行中不可或缺的罗盘和航海图一样。

我们听到企业数字化转型被提得越来越多，我们看到越来越多的企业建了很多的数字化系统。然而，一个普遍的现象令人困惑：建了系统却用不起来，用起来了对管理决策也没有帮助。这到底是为什么呢？

我们还看到一些奇怪的现象：企业明明有很多数字化系统，但当领导者要做关键决策的时候，还是要找很多人从各个系统中收集、整理数据，而得到的数据常常不全面，结果看山只是山，只见树木不见森林，决策效率非常低下。甚至各部门之间还会相互扯皮，彼此不认可对方对于指标的定义。

好在这些现象已经受到越来越多 CIO（首席信息官）或 CTO（首席技术官）的重视。根据 ACCA 和钛媒体 2023 年联合发布的《数字化转型新思 2.0》报告，41% 的受访企业认为阻碍数字化进程的因素在于“数据不通不清晰，影响运营效率和领导者决策效率及正确性”，可见“数据不通不清晰”已成为影响企业竞争力的关键问题。

这些问题的根源就在于缺乏有效的指标管理。指标管理是确保数据流通、清晰和可操作的关键。没有它，企业就像是在茫茫大海中航行的船只，缺乏方向，难以抵达目的地。

指标管理能够确保数据的一致性和透明度。在企业内部，不同的部门可能对同一指标有不同的理解和定义，这会导致数据混乱和沟通障碍。通过建立统一的指标体系，企业可以确保所有部门都使用相同的语言和标准，从而提高沟通效率，减少误解和冲突。

指标管理有助于提升决策效率。在不确定的市场环境中，决策者需要依赖准确的数据来做出快速判断。一个有效的指标平台可以提供实时的数据洞察，帮助决策者迅速把握市场动态，做出明智的决策。

指标管理是优化运营流程的关键。通过分析关键指标，企业可以识别运营中的瓶颈和低效环节，从而进行有针对性的改进。这不仅能够提升生产效率，降低成本，还能够提升客户满意度，增强企业的市场竞争力。

然而，要实现这些好处，企业需要投入资源和精力去学习并掌握指标管理的知识，包括了解如何定义和选择关键指标，如何建立指标体系，如何利用指标平台高效管理，以及如何将指标管理与企业战略相结合。这不仅需要技术能力，还需要对业务的深刻理解。

数势科技作为行业领先的数据智能产品提供商，拥有在大金融、高科技制造和泛零售等领域的专业洞察力及技术实力，为全球优秀企业提供了基于大模型增强的智能指标平台（SwiftMetrics）、智能分析助手（SwiftAgent）、智能标签平台（SwiftCDP）及智能营销平台（SwiftMKT）系列产品，用于提升企业的数字化决策能力，推动企业的数字化升级。这些产品得到了众多全球500强企业和国内顶级公司的认可。

我创办数势科技之前在百度、中国平安、京东等头部企业的数字化实践，以及这些年数势科技为众多行业的头部企业提供服务的经验，都融入本书中。本书涵盖指标体系基本方法论，基于业务特点的最佳实践、工具和技术，以及如何将指标管理融入企业文化和日常工作中。全书共 10 章，主要内容如下。

第 1 章介绍指标驱动的数字化经营，带大家进入真实的企业经营环境，让大家快速感受指标管理对企业经营的重要意义。

第 2 章着重介绍指标体系的设计方法，让大家看懂指标设计的原则，带着设计思维模拟指标拆解、设计、落地的全过程。

第 3、4 章深入讲解指标平台的产品设计与技术架构。从多年实践中，我们总结出指标平台建设方法，帮助企业构建一套“一处定义，全局使用”的自动化、高性能指标平台。如果你正考虑建设指标平台，那么一定不要错过这两章内容。

第 5 ～ 8 章将深入零售、金融、制造、连锁加盟等行业，从不同行业的特点出发，为你呈现不同的指标平台设计、建设和应用的全景图，结合行业的最佳实践让你切实感受指标平台带给企业的价值，为你的数据智能决策提供参考。

第 9、10 章将探讨两大趋势：数据民主化，以及大模型在数据智能、指标管理中的应用。融合时下最先进的技术，探索技术带给我们的无限未来，或许能助你打开思路，以终为始，设计最适合企业的解决方案。

本书详尽地探讨了指标管理的全貌，每一章都是对数字化转型关键要素的深刻洞察，旨在为读者提供一幅清晰的数字化转型蓝图。

无论你是企业的决策者、数据分析师、IT 专业人士，还是普通员工、大学生、对数据智能感兴趣的普通读者，本书都值得你阅读，可以帮助你深入了解指标管理，并通过数据智能驱动业务决策。

本书的独特之处在于其深厚的实战根基和行业洞察力。我们凭借多年在企业数字化建设领域的专业经验，以及对先进技术趋势的敏锐感知能力，通过丰富的项目实践提炼出一系列切实可行的方法论。书中不仅深入分析了来自实际项目的案例，还分享了行业领先企业的宝贵经验，为读者提供了一套经过时间检验的指标管理方法论。

本书通过将理论与实践紧密结合，让读者能够快速理解和掌握关键概念，达到“看了就会，会了就能做”的学习效果。

本书是数势科技集体智慧的结晶，在这本书的写作和出版过程中，我要特别感谢参与其中的团队成员、众多行业专家的贡献，尤其是大数据技术标准推进委员会马鹏玮、王超伦、马健瑞、韩晓璐老师对本书的大力支持及指导。没有他们的努力和智慧，本书是不可能完成的。同时，我也要对每一位读者表达我的诚挚谢意，希望本书能为大家提供价值和启发。

这不仅是一本书，更是一份行动指南，旨在激励所有读者探索、实践，并从中获得启示。让我们一起携手推动企业数字化转型的进程，开启数据驱动决策的新篇章。

黎科峰博士

数势科技创始人兼 CEO

目 录

第1章 CHAPTER

指标驱动的数字化经营

指标很简单，日常生活中我们经常听到、遇到各种各样的指标，宏观的如 CPI（Consumer Price Index，消费者物价指数）、GDP（Gross Domestic Product，国内生产总值），微观的如职工人数、企业收入等。指标也很复杂，在大数据领域它是最关键的数据资产之一，在企业经营领域它是业务逻辑的抽象和业务结果的度量。

数字化很复杂，众多企业将大量的人力、财力、物力投入其中却不得其法。数字化也很简单，抓住指标这个核心，驱动数字化技术基建、数字化企业管理和数字化业务经营，就能有所作为。

本章从认识指标开始，带领读者重新认识数字化，最后落脚到指标如何驱动企业数字化经营上。

1.1 重新认识指标：业务对象的数字孪生

1.1.1 什么是指标

1. 认识指标

指标是一种抽象定义的数值，用于度量一个对象的特定维度的数量特征。例如，GDP 就是一个指标，用于度量一个国家或地区所有常住单位在一定时期内生产活动的最终成果。比如，据国家统计局发布的数据，我国 2023 年 GDP 为 126.0582 万亿元，位居全球第二位，这是衡量我国 2023 年的经济状况和发展水平的重要指标。

具体到企业经营领域，指标的应用范围非常广，是凝结了业务逻辑的数据，是企业经营活动的度量和业务对象的数字孪生。例如，电商行业经常用到的 GMV（Gross Merchandise Volume，商品交易总额）就是一个指标，用于度量电商平台一段时间内成交实物和虚拟商品销售产生的总交易额（通常采用不扣除优惠券和折扣促销的口径），它是衡量一个电商平台市场竞争力的重要指标，是发生在这个平台的交易行为结果的数字抽象和孪生。比如，据媒体报道，抖音平台电商 2023 年 GMV 超过 2 万亿元，成为继阿里巴巴、京东、拼多多之后电商市场的重要一极。

2. 指标的构成

企业日常经营中使用的指标一般由对象、维度、限定、值 4 个元素组成。

（1）对象

对象是指标衡量的主体。例如，GMV 这一指标衡量的对象是商品交易总额。

（2）维度

维度是指标可供分析的细分类型。例如，GMV 这一指标可供分析的维度包括时间维度（分钟、小时、日、周、月、季、年）、地理维度（LBS 商圈、城市、省份、国家）、渠道维度（自营、第三方；B2C、B2B）、类型（促销、平价；实物商品、虚拟商品）等。

（3）限定

限定是为了清晰描述指标口径、避免理解上的二义性而添加的修饰词，是表示明确包含或者排除指向的限定用语。例如，一些行业研报为了统一 GMV 口径，会特别加上“不含下单未支付订单金额”这一限定。因为虽然 GMV 这个指标的定义在业内有一些基础共识，但是实际上阿里巴巴、京东、拼多多、抖音等不同的公司，对于 GMV 在口径层面还是有一些细微的差别，而且在不同场景提到 GMV 的时候也可能用的是不同的口径，例如是否包含下单未支付订单金额，是否包含退货金额，等等。在使用一个指标时加上一些具体的限定，可以有效避免大家在看到这一指标的时候产生定义上的误解。

（4）值

值是指标的具体数字，是衡量的一个结果。例如，据天猫官方发布的数据，2021 年天猫双十一的 GMV 是 5403 亿元，而 2020 年是 4982 亿元，这里的两个数字就是指标的具体值。

通常情况下，对象、维度和值是一个指标必不可少的三元素，而限定是一个指标在定义和表述时的可选元素。

接下来用 GMV 这个具体指标来解构四元素。近十年是中国电商市场蓬勃发展的阶段，双十一、618 等各种大促不断，GMV 屡创新高。然而随着流量红利的见顶，阿里巴巴、京东等电商平台不再像以往一样每次大促后发布 GMV 数据。我们以市场上最后一个官方发布的大促 GMV 数据为例，2022 年 6 月 19 日凌晨，京东官方对外发布当年 618 大促的 GMV 数据——379 332 394 617 元。对这个指标我们用四元素来做一下拆解：

- 对象：京东 618 大促期间的 GMV。
- 维度：时间维度是指 2022 年 6 月 1 日至 6 月 18 日这 18 天。地理维度是指中国。渠道维度包括京东主站 App 和 PC 端、小程序、微信京东购物入口、京东全国全渠道门店，以及其他与京东合作的主要导流渠道。商品维度是指京东所有的实物和虚拟商品。
- 限定：官方发布的数据并没有明确给出具体的限定情形，根据行业惯例，由于是即时统计，6 月 19 日凌晨京东就发布了这一数据，显然这一数据是按照用户提交订单口径计算的，即按照生成订单号来计算 GMV，并未扣除用户提交订单未支付、支付失败、用户 7 日无理由退货、异常订单等情形。
- 值：379 332 394 617 元。

3. 常见的指标

根据属性的不同维度，指标可以进行以下分类：

- 北极星指标 vs 支撑性指标：北极星指标是组织在战略层面追求的核心目标，通常与组织的使命和愿景紧密相关，如市场份额、客户满意度等；支撑性指标则是组织为了实现北极星指标而设定的、对北极星指标产生影响的指标，如生产效率、研发投入等。
- 财务指标 vs 业务指标：财务指标主要关注组织的财务状况和经济绩效，如利润率、资产回报率等；而业务指标则关注组织的运营活动和业务表现，如客户满意度、产品质量等。

- 总部指标 vs 部门指标：总部指标是整个组织在战略层面设定的指标，通常反映整体绩效和战略目标的实现情况；而部门指标则是针对具体部门或业务单元设定的指标，用于衡量部门内部的运营情况和绩效表现。

此外，指标还可以根据所衡量的业务领域进行分类，分为研发域、生产域、营销域、销售域、物流域、服务域、职能域等类型。

下面介绍北极星指标、支撑性指标、财务指标、业务指标以及具体的业务域指标。

（1）北极星指标

北极星指标通常指企业或部门最为重要的、影响企业经营全局的、需要企业全员或者部门全员共同努力去达成的某个或者某几个关键指标。它是企业资源投入的重要指引，是一个阶段企业经营成果的最终度量，也是一个阶段企业业务发展逻辑和业务战略的体现。它就像一颗北极星一样，一旦确立就指引着企业从人、财、物等方面朝着提升这一指标的方向迈进。

例如，GMV 是过去十几年电商企业的北极星指标之一，直接反映了一个电商平台的流水情况，体现了这个交易场对于用户和商家的吸引力。近几年电商平台更加关注零售基本功，活跃购买用户规模、活跃商家规模等指标也被视作北极星指标。

DAU（日活跃用户数）是 2C（面向用户）的互联网企业的北极星指标之一，直接反映了产品受用户欢迎的程度，体现了互联网产品的用户流量和黏性。例如，我国最大 DAU 的 App 是微信，近 12 亿的日活跃用户规模几乎等同于我国移动互联网用户总量。很多内容种草型社区或者短视频直播类型的平台，也会将日均用户使用时长作为其北极星指标。

NDR（Net Dollar Retention，净收入留存率）是很多成熟

SaaS 软件公司的北极星指标，直接反映了客户对于企业提供的 SaaS 产品的使用黏性以及持续付费订阅的意愿。NDR 这个指标其实是期末可重复订阅收入（Recurring Revenue）除以期初可重复订阅收入得到的一个比例。一般而言，NDR 低于 100% 表明企业的客户正在流失。

部分常见的北极星指标的具体含义如表 1-1 所示。

（2）支撑性指标

企业为了达成北极星指标，会先达成更多的支撑性指标。因此，一个北极星指标的背后往往有多个支撑性指标。例如 GMV 这个北极星指标背后，就有 UV（独立访问者数量）流量指标、转化率指标、客单价指标作为支撑性指标。随着电商运营的精细化，有的平台会将 GMV 与活跃购买用户规模、平台活跃用户购物频次、购物品类深度、购物客单价等支撑性指标关联。

部分支撑性指标的含义如表 1-2 所示。

（3）财务指标

企业指标按照其口径类型可以分为财务指标和业务指标，当然，部分指标在业财融合的场景下，既是财务指标又是业务指标。例如，上文介绍的净利润指标是一个财务指标，尤其是在其扣除了相应的税费等法定成本项之后。熟悉财务会计的读者如果打开一张财务报表，会看到上面有成体系的大量财务指标，这些指标从财务视角反映了业务经营的成果。后文会介绍财务领域非常经典的杜邦分析法，此处以杜邦分析法中的 4 个关键指标举例说明，如表 1-3 所示。

（4）业务指标

与财务指标关心经营的最终财务结果不同，通常来说，业务指标更加侧重于对当前业务逻辑过程和结果的度量，而且不考虑业务无法主动影响的税务、法务等政策带来的财务成本。

表 1-1　常见北极星指标示例

指标缩写或简称	指标全称	指标定义	指标口径	对象	常用维度	常用限定
GMV	Gross Merchandise Volume，商品交易总额	一定时间和空间内平台累计完成的商品订单交易总额	以用户提交订单生成订单号为统计口径，一定周期内的所有订单对应的订单金额之和	交易总额	时间、地理、支付、渠道	
DAU	Daily Active User，日活跃用户数	每日使用产品的用户数量	以用户登录产品且完成至少一个点击动作为统计口径，每日满足以上条件的去重用户数量	用户数量	时间、地理	用户 ID 去重
NDR	Net Dollar Retention，净收入留存率	期末可重复订阅收入金额除以期初可重复订阅收入	（期初可重复订阅收入 + 老客户产品升级产生的增量订阅收入 + 新客户订阅收入 – 流失客户收入）除以期初可重复订阅收入	可重复收入	时间、地理、业务单元	

表 1-2　常见支撑性指标示例

指标缩写或简称	指标全称	指标定义	指标口径	对象	常用维度	常用限定
UV	Unique Visitor，独立访问者数量	一定时间内到达某平台站点的独立访问者（用户）的数量（去重）；当取每日维度时，等同于 DAU	按照用户 ID 去重统计周期内所有到达平台 App 或者页面的用户数量	用户数量	时间、地理、引流渠道、性别、行为属性等	不计风险作弊流量
转化率	提交订单转化率	一定时间内电商平台用户从访问平台到提交订单的转化率	周期内产生的订单总数量（以产生订单号为准，包含退货及未支付等场景）除以周期内的 UV	流量到交易的转化率	时间、地理、频道、业务单元、引流渠道等	不计 1 分购、权益兑换等场景
客单价	订单平均单价	一定时间内电商平台成交的所有订单的平均单价	周期内所有订单产生的 GMV 除以订单总数	订单均价	时间、地理、业务单元、引流渠道等	不计极值订单（例如法拍房订单、1 分购订单等）

表 1-3　常见财务指标示例

指标缩写或简称	指标全称	指标定义	指标口径	对象	常用维度	常用限定
RoE	Return on Equity，净资产收益率	又名股东权益收益率，是净利润与净资产（所有者权益）的比率	财务口径的净利润 / 期末净资产 ×100%，另外也有一种加权平均的口径：当期净利润除以期初和期末净资产的均值	财务意义上的每一份股东投入带来的净利回报	时间、公司主体	某会计准则下
销售净利润率	销售净利润率	用于衡量业务的盈利能力，是企业一定周期内的所有销售净利润与销售收入的比率	财务口径的当期净利润 / 当期销售收入 ×100%	财务意义上每一元销售收入带来的利润	时间、公司主体	某会计准则下
资产周转率	资产周转率	用于衡量企业资产的运营效率，是销售收入与资产总额的比率	财务口径的当期总销售收入 / 当期平均资产（期初与期末资产的均值）×100%	财务意义上每一笔企业资产能带来的企业收入	时间、公司主体	某会计准则下
资产负债率	资产负债率	用于衡量企业负债水平和资金利用效率，是总负债与总资产的比率	财务口径的当期负债总额 / 资产总额 ×100%	财务意义上每一份资产（股东权益 + 债务）中负债的占比	时间、公司主体	某会计准则下

另外，在企业实际应用的过程中，业务指标一般有集团总体视角和各个具体业务单元的应用视角。尤其是后者，具体的业务单元在测算自身的业务指标时，一般不考虑财务层面的分摊和去重等逻辑。为了方便大家理解财务指标和业务指标在逻辑和应用视角上的差异，我们举个例子。

例如，同样是看盈利能力，业务单元经常会用贡献利润率来衡量自己的业务单元的盈利情况和指导业务团队经营，而不是看最终集团公司测算出的净利润财务指标。如果用零售商的视角来分析毛利率（业务指标和财务指标双重属性）、贡献利润率（财务指标）、净利率（财务指标）这 3 个指标，读者会更容易理解。例如，某零售公司的百货部门当年度销售收入为 100 亿元，商品采购直接成本为 80 亿元，那么其毛利率 =(100−80)/100=20%。这部分百货销售涉及的物流履约成本为 5 亿元，商品损耗、丢失及残次处理等的成本为 2 亿元，营销、促销投放和客户服务涉及的总成本为 10 亿元，其中品牌方和第三方平台补贴为 5 亿元。此外，年末和供应商、品牌商协商收到销售返利 10 亿元。财务部年底核算百货部门的其他人力和管理成本为 3 亿元，另外分摊的公司整体后台管理成本（含产研分摊）为 3 亿元。那么百货部门当年度的贡献利润率 =(100−80−5−2−10+5+10)/100=18%，百货部门当年度的息税前净利率 =(100−80−5−2−10+5+10−3−3)/100=12%。

不难看出，毛利率和贡献利润率这两个指标的逻辑和口径是十分不一样的（见表 1-4）。毛利率只考虑了销售收入和采购成本之间的差额与销售收入的比率，而贡献利润率进一步考虑了这个业务单元营销、采购、销售、履约等完整业务逻辑闭环后，每一份销售收入能为母公司带来的利润贡献。当然，贡献利润率是一个典型的业务指标，在不同公司其口径定义因为扣除的成本项不同，往往会有所不同。而此处净利率指标的结果 12%，进一步考虑了企业的各种后台成本分摊，但是尚未考虑公司层面的财务费用、税收成本等。通常，业务单元会主动监控与管理毛利率和贡献利润率这两个指标，并将其拆解到更细的业务单元责任人；而息税前净利率指标更偏向财务结果视角，往往会由财务团队来监控与管理，业务单元尤其是一线业务人员的注意力不会放在这个指标上。

（5）具体业务域指标

指标在应用于不同的业务领域时，会形成不同业务域的指标。通常可以从企业价值链的视角去梳理不同业务环节涉及的指标体系。例如，前文提到的 DAU 指标其实是属于用户域的一个典型指标，此外用户域的常见指标还有 MAU、注册用户数、付费会员数量等，如表 1-5 所示。

1.1.2 什么是指标体系

1. 认识指标体系

指标不是单独存在的，而是存在于一连串的上下游关联关系之中。相互关联的多个指标，按照一定的逻辑关联起来，连点成线，交线成网，就构成了指标体系。指标体系是对一连串指标的指代，通常这些指标以某一个或几个核心指标为连接点构成一个相互交织的指标网络，有时候这个指标网络会呈树状结构，我们也称之为指标树。

构建企业指标体系的过程，实际上就是拆解企业经营逻辑的过程。

表 1-4　与财务指标十分接近的业务指标示例

指标缩写或简称	指标全称	指标定义	指标口径	对象	常用维度	常用限定
毛利率	Gross Margin，毛利率	用于衡量企业销售产品的盈利性，是一定周期内销售收入减去直接销售成本后得到的毛利与销售收入的比率。对于制造型企业来说，毛利是销售收入减去生产制造的直接成本	（不含税销售收入 − 不含税销售成本）/ 不含税销售收入，衡量单件产品零售毛利率时可采用（不含税销售价 − 不含税进货价）/ 不含税销售价 ×100%	每一份销售收入带来的毛利	时间、公司主体、产品、业务单元、门店	
贡献利润率	Contribution Margin，贡献利润率	用于衡量考虑了所有直接业务成本之后的业务的盈利能力，是企业一定周期内的销售额扣除为得到这笔收入而直接投入的所有成本之后，算得的贡献利润额与销售额的比率。在不同的公司往往扣除的成本项不尽一致	（销售收入 − 采购成本及损耗 − 物流履约及服务成本 − 直接营销成本 + 因业务直接带来的其他补贴返利收入）/ 销售收入 ×100%	业务意义上每一份销售收入带来的利润贡献	时间、公司主体、产品、业务单元、门店	

表 1-5　常见用户域指标

指标缩写或简称	指标全称	指标定义	指标口径	对象	常用维度	常用限定
MAU	Monthly Active User，月活跃用户数	每个月使用产品的用户数量	以用户登录产品且完成至少一个点击动作为统计口径，统计一个月内满足以上条件的所有去重用户数量	活跃用户数量	时间、地理	用户 ID 去重
注册用户数	注册用户数	完成注册行为并生成个人账号的用户数量	一定周期内，统计所有用户点击注册并录入必要的个人账号信息，生成的独特账号数量（排除机器人风控账号）	注册用户数量	时间、地理、性别、用户行为、其他属性	排除风控账号
付费会员数量	付费会员数量	处于付费有效期内的会员数量	以某一时点统计所有为平台会员支付会员费且仍处于付费有效期内的会员的数量	付费会员数量	时间、地理、性别、其他属性	排除风控账号

在企业经营的方方面面都可以构建起反映企业经营逻辑的指标体系。例如企业在制定年度业务目标时，会设定核心指标体系，企业的 CEO 等高管主抓净利润这个企业的核心指标，而各个业务模块负责人承接核心指标向下分解的指标，从而形成一套企业的核心指标，这套指标往往和企业的核心 KPI 体系紧密关联。

指标体系通常是一系列互相关联的单个指标的集合。根据指标所涉及的主题，往往会有不同的指标体系。比如，根据企业经营的业务环节，可以设计出各环节的业务指标体系，如营销域指标体系、商品域指标体系、生产域指标体系、研发域指标体系等。此外，还有行业指标体系，很多行业协会会发布行业的关键指标体系，例如中国连锁经营协会（CCFA）就发布过《即时零售行业术语与关键指标体系》。

互联网企业通常会建设一套用户域的指标体系，以 DAU 为核心指标，围绕用户全生命周期构建一套完整的用户域指标体系，包括激活用户数、注册用户数、日均登录用户数、用户使用时长、7 日用户活跃率、14 日用户活跃率、30 日用户活跃率、页面断点跳出率等，用于衡量其互联网产品对用户的吸引力和黏性等。

2. 杜邦分析法和财务指标体系

有一定财务知识的读者，对于指标体系应该并不陌生。企业会计准则其实就构建了一整套企业财务指标体系，来衡量一个企业经营的健康情况。财务中常用的杜邦分析法蕴含了一套非常经典的财务经营指标体系，如图 1-1 所示。

好的指标体系凝结了对企业经营核心逻辑的思考。杜邦分析法其实就将股东最关心的净资产收益率（RoE）这个指标作为企业的北极星指标，以此为核心展开 3 个影响企业经营回报的关键指标：销售净利率、资产周转率和资产负债率。

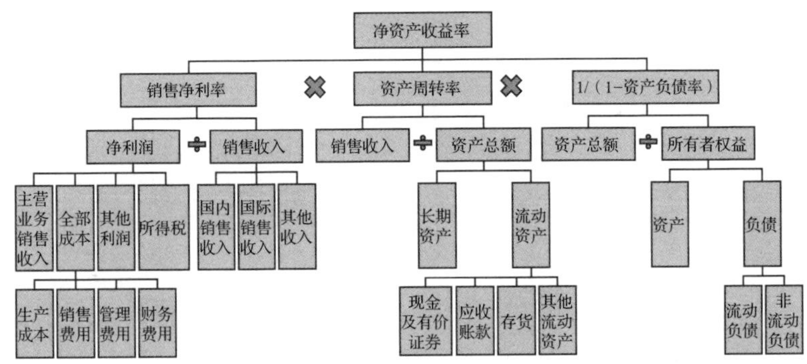

图 1-1　用杜邦分析法拆解财务指标体系

- 销售净利率用来衡量企业生意模式的利润率高低，即这门生意是不是赚钱的生意。
- 资产周转率用来衡量企业的资产运营效率，即这是一门快生意还是慢生意，衡量在保证一定的净利率的前提下一年资产可以周转几次。
- 资产负债率则用来衡量企业对于资金的利用效率，是否用上了合理的借贷杠杆来扩大资本经营，同时这一指标也用来衡量企业财务结构的健康度，即企业是否有足够的现金流来偿付因借贷产生的利息。

这 3 个指标相乘，得到企业的净资产收益率。值得投资的企业有很多，但是不论是何种行业何种企业，值得投资的优秀企业典范有一个共性，就是在这 3 个指标上做得足够好。例如，茅台是销售净利率方面的典范，其 2023 年的销售净利率超过 65%。可以说成功的企业大多是相似的，而杜邦分析法其实就从财务指标的角度提炼出了成功企业的共性。

1.3 节将会介绍更多关于北极星指标体系的内容，第 3 章将会重点介绍指标体系的构建方法论。

1.2 重新认识数字化：指标驱动的数字化经营

1.2.1 企业经营模式的变迁

近年来，随着宏观趋势的演变，我国企业的经营面临着多浪叠加的经营模式变迁。

1. 从粗放扩张到精耕细作

据国家统计局公布的人口数据，2022 年我国人口数量比上一年减少 85 万，而 2023 年这一数字进一步扩大至 208 万。据 IDC 数据，代表线上用户流量的手机出货量已经连续多年下滑，而国民应用微信的月活用户数自 2022 年以来也已经增长停滞。

随着人口和流量停止增长，众多行业开始由增量时代进入存量时代，企业的经营环境全面进入激烈竞争的买方市场，供给过剩，消费疲软。这将导致过往经营模式的失灵，企业只有从原有顺境下粗放扩张的经营模式跃迁至逆境下精耕细作的经营模式，方能渡过难关。

2. 从经验驱动到数据驱动

过去 40 年，我国成长起来一批优秀的企业和企业家，也培养了一大批优秀的企业管理者和业务人员，所沉淀的业务经验构成了推动企业发展的关键。然而，在当今这样一个 VUCA[㊀]时代，企业过往的经验往往不再奏效，需要用新思路、新方法来解决新问题，应对新挑战。很多企业甚至喊出“不换脑子就换人”的口

㊀ VUCA 是 Volatility（易变性）、Uncertainty（不确定性）、Complexity（复杂性）、Ambiguity（模糊性）4 个英文单词的首字母缩写，最早是美国军方用词，用于描述国际关系中的复杂性和不确定性，后来这个概念被广泛用于描述商业和社会环境。

号，可见企业经营思路革新之迫切。

另外，随着我国 IT 基础设施建设和信息化建设的推进，数据已经成为企业越来越重要的一项资产。企业信息流转从电子表时代逐步升级到 ERP 时代、信息化时代、数字化时代，积累的大量数据已经能够较好地反映企业业务的具体情况，甚至能从中找到企业经营的若干规律来指引具体的经营动作。比如，当下在零售业应用越来越普遍的数字化销量预测和自动补货就是个很好的例子，京东利用这一技术，将管理数亿 SKU（库存量单位）的庞大供应链体系的库存周转天数降到了 30 天的全球领先水平。

因此，在传统的业务经验有效性降低的当下，数据驱动的经营决策成为一股新的力量，推动企业的经营模式跃迁。

3. 从单一渠道经营到全渠道、全球化经营

改革开放以来，许多企业抓住关键的业务机遇，把主营业务模式做到极致，依托国内庞大的市场基础和快速增长的需求，成就了中国现代企业经营的 1.0 时代。

近几年企业越来越感受到全渠道经营的重要性。特别是对于消费企业来说，消费者的消费场景和时间变得极度碎片化，企业不得不在电商平台、短视频平台、直播平台、内容社区、私域商城等多种渠道去抓生意机会，经营生意的复杂度远高于仅通过单一的线下渠道销售的模式。很多新一代企业，例如安克创新、SHEIN，甚至在创立之初就定位于全球化经营，不只是服务国内的消费者，还通过遍布全球的销售网络覆盖全球市场。在经营复杂度指数级增长的全渠道和全球化环境下，企业的经营模式又一次迎来了跃迁。

综合以上三个方面不难发现，在当前的新形势下，企业要适应三浪叠加的经营模式变迁：从粗放扩张到精耕细作，从经验驱动到数据驱动，从单一渠道经营到全渠道、全球化经营。而这三

大变迁总结来说，最关键的就是从经验驱动的粗放经营模式到指标驱动的数字化经营模式的跃迁，我们将其称为中国现代企业经营的 2.0 时代。

1.2.2 什么是数字化经营

什么是数字化经营？新时代下的数字化经营模式，最根本的是通过数据来驱动科学管理决策和精细化的业务经营，从而应对 VUCA 时代和不利宏观环境下全渠道、全球化的复杂经营挑战。

1. 数字化经营框架

为了方便读者理解数字化经营，我们引入一个框架。如图 1-2 所示，一般我们可以通过三个层次来理解企业数字化经营：数字化技术基建、数字化企业管理、数字化业务经营。这三层三位一体，共同构成了新时代下的企业数字化经营框架。

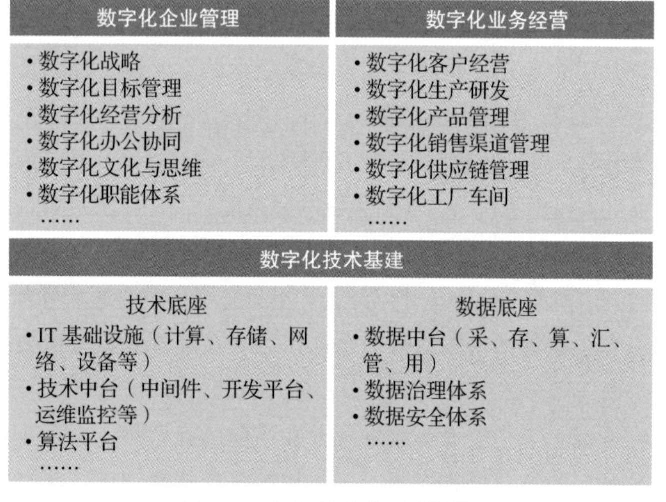

图 1-2 企业数字化经营框架

2. 数字化技术基建

数字化技术基建是托起企业数字化大楼的地基，其重要程度不言而喻。它通常包括两大领域：技术底座建设和数据底座建设。

技术底座包括企业的 IT 基础设施，如计算、存储、网络、设备等方面的基础设施，随着云服务的普及，这些都能通过采购几大云厂商的服务轻松获得，虽然国内很多企业出于各种各样的考虑仍倾向于私有云甚至是自建。技术底座还包括企业的技术中台（中间件、开发平台、运维监控等）和算法平台等方面偏底层的技术能力。这部分技术底座基本依赖于行业通用的各种开源技术组件和算法模型，许多企业内部会有一个叫基础技术部、基础 IT 部或者 Infra 的团队来负责这些内容。

数据底座主要是指一套企业数据采、存、算、汇、管、用的数据体系（很多企业称之为数据中台），以及配套的数据治理体系和数据安全体系等。

（1）不可一味追求数字化技术基建

企业往往容易有一个认知误区，认为搞数字化就是建个技术中台、建个数据中台，把数字化简单等同于数字化基建。很多企业 CIO 甚至也犯同样的错误，搞数字化不从业务出发，而仅从基建出发。结果花高价钱做出来的平台几乎没人使用，业务团队认为没价值，技术团队又觉得没有成就感，这往往容易导致数字化建设流产。例如 2018—2019 年，许多企业狂热跟随“上中台”的风潮，花了数千万元打造技术中台、数据中台、AI 中台，但建设过程脱离业务实际和业务应用场景，最终导致业务成效甚微，大量企业 CEO 数字化耐心耗尽，CIO 偃旗息鼓。

（2）不可只重业务，忽视数字化技术基建

另一个误区是凡事都听业务团队的，业务团队没想好就不做，业务团队没需求就不做，所有数字化建设都简单采用“贴地飞行”策略，只要够用就行，不做预留和冗余。这种做法表面上看问题不大，但是在多变的 VUCA 环境下，一旦外部市场环境出现波动，就极易出现业务系统故障。

此外，随着行业竞争加剧，竞争者纷纷将数字化杠杆加满，因此数字化技术基建也不能“贴地飞行”，而要更进一步扮演业务启发者的角色，有预见性地提前半步布局，做到业务数字化需求“立等可取，所见即所得”，甚至是“先人一步，所想即所得”。

3. 数字化企业管理

（1）管理数字化是业务数字化的前提

当企业谈数字化时，往往上来就会谈业务数字化，但其实业务数字化有一个重要前提——管理数字化。企业做业务数字化之前，可以先进行几个灵魂拷问：

- 企业是否有清晰明确的数字化战略？数字化战略能否有效承接企业的业务战略？
- 企业的目标管理和 KPI 体系是如何确定的？企业有没有北极星指标体系来指引数字化建设和业务经营？
- 企业的日常管理是靠拍脑袋经验决策、大领导威权决策还是由数据驱动的科学决策？
- 企业的办公协同是否有灵活高效的数字化系统支撑？现在的办公环境是在限制还是释放企业的效率？
- 企业有多少人真正在关注和使用数据？员工是否具备数字化的思维？企业是否有数字化的文化？
- 为了保障数字化建设的顺利推进，企业在组织、机制、人才、文化等方面是否推出了专门的举措？如有，这些举措的落地情况如何？
- 企业后台管理部门（人事、财务、法务、行政）的数字化水平如何？它们在服务和管理企业各团队的过程中，是否面临效率的瓶颈？它们出台的各种管理制度是在为业务团队服务和提效，还是在添堵？它们是否有高效的数字化工具的支持？

（2）数字化企业管理事关全企业

很多企业做数字化只关注业务本身的数字化，往往忽略了更为基本的企业管理的数字化。如果一家企业的管理数字化迟迟没有启动，那么其管理很快就会跟不上业务，甚至成为业务发展的瓶颈和掣肘。

企业管理的数字化是一个体系化的、长期的工程，涉及企业从战略到执行、从管理到协同的各个环节，需要企业的前台业务团队、中台平台部门、后台支持部门共同参与。

我们以数字化企业管理中最常见的数字化管理决策体系做个说明。业务战略往往会落实到一定期间内要完成的具体业务目标，企业的数字化战略也是一样，最终可以通过一套指标体系来承载，我们往往称这套指标体系为北极星指标体系。

北极星指标体系上承企业最核心的战略目标，下接各个业务单元的主要目标和过程指标，构建起一套指标树，来描述和衡量企业的核心战略。同时，这套指标树可以关联到企业各个部门日常的 KPI 体系，每个组织甚至每个人都能知晓自己所负责的 KPI 是如何作用到最终的企业整体战略的。并且在企业日常的经营分析复盘中，这些统一口径的官方指标体系能够帮助企业的各个团队高效准确地判断自身业务目标的达成情况，分析差距和异常，找到针对性的改善路径。

这一由指标体系牵引的整个企业数字化管理决策落地的过程，即“业务和数字化战略→业务和数字化目标→北极星指标体系→经营分析体系”，深入企业的每个“毛细血管”，有利于企业的共识的形成，也有利于企业的数字驱动科学决策文化的养成。

4. 数字化业务经营

数字化业务运营更多指的是业务本身的数字化，往往也是企业经营过程中最受重视的。我们可以将企业的价值流程图画出来，企业业务价值流的每个环节其实都涉及数字化业务经营能力的建设，如图 1-3 所示。

图 1-3　不同行业的价值链模型

在竞争日益激烈、经营日益精细化的当下，企业数字化建设的范畴已经不再是单点，而是整个业务链条上的每一个环节。数字化业务经营涉及企业业务的方方面面，为了方便读者理解，下面以 3 个常见的数字化业务经营场景为例进行简单说明。

（1）数字化客户经营

企业通过服务客户获得收入，对客户经营情况的深度数字化洞察是企业赢得市场的关键。不论是提供实物商品的消费品企业，还是提供虚拟商品的专业服务企业，都把客户（或消费者）摆在十分重要的位置。企业一般会建立对客户的数字化画像洞察体系，并且基于这些深度洞察去做更加精准甚至千客千面的运营。例如：很多企业会有用来记录客户关键信息的 CRM（Customer Relation Management，客户关系管理）系统，以及客户与企业之间的各种历史咨询、购买、售后等互动的数据；有的企业还会建立 CDP（Customer Data Platform，客户数据平台）和 MA（Marketing Automation，营销自动化）平台，对海量客户实现全面的标签管理和指标管理，并通过系统支持高并发的客户触达和营销。

（2）数字化产品管理

数字化产品管理是企业数字化的重要环节，尤其是对于要靠产品力赢得市场竞争的行业。很多大型生产企业会有产品矩阵的概念，不同的产品从推向市场到成为现金牛产品会有不同的生命周期，所以构建一套产品域的数字化管理体系能帮助企业对自身产品体系进行更科学的管理。对于零售企业来说，产品数字化的必要性尤其明显。一般商超会有几万个 SKU，而电商平台则有数百万甚至上亿个 SKU，如何对产品进行精细化的管理，什么时刻上架或者下架什么产品，这远超人力经验所能及。因此，构建一套产品指标体系来统一管理成千上万的 SKU，是提升经营效率的必由之路。后文会介绍全球领先零售企业的商品 SKU 管理指标体系最佳实践。

（3）数字化销售渠道管理

这是规模化经营的企业必备的数字化能力，尤其是在当今的全渠道时代。过去，只要企业将经营网点开起来，客流自然就会进来。而当今，客流下降、渠道关店、新店难以盈亏平衡等问题越来越普遍，对于网点渠道的数字化赋能成为企业纷纷开始探索的话题。企业需要通过数字化门店设施收集和了解每一个网点渠道的客流情况、组货情况、进销存情况、每日销售情况，还需要建立起对渠道网点健康度的指标评估体系，参照周边自然统计学数据、经济消费数据和竞争者数据，清晰地了解企业自身分支机构在当地的运营健康度，洞悉问题根源，从而对症下药，有针对性地采取提效和扭转行动。

数字化业务经营还涉及很多企业经营的方面，并且根据企业业务类型和特征的不同而不同。上面所提到的数字化客户经营、数字化产品管理、数字化销售渠道管理是3个相对有共性和常见的场景，还有更多数字化业务经营的场景。

例如对于制造业来说，产品研发、采购、制造、物流、营销、销售、服务等环节都需要通过数字化的手段来提升业务经营的能力。国家现在大力倡导的工业4.0和智能制造都与制造业的数字化经营紧密相关。

对于零售业来说，其数字化经营能力涉及采购数字化、门店拓展数字化、供应链数字化、营运数字化、营销数字化、销售数字化，以及服务数字化。很多传统零售企业近几年都在向互联网和电商企业看齐，快速提升其经营能力的数字化。

看到这里，相信读者对于数字化业务经营已经有了一定认知。对于更多业务领域的数字化，受限于篇幅，这里就不一一列举了。

综上，我们从数字化技术基建、数字化企业管理、数字化业务经营三个层次，理解了企业数字化经营的主要内涵。对于我国的大多数企业而言，当前的经营模式离数字化经营还有距离，但是由于内外部环境加速变化，推动数字化经营已经刻不容缓。

1.2.3 推动数字化经营刻不容缓

一个时代有一个时代的企业，大浪淘沙，千帆过尽，未能及时跟上时代潮流的企业纷纷倒下。在三浪叠加的经营模式变迁面前，很多企业未能及时升级迭代，最终陷入了困境。这背后问题往往出在3个方面：企业数字化基建落后，企业数字化管理意识淡薄，企业数字化运营缺位。

1. 企业数字化基建落后：捉襟见肘的数字化系统

要支撑三浪叠加的经营模式变迁，数字化基建是不可忽视的部分。一方面，企业需要有必要的 IT 基础加持，让整个业务流程能够较好地实现在线化，从而不断累积有效的全渠道业务数据；另一方面，企业需要建立起一套有效的数据资产和数据价值化应用的体系，确保这些数据能够转化为洞察和决策支持。

然而不少企业的数字化基建一直是比较陈旧的，难以适应当下灵活多变的全渠道甚至全球化经营的环境。比如有的企业尚未建设企业数据仓库，直接从进销存、MES 等业务系统取数，外挂一个 BI 报表进行数据分析，这样不仅分析时效性差，维度单一，还无法累积数据资产，无法构建起可追踪、可拆解、可分析的数据指标体系，数据价值远远未能发挥出来。比如还有的企业，技术团队没有话语权，一直争取不到资源来加强数字化基建，业务出身的 CEO 在销售等业务领域舍得花钱，但将数字化部门单纯理解为后台成本中心，极力压缩其预算。某次企业投入了大量预算去赞助市场营销活动，但是因为 IT 数字化基础一直积贫积弱，在活动期间故障频发，无法支持大量广告流量带来的激增业务量，最终导致业务结果大打折扣。

虽然数字化基建相比直接的业务数字化投入，很多时候与业务效果离得较远，但它是万万不能忽视的。它就像是整栋数字化大楼的地基，地基不稳容易造成上层的事故，也会影响其他关联系统。

2. 企业数字化管理意识淡薄：拍脑袋的企业管理

企业的管理是科学和艺术的结合，既需要卓越的管理者发挥带领团队的领导力，也需要数据驱动的客观决策支撑。许多传统企业成长至今，很好地把握了两者的平衡，实现了业务的增长和企业的发展，然而当环境发生改变，需要管理者调整管理模式时，它们却因为强大的组织惯性和个人经验主义羁绊，未能完成管理模式的跃迁。

企业目标管理的“四拍陷阱”就是最为常见的企业管理顽疾：年头拍脑袋定目标，年初拍胸脯立誓达成，年中拍大腿为差距找借口，年末拍屁股走人。科学合理的目标管理其实是一个系统工程，如果没有将数字化能力融入其中，企业的管埋水平会持续在原地踏步，在“四拍陷阱”中无法自拔。

如果管理者不将指标和指标体系应用到企业管理中，企业将难以摆脱过往拍脑袋进行企业管理的泥潭。管理问题不解决，后面的业务问题也将无从解决。

3. 企业数字化运营缺位：经验主义的企业运营

企业的日常运营是个精细活，要从粗放模式转向精耕细作往往充满挑战。很多企业基于既有的业务经验来运营。在环境变化不大的行业，这些经验依然有效，能够较好地支持业务发展；然而对于很多急剧变化的行业来说，企业还抱着这些经验不放，往往会作茧自缚，阻碍自己前进的步伐。

比如许多零售企业严格遵守过去数十年商超大卖场的一站式购齐的经验模型，有的维持着 8 万～ 10 万个 SKU 的管理规模。这在过去没什么问题，但是当消费者行为越来越碎片化，线下客群逐渐流失，电商平台提供了更好的一站式购物体验，O2O 平台提供了更便捷的到家体验，短视频和社区电商提供了更短链条的种草—拔草交易闭环时，零售企业是否要革新思路，重新审视过往的经验？

庞大的 SKU 规模增加了大量的采购和管理成本，很多 SKU

动销情况差，经常出现滞销或者过期损耗等问题；许多老 SKU 卖了很多年没有更新，虽然曾经畅销过，但是当下对于用户来说早已缺乏新鲜感；多 SKU 混合运营过程中，难以精准记录和分析每个 SKU 在不同细分渠道的业务表现以及盈利和成本情况，很多时候都是一本烂账。这些都是新形势下，传统的大卖场 SKU 管理逻辑面临的新挑战。有的企业不及时迭代，还在老路上继续狂奔，进一步加快开店步伐，并且允许不同区域的店铺自主增加本地地采 SKU 的占比。结果这些企业在 2022—2023 年遭遇“滑铁卢”，一边开店一边大面积关店，企业商品池过度膨胀，动销急速恶化，造成大面积的滞销和亏损。

当企业数字化运营缺位，而整个企业又在传统的经验主义运营的老路上一路狂奔时，新的经营环境和行业格局必然会将这些前浪企业拍倒在沙滩上。

以上分享了企业经营模式的变迁，介绍了新的数字化经营模式在数字化技术基建、数字化企业管理和数字化业务经营三方面的主要内涵，以及传统企业在这三方面的主要痛点。可以看出，对于许多企业来说，推动数字化经营模式跃迁已经刻不容缓。那么，当企业开启从粗放经营模式到数字化经营模式的跃迁时，指标为何会成为其中的关键要素呢？

1.3　指标如何驱动数字化经营

1.3.1　指标与企业数字化的关系

指标是业务逻辑的凝练，是业务对象的数字孪生，是管理决策的指引，是管理协同的窗口。企业开展数字化经营，指标是重要的驱动力，而数字化经营的成果也会第一时间反映到指标上。

1. 指标之于数字化技术基建

指标是数字化技术基建的直接成果，反过来也是衡量数字化技术基建水平的十分重要的工具。一个良好的数字化底座，将业务运营过程中产生的所有数据进行有效的定义、记录、生产、加工，最终输出为可供企业管理和业务经营场景消费的各种指标。指标就是数字化技术基建对外赋能的一个载体和方式。

2. 指标之于数字化企业管理

指标体系是管理决策的指引，是管理协同的窗口。数字化企业管理的核心是：以指标为决策指引，从原来以经验驱动的人治管理决策体系，跃迁至以数据驱动的科学管理决策体系；以指标为协同窗口，从原来以领导威权导向的协同体系，跃迁至以目标共识和过程双赢为导向的协同体系。使用指标的熟练程度是衡量一家企业数字化管理水平高低的重要标准。

数字化管理水平高的企业是什么样的？一定是善用指标来管理企业的。指标作为加工后的数据资产，是凝练了业务逻辑的企业数据“血液”，这些“血液”在企业的各个“毛细血管”中的流转越活跃，企业的数字化管理水平就会越高，生命力就会越强。

3. 指标之于数字化业务经营

指标是业务对象的数字孪生，是业务经营的度量和反馈。数字化业务经营的核心是：以指标为数字孪生，对企业业务对象（客户、产品、渠道、员工等）实现深度的数字化刻画、洞察和预测，从而更好地调动各个业务对象的潜能来实现业务目标；以指标为度量和反馈，清楚了解各个业务经营流程的最新动态，从而更好地设计、执行和迭代业务经营策略，构建业务运营能力来达成业务目标。

1.3.2　指标驱动数字化经营的 3 项关键工作

如何用指标来驱动企业的数字化经营？以下 3 项工作至关重要：

- 设计企业的数字孪生指标体系。要用指标来构建一套企业的数字孪生指标体系，这是一个看似简单、实则复杂的过程，而且是一个持续迭代、永无止境的过程。一般而言，可以基于企业的业务价值流程来构建企业的指标体系，用这套指标体系来客观反映企业当前的业务进展和数字化水平。
- 达成数字化战略共识和明确北极星指标体系。要基于企业的业务战略来设计企业的数字化战略并达成共识，明确企业未来一年和数年要打的数字化建设必赢之战，以及日常要推进的数字化经营专题。达成战略共识后，极为关键的一步是将这些关键目标落实到企业的北极星指标体系，并用其指引企业的数字化经营。
- 构建以指标为核心的经营分析体系。要建立起一套基于科学指标体系的经营分析体系，来助力和督促数字化经营模式的落地，带动和培育指标化经营的意识以及全员看数用数的文化思维。经营分析体系的落地过程，其实就是数字化经营模式深入具体业务单元的过程，也是推动组织的各个部门甚至各个毛细血管级的业务末梢变革、向数字化体系靠拢的过程。

1. 设计企业的数字孪生指标体系

经过良好的设计，恰当地反映企业的业务逻辑和度量经营情况，就是企业的数字孪生指标体系的价值所在。开启企业的数字化经营，第一个关键步骤就是将企业经营和指标体系紧密地关联起来，构建一个准确反映业务经营动态的企业数字孪生指标体系。

第 2 章将专门介绍如何设计企业的指标体系，在此之前，我们先通过一个简单的例子来了解什么是企业的数字孪生指标体系。图 1-4 是一个简化的指标体系示例，简要介绍了如何用一套简化的指标体系来反映一家以自营为主的全渠道零售企业的核心经营逻辑。

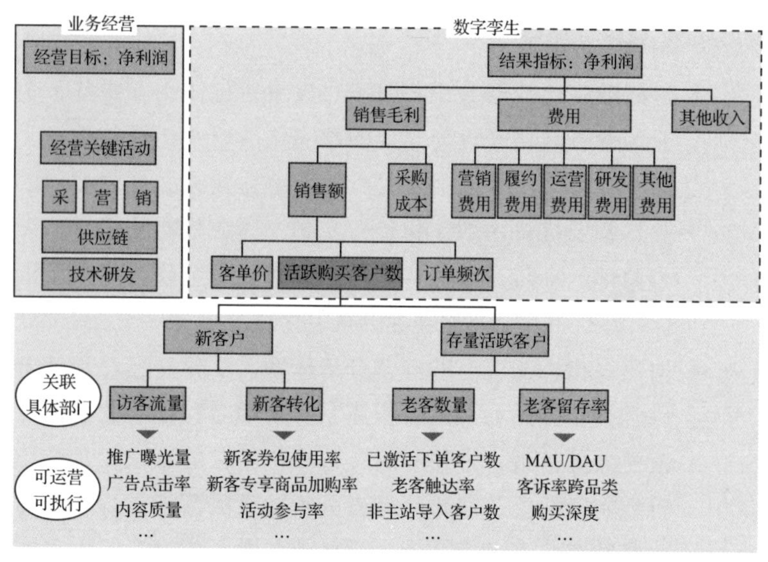

图 1-4　简化的指标体系示例：全渠道零售企业经营逻辑的数字孪生指标体系

（1）以企业经营核心逻辑为基础构建指标体系

首先，一家进入稳定经营状态的成熟企业，其最终目标是为股东创造回报，那么净利润无疑是衡量其年度业务结果的一个关键指标。

其次，作为一家以自营为主的电商企业，其核心的业务逻辑是通过各种手段获得更多活跃购买客户，然后让客户在平台上买得更多、买得更好、买得更频繁。因此活跃购买客户数这一指标往往会被作为北极星指标。在这一指标体系中，我们要明确将活跃购买客户数作为北极星指标，并构建起净利润（企业财务结果指标）和活跃购买客户数（业务北极星指标）之间的指标网络关系。通常这种关系会用指标树的方式来拆解。

进一步，围绕活跃购买客户数这一北极星指标，企业要构建起一整套的关联指标体系，我们可以进一步下探到新客户和存量活跃客户。然后进一步将新客户指标拆解为访客流量和新客转化，将存量活跃客户指标拆解为老客数量和老客留存率。以此为基础，持续不断地向下拆解到各经营单元的毛细血管级指标。

（2）将指标关联至核心业务部门的日常经营活动上

业务过程指标的梳理要以业务运营逻辑为支撑，让具体的业务部门及其日常业务作业流程关联上这些指标。

比如，电商企业市场部的一个主要职责是为平台拉新，通过大量的广告投放、流量置换等持续引入新客户，所以新客户这个指标就成为市场部的一个核心指标。企业的平台运营部门负责做好 App 产品运营（内容化、直播、短视频等）和营销活动（大促、日常运营），持续运营存量客户，提升存量客户的交易频次和老客户的留存率。于是，活跃老客户数量就很自然地成为这个部门的核心指标。

这两个部门的日常工作流可以很清晰地对应到这两个核心指标上，从而很清晰地关联到企业的北极星指标和最终结果指标上。例如，618 大促期间，市场部根据往年数据和今年新客指标达成情况，确定自己要完成多少拉新任务，这样在做每一场市场投放前，都能很清楚地设置新客转化的 ROI 指标，同时通过优化其广告链接的内容质量来提升点击率。从预热期到启动期，根据这段时间的引流效果数据，可以很快地决策在哪些 ROI 高的渠道上加大流量投放，在哪些效果不佳的渠道上关闭投放。这样就做到了指标与日常经营活动的紧密关联，使指标可运营和可执行。

经过上面这几步，就实现了企业从宏观的结果指标（净利润），到北极星指标（活跃购买客户数），再到一个具体部门某一场大促活动的广告投放流量 ROI 和点击率指标的贯穿。这样我们就在一条业务运营价值链上构建起了指标体系。按照类似的逻辑，我们可以进一步拆解客单价、订单频次等核心指标，并将其关联到企业各个部门和责任人的日常工作流中。在成本侧，指标体系的构建也可以按照类似逻辑往下拆解，形成整个企业全链路的指标体系。

当然，企业业务环节十分复杂，涉及的价值链条非常多，因此构建整个企业的指标体系来实现企业经营的数字孪生，要远比上面这个例子复杂得多。后文会专门介绍企业指标体系的构建方法。

（3）客观评估指标体系的合理性并持续迭代

设计数字孪生指标体系是一个高度复杂且需要不断迭代的过程，这意味着，我们要持续不断地校验指标体系的合理性，并在企业的不同阶段进行相应的调整，以反映当前企业经营的核心逻辑。在评估指标体系的合理性和持续迭代的过程中，要特别注意几点：

第一，注意指标的合理性。做评估时要确保我们选取的指标在业务意义上是有代表性的，而不是会引起偏颇认知或者不具有观测价值的指标。比如有的企业把用户标签数作为一个衡量自身运营团队对用户的精细化洞察水平的指标，于是就出现了一个怪现象，即系统中有大量的标签，但是真正准确有效、能帮助精准圈人的标签却很少，导致大量的营销活动未能达到预期的效果。这其实是企业在指标上只关注数量而不注重质量造成的。

第二，避免盲目追求单项指标数值。在做指标分析的过程中，我们不应单独看一个指标是越高越好还是越低越好，而要结合企业的实际来判断。比如在用户运营领域，日均运营策略下发人次这个指标不一定是越高越好，针对不同类型的企业，用户希望收到的与之相关的触达消息的频次是不一样的。比如用户通常比较反感药店经常向其推送各种买药信息，而更能接受一定频次的蔬菜水果电商类平台的优惠推荐信息。企业在实操时就要在营销平台设置不同的频控策略，以避免对用户过度打扰。因此，日均运营策略下发人次这个指标不适宜作为单项指标来追求高数值。

第三，注意关联指标间的相互制约性。任何运营举措都是有代价的，同样，任何指标的达成肯定也是以其他指标为代价的。因此，在客观评估企业指标差距和优势的过程中，不单要看某个指标，还要看那些如影随形的关联指标。比如，用户下单转化率这个指标其实是受到很多因素影响的，这个指标与营销 ROI 是相互关联和制约的。向用户提供更高的优惠折扣有助于提升用户下单转化率，但是优惠折扣不是越高越好，它会拉低营销活动的 ROI。

如果一家企业每销售一件商品的平均毛利率是 10%，那么想要不亏本，企业向用户提供的优惠券的 ROI 就不能低于 10（100/10），即每投入 1 元的营销优惠至少要带来 10 元的增量销售，才能在毛利上弥补这 1 元的营销成本。这还没有考虑企业的其他经营费用。也就是说，如果在运营老客的过程中，运营团队设计了一场活动，向圈选出的目标客户下发优惠券以促进这些客户的转化，那么 ROI ≥ 10 就是其资源“紧箍咒”，每给这些客户补贴 1 元，就要带来 10 元的下单金额。因此，这时客户下单转化率的指标就受限于另一个 ROI 指标，需要将两者结合起来看。我们在评估两场营销活动效果的时候，应该看在同样资源ROI的情况下，运营策略命中后客户的转化率水平孰高孰低。

2. 达成数字化战略共识和明确北极星指标体系

梳理清楚企业的核心业务价值流和对应的指标体系，并且对于自身水平有客观认知后，就可以进入达成数字化战略共识和明确北极星指标体系的环节了。

（1）数字化战略屋是企业达成数字化战略共识的方法论工具

通常来说，企业可以通过“数字化战略屋”这一工具来在企业内部共同描绘数字化战略并达成共识，如图1-5所示。该框架展示了其主要构成：数字化愿景、衡量目标、主要战场、必赢之战和落地保障。

数字化愿景	企业数字化希望达成的状态	
衡量目标	• 针对数字化升级，我们3年内希望实现什么目标？ 包括要用数据驱动达成的业务目标以及数字化能力本身的目标，并把目标关联到北极星指标体系	紧密承接业务战略
主要战场	• 为实现数字化愿景目标，我们必须长期投入耕耘的主要领域是什么？ 从根本的数字化内核着手，思考哪些领域是数字化升级的关键	
必赢之战	• 为了实现数字化升级，未来1年我们必须做成哪几件大事？除此之外，我们还有哪些要日常推进的数字化专题？基于长期的重要性和未来1年的优先级识别必须做成功、关系到生死存亡的关键战役	可执行、可落地
落地保障	• 为支撑必赢之战的成功和实现数字化战略落地，有哪些保障举措？ 主要包括三方面：组织、机制、人才	

图1-5 企业数字化战略屋框架

这一框架其实也常被用到企业的很多其他战略规划工作中，算是一个相对通用的行业框架，在很多行业方法论或者案例中大家都会看到类似的框架或者其变体。但是当我们思考企业数字化经营的时候，有几个差异点是值得关注的：

第一，数字化战略和业务战略相辅相成。一般在制定数字化战略之前需要先有相对明确的业务战略的输入，数字化本质上是要辅助业务战略的达成，其中的主次不可偏颇。在企业本身业务战略摇摆不定、缺乏组织共识的情况下，数字化战略的制定会变得很困难，而稀里糊涂定下的数字化战略效果往往会大打折扣。

第二，数字化战略需要由北极星指标体系承接。不论是我们衡量企业数字化成功的目标，还是我们的必赢之战的目标，都可以指标化，成为北极星指标体系中可被观测和可被“做功”的具体指标。

第三，数字化战略的制定，不只是技术部门的事情，而是整个企业各个前、中、后台部门共同的事情。数字化战略制定的关键在于共识的达成，很多企业由于内部缺乏共识，面临业务部门和技术部门割裂甚至对立的问题，两边互相埋怨，业务部门说技术部门能力不行，技术部门说业务部门乱提需求。数字化战略制定的过程，其实也是一个拉齐各方认知，对数字化建设的重要性、现状、差距、方式方法、优先级、资源投入等各种关键议题达成共识的难得契机。因此这一过程往往会涉及多场圆桌讨论会，企业的各个核心角色都应该专门拿出时间来坐到一起，围绕数字化议题进行充分的讨论，以求达成共识。

数字化战略屋是一种相对常见的帮助企业内部达成数字化战略共识的工具，此外还有很多其他的方式让企业去推进数字化战略共识的达成，受限于篇幅本书不做展开。为了让读者更具体地了解数字化战略屋构建的逻辑，我们以一个虚拟的零售企业为样板，为其设计一套简版的数字化战略屋，如图 1-6 所示。对于这个数字化战略屋的解读，读者可以参阅后面的“延伸阅读”部分。

数字化愿景	以技术驱动全渠道业务发展和零售创新，成为用户更喜爱的数字化零售企业		
衡量目标	2025年目标 全渠道用户数字化标签体系覆盖度达100%（可识别、可量化运营），商品数字化标签体系覆盖度达100%，执行系统在线化覆盖度达100%	2028年目标 全渠道数字化活跃购买用户突破×亿，人效、品效、坪效提升×%，技术团队工作模式从需求被动承接型全面升级为主动赋能型	
主要战场	数字化赋能全渠道用户体验 完善的用户数据系统确保更懂用户，行业最佳C端产品创造卓越用户体验，全渠道无缝衔接的购物能力更好地服务用户	数字化提升人效、品效、坪效 执行系统全面在线化、数字化和初步智能化，提升人效；数字化商品供应链体系建设提升品效；数字化营销体系建设提升流量转化效率	数字化技术底座建设 全面上云，提升技术稳定性和优化成本；建设统一的数据中台和数据经营分析体系，为业务经营提供全面、精准的数据
必赢之战	以用户为中心的运营和服务体系建设 1）基于OneID建立海量用户的数字化标签画像体系；2）建立端到端的用户触点管理和体验监测体系，优化用户旅程体验；3）建设全渠道用户运营中枢，实现个性化用户运营	智能商品供应链体系建设 1）建立商品数字化平台，通过商品标签和指标体系，实现选品洞察和商品池优化；2）建立全渠道库存，实现精准库存和周转率提升；3）试点预测补货系统，提升有货率，降低存货水平	统一、高效的数据体系建设 1）打通数据烟囱，构建企业统一的大数据平台；2）高质量数仓主题域建设，提升数据质量和取数效率；3）统一数据指标口径，构建业财一体的数字化经营分析体系
落地保障	组织 • 重新梳理技术组织架构、分工职责，加强组织协同（技术内部、业务部门与技术部门） • 加强数字化产品经理团队建设，设立TBP团队，深入梳理业务和引导数字化需求，推广数字化工具	机制 • 设立技术委员会和数据委员会 • 设立区别于业务团队的数字化团队职级薪酬、绩效管理体系 • 引入和落地科学敏捷的开发和项目管理流程	人才 • 建立技术团队任职资格体系，落实技术人才梯队培养方案 • 引进3～5名T8及以上级别的高端技术人才 • 重视开发团队和产品经理团队的校园招聘，推出专门的校园招聘和培养方案

图 1-6　零售企业数字化战略屋示意

延伸阅读

在这个虚拟的零售企业案例中，一方面，企业面临全国和区域的激烈竞争，不论是来自传统的线下零售企业，还是方兴未艾的新的零售业态（电商平台、O2O 即时零售平台、便利店、折扣店、其他专业店等）。另一方面，消费端用户的行为习惯发生显著变迁，消费行为逐渐往线上迁移，消费渠道碎片化。这导致企业的传统经营模式面临很大的挑战，企业期待通过数字化来进行自我变革，以适应新的市场环境。

这家企业的数字化战略屋就是在这样一个背景下应运而生的（当时是 2023 年）。我们从上到下对其做个简单的解读。

（1）数字化愿景

该企业将自己的数字化愿景确立为“数字化零售企业”，希望通过技术来驱动企业的业务发展和创新，而且还特别强调了“全渠道”，说明它已经意识到要主动求变，不再只是做线下经营，也不是要变成一家线上电商或者 O2O 企业，而是要做融合了线上、线下全渠道的零售企业。

“业务发展”和“创新”这两个词明确了企业做数字化的业务落脚点，技术为业务服务，同时要引领业务的创新——这其实是将数字化的定位进行了明确。很多企业为了做数字化而做，有时甚至会陷入数字化需求和业务需求谁先谁后之争，根本原因其实就是没有弄清楚这两者的关系。

这家企业则处理得比较得当，在愿景中明确了数字化一方面要作为业务的辅助和赋能者，另一方面要作为业务创新的启发和引领者。另外，这家企业还为自身数字化愿景的定位增加了一个注解——“用户更喜爱的”，这既透露出企业对于新时代以用户为中心的零售经营业务本质的理解，又明确了数字化在促进企业对用户洞察理解以及用户精准服务方面的关键作用。

（2）衡量目标

该企业明确了数字化建设的目标，而且进一步将目标拆分为 2025 年的短期（2 年）目标和 2028 年的长期（5 年）目标。这体现了对于数字化建设的持续投入和对于数字化复杂性的认知。企业清楚地知道数字化建设并非朝夕之功，要保持战略定力和耐心。

在 2025 年目标中，该企业强调了用户、商品和执行系统这三大模块的数字化，而且明确要实现 100% 的数字化。这意味着，2 年内该企业要能够精准地识别从全渠道来的所有用户，记录这些用户的消费行为数据并建立起完善的用户画像体系，做到用户的可识别、可量化运营。这往往是很多传统零售企业没能实现的：过去只要把店开到那里，客流就自动进店，企业并不清楚每天来的是哪些人，是老客还是新客，对于他们的历史消费行为、人口统计学特征、消费倾向方面的认知是不足的。

而实现用户 100% 的数字化，意味着企业也能像电商企业一样拥有对用户进行全面洞察和精准运营的能力。商品数字化标签体系 100% 覆盖是一项复杂的工程，意味着企业要建立起一套针对所有在售以及商品池中规划的商品（一般涉及 10 万甚至更多的 SKU）的数据标签体系，从此每一种商品都有了清楚的画像体系，对于商品选品、商品上下架、供应商采购谈判、物流仓配的操作、消费者售后服务都能提供关键的信息支持——这一点连很多电商和 O2O 平台都做得不够完善，很多商品只有一些简单的保质期、包装特性、供应商等基础标签，有的企业因为商品主数据的治理不力甚至存在很多商品信息不准、标签错配的问题。

实现商品标签体系 100% 覆盖，意味着商品数字化能力的大幅提升，这家企业能够基于此进一步构建商品智能选品、人货场精准匹配、销量预测和自动补货、畅销自有品牌开发等关键零售企业能力，从而确立自身以商品为核心的差异化竞争优势。执行系统的全面在线化对于一个传统零售企业来说也是充满挑战的，很多企业的商品采购、上下架都是靠采购经理和店长口口相传，既缺乏决策的严肃性又缺乏系统的记录。有些企业即便上线了各种业务系统，但是一线人员的依从性很差，系统出于各种各样的原因闲置一边也没能完全用起来。

这家企业意识到要推动企业的数字化建设，业务流程和业务数据的在线化是必要的，只有这样才能持续积累数据和调优迭代，逐步迈向精益化的运营。毕竟零售本身是一个微利行业，要靠抓精细化执行在整个供应链体系提效的过程中“弯着腰一个子儿一个子儿地捡硬币”。

这家企业对 2028 年长期数字化目标的设计也很值得参考，它明确了 4 个核心业务指标，从长期来说，这 4 个指标都是能够由数字化建设推动提升的。

全渠道数字化活跃购买用户数，意味着在短期用户数字化目标的基础上进一步明确了用户数量目标，这无疑是一个与长期业务战略对齐的、考虑到单位活跃购买用户能够为企业带来的订单平均价值的指标，这很容易导向企业整体的 GMV 业务目标。

人效、品效、坪效（很多时候指的是流量效率）这三个指标的提升，其实是可以通过数字化提效来达成的（当然这是一系列数字化和业务策略共同作用的结果）。

长期目标里，这家企业还设置了一个定性的目标——“技术团队工作模式从需求被动承接型全面升级为主动赋能型”，这无疑呼应了数字化愿景中提及的对于数字化与业务关系的定位。

在大多数企业，哪怕是很多互联网平台企业中，业务团队占据着绝对的主导地位，技术和数字化团队被定位成职能部门和成本中心，主要职责就是承接需求，例如做个小程序，上线个运营活动落地页等。而且很多企业的数字化团队甚至连被动承接来自业务团队的需求都很为难，经常出现需求积压、系统出故障等问题。很多时候业务团队在等待数字化团队，数字化成为企业业务发展的瓶颈，更别提让数字化团队和业务团队携手并进主动赋能，甚至让数字化团队在一定程度上引领业务创新了。如果该企业在2028年实现了这一模式的转型，那么不难想见那时企业愿景中的“数字化零售企业”就算成形了。

（3）主要战场

在数字化的主要领域，该企业明确了3个必须长期深耕的数字化战场。

第一，用数字化来赋能全渠道用户体验。这是当前零售市场的一个重要命题，零售正经历从传统的以渠道/商品为中心到以用户为中心的转型。得用户者得天下，尤其是在线下零售渠道纷纷面临客流下降、消费者向线上迁移的背景下。难得的是，这家企业不仅关注通过数字化手段来拉新和促活，还将落脚点放在了用户体验上。要知道在很多电商企业过度营销造成用户不堪其扰的背景下，一家传统零售背景的企业能够回归用户体验的本质，同用户进行恰到好处的互动，提供让用户喜爱和欣喜的服务，这是多么清醒的经营理念！

第二，用数字化来提升人效、品效、坪效。这其实明确了数字化作为提效工具的工作重心，通过执行系统全面在线化、数字化和初步智能化来提升人效，通过数字化商品供应链体系建设提升品效，通过数字化营销体系建设提升坪效和流量转化效率。

第三，数字化技术底座的建设。这是数字化建设中的重要根基，有时候业务数字化速度快了技术底座跟不上容易出问题（反之亦然）。这家企业放弃了传统的自建机房和自己运维的做法，选择全面上云提升技术稳定性，并通过减少在这方面不合理的人力、财力、物力投入而节约成本。同时，该企业也意识到了一个良好的数据底座的重要性，要以为业务高效提供全面、精准的数据和经营分析洞察为目标，构建包括数据中台在内的数据底座。

（4）必赢之战

上面提到的三个领域是企业数字化长期投入的重点方向，那么具体到一年的时间内，企业又明确了哪些至关重要、一定要打赢的必赢之战呢？在必赢之战层面，数字化战略屋一般会写到关键举措的颗粒度，对最重要的、必须做的行动进行概括性的描述，供后续团队在学习、解读和拆解必赢之战时作为蓝本指引。

例如，这家企业的第一个必赢之战——“以用户为中心的运营和服务体系建设”明确了三个关键事项。

第一，建立海量用户的标签画像体系，而且强调了打通全渠道用户的 OneID、实现对用户精准识别的重要性。只有实现了对用户数据的全面掌握和精准标签画像，后续针对用户特性的千人千面的精准运营才有可能进行。要完成这一举措，企业通常要建立起一套客户数据平台（Customer Data Platform）。

第二，建立端到端的用户触点管理和体验监测体系，优化用户旅程体验。这一过程要建立起用户互动和运营的阵地，比如 App、微信小程序、微信公众号等，对这些阵地进行精细化的用户行为埋点，记录用户的行为数据和客户旅程。同时，接入短信、第三方平台广告触点、企业微信社群等各方面的消费者触点，并对全渠道所有与用户互动的阵地和触点进行统一管理，做好用户触点频控，对用户与企业互动的全链路的客户旅程进行优化，确保用户端到端的优良体验。

第三，建设全渠道用户运营中枢，实现个性化用户运营。对于企业来说，要对海量的用户进行千人千面的运营是个技术活，靠人力难以实现，往往要用到营销自动化的平台。

以上三个关键事项依赖于平台产品和运营体系的共同配合。零售企业一般会选择和数字化产品提供商合作，采购CDP、用户旅程管理和营销自动化平台；个别有强大技术团队且对技术成本不太敏感的企业（例如电商平台）会选择自建。

不难发现，这三个关键事项与三个主要战场的长期工作形成了一定的对应关系。此外，企业一年之内要做的数字化工作，尤其是例行的日常技术工作，其实还有很多，但是不一定都会作为必赢之战级别的事项给列出来。这也是在使用数字化战略屋这一方法论框架的过程中要注意的，不是事无巨细都写上来，而是聚焦在关键的几个攻坚战上。

（5）落地保障

最后，落地保障措施也是数字化战略屋不可或缺的部分，一般会包括组织、机制、人才等方面的内容，企业也可以根据自身情况酌情增加其他维度。这部分的一个核心理念是，数字化建设是集全公司之力共同去推进的战略，不单是技术团队或者某个部门的事情，而是企业的前、中、后台各个业务团队和职能团队要一起全力参与的。而且，数字化建设的成功落地有很多依赖项，如果这些依赖项得不到有效的支持，那么最终的数字化成效会大打折扣。

比如这家零售企业就深刻认识到了组织建设的重要性，重新梳理公司的组织架构和职责分工，进一步明确数字化团队和业务团队的协同界面，加强协同性，减少组织摩擦。同时该企业将产品经理在数字化建设过程中的作用提到了很重要的位置，让产品经理深入到业务当中，在深度理解业务的前提下帮助数字化素质相对较差的业务团队去梳理数字化需求，将业务需求转化为产品需求和功能设计，然后再给到研发团队做开发工作。这一方面很好地将数字化作为业务的左膀右臂，另一方面可以减轻无效业务需求泛滥带来的开发压力。

（2）基于战略共识，明确北极星指标体系

企业通过各种方式达成对于数字化战略屋的共识后，接下来企业要做的是，将这些数字化战略关联到企业的北极星指标体系。北极星指标是企业确保业务成功的关键指标。一般企业在一定阶段会有一个最为核心的北极星指标，各个分 / 子公司和业务单元会基于这个北极星指标去拆解自己团队的核心指标，进而明确自己团队的北极星指标及其关联指标。这样就形成了一套北极星指标体系。

以上面提到的这家虚拟的零售企业为例，其实在这家企业的数字化战略屋中已经明确给出了不少关键指标，例如全渠道数字化活跃购买用户的数量、人效、品效、坪效，以及全渠道用户数字化标签体系覆盖度、商品数字化标签体系覆盖度、执行系统在线化覆盖度等。这些指标其实都是承接企业的业务和数字化战略共识而明确下来的，在企业战略的落地过程中，会变成各个部门的北极星指标。

为了帮助读者更全面地理解北极星指标体系如何来承载企业的数字化战略，这里进一步对案例展开介绍。承接这家企业的数字化愿景“以技术驱动全渠道业务发展和零售创新，成为用户更喜爱的数字化零售企业”，我们可以进一步将它的北极星指标进行拆解，如图 1-7 所示。

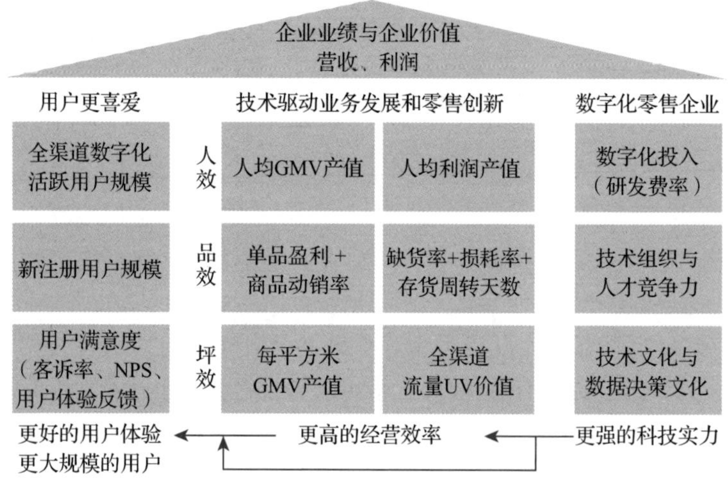

图 1-7　零售企业北极星指标体系拆解示意

整体来说，这家企业在成为数字化零售企业的路上有一个关键的数字化飞轮：更强的科技实力实现更高的经营效率，带来更好的用户体验和获得更大规模的用户，最终提升企业的业绩和价值。在这个整体逻辑的指引下，企业的北极星指标体系构建如下：

1）用营收和利润指标来衡量企业的业绩和价值。这是整个公司层面的北极星指标。

2）用全渠道数字化活跃用户规模这个关键指标来衡量这家零售企业业绩的根基，即通过获得更多的活跃购买用户来获得增长。这个指标就是业务部门的北极星指标。同时，新注册用户规模也被当成一个关键指标，通过拉新持续向用户蓄水池中导入“新鲜用户”。用户满意度有多重衡量方式，这家企业将客诉率、NPS（净推荐值）作为关键指标，同时把通过定期调研获取的用户体验反馈作为重要的观测手段。（严格意义上，这种“定性指标”不在本书所说的“指标”之列。）

3）按照数字化战略屋的思路，衡量数字化经营效率的关键指标确定为人效、品效和坪效。在这三项指标上，企业进一步明确了具体可执行的指标：通过人均 GMV 产值、人均利润产值来衡量人效；通过单品盈利、商品动销率来衡量品效，同时通过缺货率、损耗率和存货周转天数这三个指标来衡量商品供应链的效率；通过实体店每平方米 GMV 产值以及线上 + 线下全渠道单位流量产生的 GMV（全渠道流量 UV 价值）来衡量全渠道坪效。

4）除了业务上的这些关键指标，该企业认识到要转型为一家数字化零售企业，自身的科技实力提升十分重要。数字化投入的绝对值和研发费用占营收的比重是衡量数字化投入的指标。同时为了从非业务角度衡量自身的数字化水平，该企业将技术组织与人才竞争力、技术文化与数据决策文化当成两个定性指标。

基于以上北极星指标，企业可以进一步围绕每个具体指标进行拆解，得到一棵指标树，将与之关联的过程指标梳理出来并关联到企业各个部门的工作计划中，从而形成北极星指标体系。这里我们暂不对具体部门的北极星指标继续往下拆解，后文会有指标体系拆解的更多示例。

3. 构建指标驱动的经营分析体系

近年来，构建经营分析体系越来越受到企业的重视，这种趋势从善于用数据驱动业务发展的互联网企业逐渐向各行各业扩散。下面先通过分析传统企业经营分析体系缺位的弊端来让读者了解经营分析体系的内核，然后具体介绍如何构建指标驱动的经营分析体系。

（1）传统企业经营分析体系缺位的弊端

以往很多传统企业在经营分析体系方面是缺位的，只有一个总裁办或者战略部，在年初制定业务战略和年度目标的时候，基于历史经营情况和当年的外部环境进行分析与预测，从而确定年度的营收、利润等总目标。然后让人力资源或者财务团队按照这个总目标与各个业务单元沟通，设定分、子业务单元的具体目标。在执行中，一般按照月度或者季度，让数据分析团队提前准备业务数据或者让各个业务团队自己报数，企业领导定期开会复盘一下经营情况。

经营分析体系的缺位往往会带来以下几个问题：

1）企业 KPI 体系设置得不科学、不合理。

很多传统企业的总目标是由董事长或者 CEO 拍脑袋定的，一路摊派到每个部门和团队，缺乏科学的论证过程。有的团队为了迎合领导，轻易地做出各种承诺，由于缺乏严谨的测算，很多目标设置得明显不合理。

2）全员对于企业目标缺乏认同和共识，影响后续执行落地。

一家之言定下来的 KPI 目标其实是没有共识基础的。有的人并不理解其背后的逻辑，因而无法就公司的目标产生共情；有的人并不清楚这些数字是如何测算出的，因而无法将公司目标和自身目标关联，也无法将结果目标和可被影响的过程目标关联；有的人并不认同这些目标，但是没有反馈机制，于是对上阳奉阴违，甚至通过各种短期的业务行动进行数据造假。遇到这样的情况，战略执行落地的效果就可想而知了。

3）KPI 目标的过程追踪和分析缺位，无法快速适应业务的变化。

确定目标之后就束之高阁，到季度或者半年再来复盘，这种方式其实是十分低效的。很多目标确定之后，通过一个月的试运行就能知道年底是否能达成，其中需要对周度、月度目标以及各种联动过程指标进行观察和分析。如果企业在经营过程中不能高频地去观察、分析甚至预测其核心业务指标的变动，那么其经营动作的敏捷度肯定是要大打折扣的。

4）容易错失业务发展和增长的机会。

经营分析的核心是通过经营数据的洞察去发现业务问题、找到业务增长的机会。企业没有经营分析的思维、体系或者团队，就很难通过业务数据背后的逻辑去洞察业务问题，甚至只能让业务负责人自主发挥。遇上好的年景和有才能的业务负责人，或许到年底还能有好的结果；否则，很多企业在年初就注定了年底的失利。

结合前文的分析不难看出，经营分析体系其实是推进企业科学化管理的一整套机制。它以数据驱动的方式，通过对数据的收集、整理、分析和预测，以业务经营的视角让企业管理者和各层级成员更好地理解和掌握自身的经营情况，设定科学、合理的经营目标，优化经营决策，做好精细化的日常经营管理，提高企业的综合竞争力。

（2）从企业组织、数字化工具和管理运营三方面构建经营分析体系

构建一套经营分析体系，需要在企业组织、数字化工具和管理运营三方面进行努力。

企业组织方面，需要建立起专门的组织团队来负责企业的经营分析。

通常可以在财务部下设一个经营分析部，汇报给 CFO；或者在战略部下设一个经营分析组，汇报给 CSO；或者直接在 CEO 下设一个经营分析部，相当于总经办 / 总裁办的一个升级。经营分析团队（经营分析部或经营分析组）的主要职责，就是站在企业的整体经营视角，以经营数据定量分析和经营指标科学管理为主要手段，主导企业的业务 KPI 设置和定期（周度、月度、季度、年度）的目标进展统计、分析、复盘，根据管理需要进行各种业务、财务专题的深入洞察分析，找到经营管理抓手和业务发展机会。

经营分析团队应该是企业内部最擅长利用数据和分析数据的那批人：他们既懂数据又懂经营，每天都在与数据指标打交道，从一个个数据指标的变化中洞察背后的业绩趋势和经营情况；他们在企业内拉起一根数据驱动的科学管理准绳，与企业家 / 职业经理人领导力驱动的“经验管理”相结合；他们扮演着管理者的“超级大脑”角色，像一台超级计算机一样为企业管理和关键决策提供持续的数据洞察和决策建议。

数字化工具方面，经营分析团队为了履行如此重要的职责，势必需要高精尖的“武器装备”的加持。通常，企业需要一套高效运行的数据体系，确保经营分析团队能够及时、准确、全面地得到相应的经营数据。许多企业会建立一套基于 Hadoop 架构的大数据平台 + 数据仓库 +BI 工具的系统，让经营分析团队能够通过数据工程师开发的数据集在 BI 报表中得到需要的数据和指标。

近年来，指标平台成为许多企业经营分析团队开展工作的重要工具，它不仅可以解决指标二义性、指标开发时效性等传统数据平台工具难以解决的问题，还能更灵活地满足高频的自助取数需求。更重要的是，经营分析团队需要对企业的北极星指标和业务过程指标进行科学、合理的拆解，关联到具体的业务部门 KPI，并且还要高频地去复盘和分析这些指标的变动，这一过程也需要像指标平台这样的工具来支持。

管理运营方面，经营分析体系要搭建的是一整套管理运营机制。比如，企业 KPI 该怎么定？预算资源该怎么分？经营分析会议该怎么开？业务复盘该怎么做？这些都是经营分析体系构建过程中要逐步从管理运营上去建设的机制。

（3）指标驱动的企业 KPI 指标设计机制

我们以 KPI 设定为例，简单说明在一套科学的经营分析体系的加持下，企业的经营 KPI 应该如何设定，如图 1-8 所示。

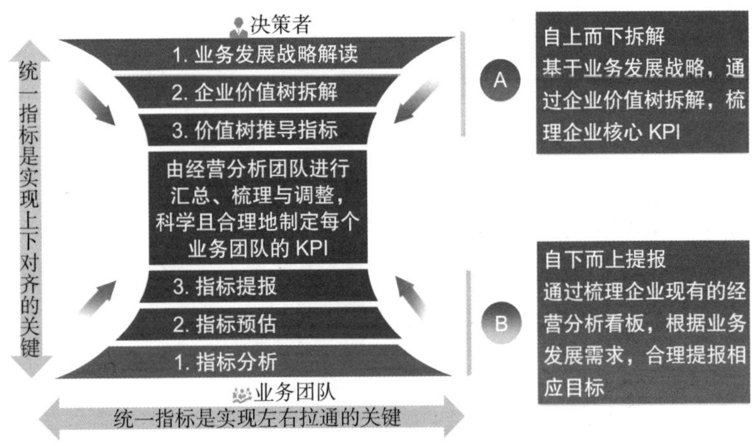

图 1-8　指标驱动的企业 KPI 设计

每年年初企业做战略规划的同时，会启动年度业务 KPI 的设定。这个时候经营分析团队会主导整个过程。首先有个自上而下的战略拆解的过程。企业决策者和核心管理团队会对企业当年的业务发展战略进行解读，结合外部行业情况和宏观经济预判，提出企业的整体业绩目标和关键北极星指标数值上的期待。经营分析团队接下来要对这些指标进行相应的测算和拆解，结合历史数据和外部数据，测算出相对增速和绝对值等，同时自上而下将企业的总指标按照指标树的方式拆解到各个过程指标和部门指标。当然这一拆解过程非常依赖于经营分析团队的专业性，经营分析团队需要对业务逻辑足够了解，对数据变化足够敏感，对过高或者过低的异常值能够做出客观的逻辑校验，等等。

在自上而下拆解的同时，经营分析团队还会主导一个自下而上的 KPI 提报过程。很多企业的经营分析团队不只是一个总部机构，还派驻经营分析专员去各个业务部门，作为各个部门经营分析方面的业务伙伴：一方面，作为经营分析总部的派出机构深入业务，对接 KPI 管理、预算管理、经营指标分析等各项经营分析工作；另一方面，作为各个业务单元的智力支持机构，帮助业务团队做好经营增长的洞察和业务策略。自下而上的提报过程通常是由派驻到各个业务部门的经营分析专员联合业务团队一起完成的，从企业这棵大树的每一个枝节自下而上地汇集相关指标，得到一个前线视角的 KPI 预期值。他们一般会根据一线更详细的市场信息做出更加实际的增长预估，也会通过各种手段收集到竞争对手一线的很多补充信息来检验很多假设的合理性。

经过自上而下和自下而上的两个过程之后，两套 KPI 指标会汇集到经营分析团队来做指标的合议和调整。这往往会涉及经营分析团队和各个业务团队的多轮沟通，达成一个既能在一定程度上符合管理层期待和业务发展规律，又能在执行层较好落地的状态。这个过程不可避免地会涉及传统企业常见的 KPI 讨价还价的问题，但更多的是数据的交锋和指标的逻辑测算。任何一个指标的拆解和预估，都需要有充足的数据逻辑规律的支持，经营分析团队内部、经营分析团队和业务团队之间会进行多轮交锋，最后胜出靠的不是话语权的高低而是指标的逻辑。这样一个逻辑驱动的合议过程，既要杜绝“艺高人胆大”的拍胸脯承诺，也要避免逃避 KPI 的消极怠工行为。

因此我们不难发现，企业的 KPI 制定是一件高度指标驱动的事情，需要企业基于共识的业务北极星指标去进一步构建关联到企业各个业务部门、毛细血管级的指标体系。同时，企业需要一个指标平台来有效地管理和呈现这些指标，并为企业的日常目标管理和分析提供支撑。

（4）指标驱动的经营分析会

接下来，我们再以企业经营分析会该如何开为例，为读者提供更多经营分析体系管理运营机制方面的借鉴。

很多企业在 KPI 定完之后，直到季度末甚至半年才会去复盘。不是说这些企业平常不开会，相反企业经常开会，但是开的都不是数据驱动的会，而是理念和情绪驱动的会。业绩不佳的企业，管理层在会上不断传递焦虑，把各个业务负责人轮番数落一遍，提出一些看似有理实则无用的主张和建议，然后业务负责人纷纷表示会后会认真学习、奋起直追，下个季度一定打个翻身仗。业绩较好的企业，管理层在会上畅谈各种诗与远方、各种模式创新和价值升级，业务负责人会后该怎么做还怎么做。还有的企业不论业绩好坏都喜欢开会，发表各种定性的业务评价和不够严谨的论断，开会成为企业管理层履职的主要手段，文山会海由此而来。

经营分析会其实不只是一个会议，还是一套以企业经营的北极星指标体系为核心的企业经营业绩复盘流程，也是一套企业经营议题从提报到讨论再到决策的过程。召开会议只是整个经营分析会的一个高潮环节，而会前要做很多准备和落实工作。下面是某互联网企业经营分析会的安排方式。

会议主题：×× 公司经营分析会

会议周期：每个月第一个周五下午

参会人：

固定全程参会人：CEO、CFO 及经营分析团队核心专家、CTO 及数字化负责人、CSO、CHRO、各个业务团队一把手及其团队一到两位核心骨干

可选半程参会人：本次经营分析会既定议题的核心负责人及直接关联方负责人

会议议题：

- 经营核心数据指标复盘（主持：经营分析团队）
- 异常经营情况应答（主持：经营分析团队；应答：各相关业务负责人）
- 专题（CEO 指定议题或各团队提报，例如用户增长专题分析、预算超支情况专题分析）
- 分享（不定期安排，通常经营分析团队邀请外部高级嘉宾就时下热点议题进行分享）

优秀企业的经营分析会开得十分高效，半天时间就能完成。会议是数据驱动和议题驱动的，不做各种漫无目的的定性讨论和情绪表达。会上经营分析负责人直接打开公司的指标平台，展示公司和各个部门的核心北极星指标的完成情况，然后就异常的指标进行问询、分析和应答。这些指标是企业高管在会前就能直接实时看到的，而不是在会上最后一刻才揭晓，甚至会给大家带来惊讶的。

所以开会的重心并不在于汇报数据，而是达成对于业绩情况的共识以及分析数据指标背后的原因和制定下一步的行动方案。由于不需要业务团队提前准备数据和做 PPT，全公司基于同一套北极星指标看数和分析数据，就避免了开会前各个业务团队去

找对自己有利的数据分析口径和角度，准备大段定量和定性的说辞，以图混淆视听或者蒙混过关。所有人面临的数据拷问都是客观的，而数据异常背后的变量指标都可以在平台上下钻展示，哪个过程指标出了问题也都是显而易见的，业务负责人不会因为擅长向上管理或者汇报而通过说辞来误导视听或者推脱责任。当然这也大大节省了业务团队的时间和精力，他们可以把重心放在做业务而不是做材料和向上管理上。

全球电商和科技巨头亚马逊有一套类似于经营分析会的机制，也是围绕业务经营指标来开展的。

案例：亚马逊 WBR

亚马逊采取每周业务复盘（Weekly Business Review，WBR）机制来进行业务经营分析，旨在提供一个更全面的看待业务的视角。在 WBR 会议中，核心议程是围绕指标展开汇报和讨论。

亚马逊将指标分为输入指标和输出指标两类。输入指标如商品类目、价格、便利性等，是可以采取措施来控制的。输出指标如订单、收入和利润等，这些指标很重要，但从长远来看通常无法可持续地直接控制。因此，WBR 侧重于对输入指标的分析。

——《亚马逊逆向工作法》，Colin Bryar & Bill Carr 著

因此我们不难发现，高效的经营分析会非常依赖于一套清晰的业务指标体系，还需要一个指标平台来承载这些指标，让组织内部的相关人员能高效甚至实时地看到这些关键业务指标的数值进展。这样能够大幅减少企业管理层达成共识的时间，确保大家对于业务现状的认知是一致的、准确的，同时也为企业分析问题和解决问题提供符合逻辑的、数据驱动的思路和洞察。

如果一家企业能够科学、合理地用指标驱动的方式完成以上 4 个步骤，设计企业数字孪生的指标体系，评估指标现状和优劣势，就北极星指标承载的企业数字化战略达成共识，落地指标驱

动的数字化经营分析体系，那么它就已经开启了数字化经营的新范式。

指标和科学的指标体系凝练了企业经营的关键逻辑，也反馈了企业经营的关键结果，是驱动企业从经验驱动的传统经营模式向数字化经营模式跃迁的关键力量。那么如何设计一套科学、合理的指标体系呢？第 2 章会介绍一些系统性的方法论。

第 2 章 CHAPTER

指标体系设计方法

指标体系是数字化经营的基础。我们在设计指标体系的时候会产生种种困惑，比如什么是好的指标体系，指标体系设计包含哪些工作，北极星指标设计原则是什么，如何基于北极星指标层层拆解为体系化的指标体系，如何将指标与业务执行紧密联系起来，设计指标体系与现有在用的几百个报表的关系是什么，等等。本章就来一一回答这些问题，并系统阐述指标体系设计方法。

2.1 指标体系设计目标

我们以“以终为始”为原则，先明确指标体系设计的目标，其目标主要包含 4 个方面：

第一，支撑业务战略目标落地。设计衡量业务战略目标达成情况的战略指标，并将战略指标层层拆解到可落地的业务过程指标，形成指标体系骨架，支撑从战略制定到执行的闭环。

第二，形成一致的业务衡量标准。搭建系统的指标体系，确定一致的指标口径，为业务发展提供全面、准确的量化标准，促进业务有序增长。

第三，指导业务日常运营。指标体系作为数据分析决策的基础，帮助企业发现和诊断业务问题，并做出基于事实和数据的业务决策，而不仅仅依靠主观判断或经验。

第四，牵引企业数据底座建设。根据业务需要的指标体系来设计数据仓库模型，让数据底座建设更好地落地，更快地产出业务价值。

从指标体系的定义和设计目标出发，好的指标体系需要满足以下几个标准：

- 业务好理解，具备实际的业务意义，例如，库存周转天数可以反映消耗完当前库存大致需要的时间。
- 各指标不是孤立存在的，相互间存在业务关联，构成指标体系，可以系统反映业务逻辑。
- 不只包含结果指标，还包含很多可以通过业务操作直接影响的过程指标，从而可以指导业务执行。
- 包含的指标是技术人员可以根据从业务系统中获取的数据开发出来的。

2.2 指标体系设计思路

指标体系设计整体分为自上而下的指标拆解和自下而上的指标收集。指标拆解是将战略目标对应的指标层层拆解到业务过程指标，指标收集是对企业现存于各类报表等地方的指标进行收集梳理，最后设计一个全局框架把所有指标分门别类管理起来，形成一个系统化的指标体系，如图 2-1 所示。

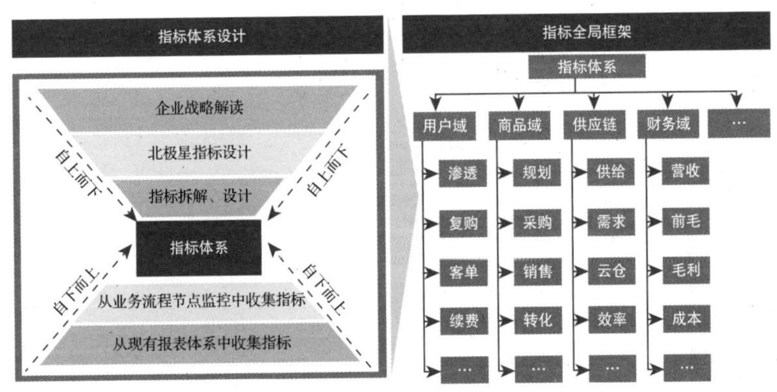

图 2-1　指标体系设计整体框架

2.3 自上而下的指标拆解

2.3.1 自上而下的指标拆解流程

自上而下的指标拆解包含以下 3 个关键步骤，具体示例如图 2-2 所示。

1）北极星指标设计：北极星指标是最特殊的指标，是公司最重要的指标，指引组织成员朝着同一目标努力。图 2-2 中的北极星指标是门店销售额。

2）指标拆解：将北极星指标层层拆解为更容易落地的指标，本质上是对目标的拆解，即把战略目标按照一定业务逻辑拆解成更小的业务目标。比如图 2-2 中将北极星指标门店销售额层层拆解为接待率等指标，形成金字塔结构的指标体系。

3）过程指标设计：基于战略目标层层拆解下来的更小的业务目标，制定相应的业务策略，并设计衡量业务策略有效性的过程指标，使战略目标落地到具体的业务策略上。比如图 2-2 中基于提高接待率和提高下单转化率目标，制定了引导线上提前下单、提高店员佣金比例等业务措施，并通过商品现货率、订单取消量等过程指标来评价业务措施的有效性。

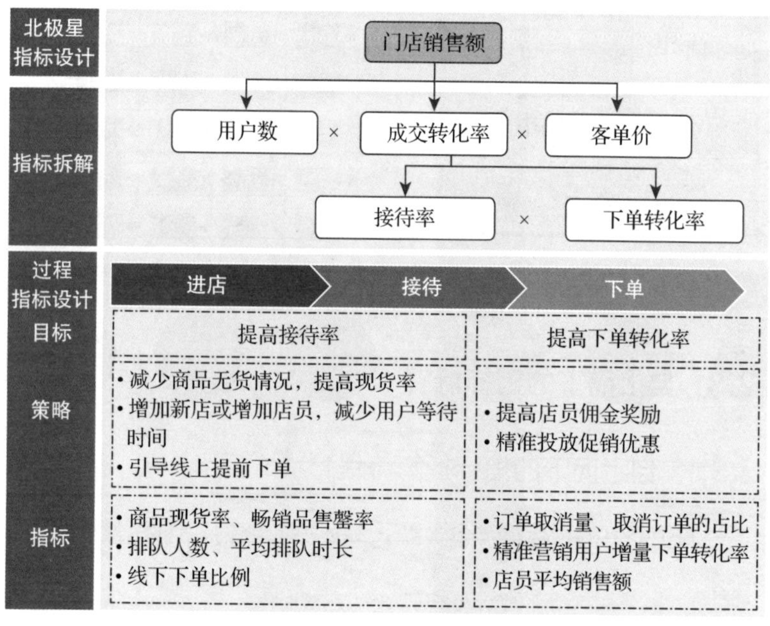

图 2-2　自上而下的指标拆解示例

2.3.2　北极星指标设计

北极星指标是公司业务成功的关键指标，反映了公司为用户带来的价值，有以下 3 点作用：

- 像北极星一样，指引公司发展方向，并作为所有团队成员行动的统一目标。

- 作为最高决策依据，明确工作优先级，提高团队运行效率，减少因为目标或衡量指标不一致导致的管理内耗。
- 对于绝大多数产品或服务型公司而言，北极星指标需要驱动各团队对客户 / 用户价值负责，北极星指标必须与客户 / 用户价值相关，可以反映公司的产品或服务的价值主张与公司营收之间的联系。

在《硅谷增长黑客实战笔记》一书中，作者提供了 6 个制定北极星指标的标准：

- 标准 1：你的产品的核心价值是什么？这个指标可以让你知道用户体验到了这种价值吗？例如制定北极星指标的经典案例中，美国社交网络巨头 MySpace 当时的北极星指标是注册用户数，这个指标并不能反映 MySpace 给用户带来的价值，用户使用社交网站不仅是为了注册后看平台有什么内容，更期望持续获得良好的虚拟社交体验。错误的北极星指标可能会导致 MySpace 投入过多的资源在外部广告拉新等营销环节。
- 标准 2：这个指标能够反映用户的活跃程度吗？与 MySpace 形成对比，Facebook 在创立之初就以月活跃用户数（MAU）作为北极星指标。在正确的北极星指标指引下，Facebook 很快击败了 MySpace，成为世界上最大的社交平台。
- 标准 3：如果这个指标变好了，是不是能说明整个公司是在向好的方向发展？领英（LinkedIn）曾经采用“技能认可”功能点击使用量作为北极星指标，但最终却发现这一指标的增长并没有带来更好的业务增长，因为雇主担心被应聘者的这些（由熟人认证的）技能信息所误导，所以在做招聘决策时很少会参考这些信息。
- 标准 4：这个指标是不是很容易被整个团队理解和交流？

定义北极星指标时尽量用简单清晰的逻辑。比如爱彼迎（Airbnb）的北极星指标就是订房数量，大家很容易理解，而领英的北极星指标是活跃的优质用户数，对于优质用户的定义非常复杂，采用了 4 个维度（资料完整度、好友数、可触达、保持活跃）来综合定义，难以熟记，不利于团队沟通。

- 标准 5：这个指标是一个先导指标，还是一个滞后指标？像月度营收、ARPU（每用户平均收入）这些滞后指标不能提前给你产品变化的信号。比如 SaaS 软件的每年续费率就是个滞后指标，更合理的指标是月活跃用户数，这个指标可以及时地体现产品体验的好坏。
- 标准 6：这个指标是不是一个可操作的指标？即是否可以通过业务运营改善这个指标？比如航空公司如果设定航班准时数量作为北极星指标，是不太合理的，因为航班延误受天气、航空管制等多种不可控因素的影响。

北极星指标与公司提供给用户的价值强相关，不同的产品类型、不同的产品价值主张及不同的产品发展阶段等因素都会影响北极星指标的选择。以一个 SaaS 软件公司为例，不同的产品发展阶段一般采用不同的北极星指标，如图 2-3 所示。

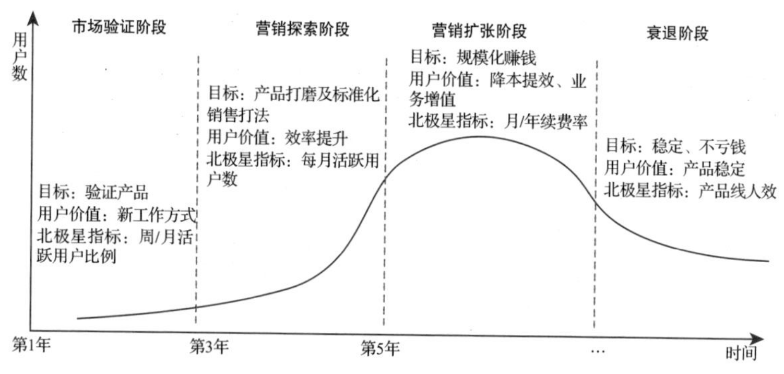

图 2-3　SaaS 软件公司不同产品发展阶段的北极星指标

实际操作中，我们可以结合公司的产品类型、发展阶段、战略目标等情况，先给出几个备选指标，然后逐个检验是否符合北极星指标制定标准，最后再综合考虑确定一个北极星指标。

2.3.3　指标拆解

指标拆解的本质是将战略目标拆解为更小的业务目标，其过程就是将北极星指标层层拆解为更底层的业务指标，最终形成纵向有支撑、横向有业务联系的指标体系。

1. 指标分级

在了解指标拆解方法前，我们需要先了解指标分级体系，如图 2-4 所示。一般可以将指标分成 T0 ～ T3 四级，T0 级指标对应的就是战略驱动型的北极星指标，T1 级指标是在公司各业务领域直接承接北极星指标的公司级指标，T2 级指标一般是承接公司级指标的部门级指标。T3 级指标一般就是过程指标（业务板块很多或业务复杂度很高的公司，可以考虑设置 T1 ～ T4 级指标，将 T4 级指标作为过程指标），可以直接被一线业务执行影响。

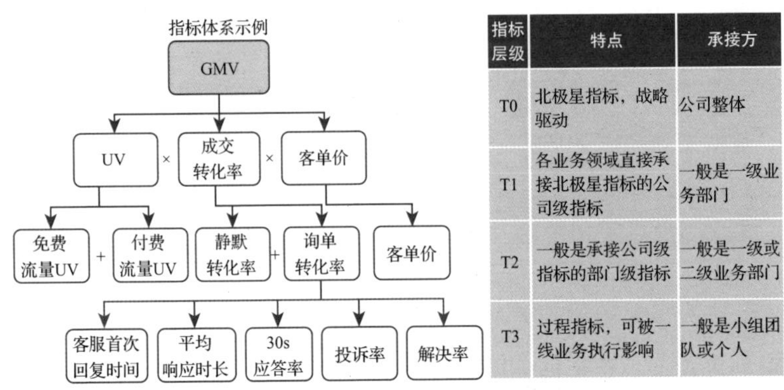

指标层级	特点	承接方
T0	北极星指标，战略驱动	公司整体
T1	各业务领域直接承接北极星指标的公司级指标	一般是一级业务部门
T2	一般是承接公司级指标的部门级指标	一般是一级或二级业务部门
T3	过程指标，可被一线业务执行影响	一般是小组团队或个人

图 2-4　指标层级划分

企业战略决定了北极星指标，企业商业模式决定了北极星指标的拆解方式，而最终形成的指标体系就是业务模式的数字孪生，同时也会影响到组织架构的设置。所以一般而言，T1 和 T2 级指标往往会由具体的一二级业务部门来承接，T3 级指标会由具体小组团队或个人承接。

2. 指标拆解的 4 种方法

常用的北极星指标拆解方法有以下几种：

（1）从指标本身定义出发进行拆解

比如图 2-5 中的综合毛利指标，它是由销售收入、销售返点、采购成本、费用通过加减乘除运算得来的，基于指标定义，就可以把综合毛利拆解为销售收入、销售返点、采购成本、费用相关的指标。

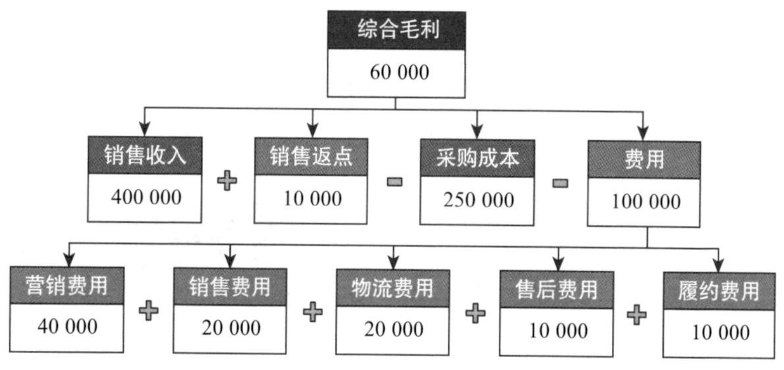

图 2-5　指标拆解示例（先按指标定义拆解，再按维度值拆解）

（2）按维度值进行拆解

比如销售额可以分区域分品类进行拆解，费用可以按照费用类型进行拆解。按维度值进行拆解本质上是将指标在某个物理空间按照一定分组方式进行细分。细分不一定是按照现有的单个维度值，很多数据分析领域常用的细分方法可以拿来用作指标拆解的方法，比如：

- 多个维度值组合，比如根据波士顿矩阵模型将产品划分为 4 种类型，根据 RFM（消费间隔、消费频率、消费金额）模型将用户分为 3 类。
- 按时间维度划分，比如常用的用户生命周期模型、AIPL（认知、兴趣、购买、忠诚）模型等。
- 按程度划分，常用帕累托图分析方法，比如将商品按月度销量划分为不同类型，具体是将商品按照销量数据降序排列，累计销量 TOP 20% 对应的 SKU 为 A band，累计销量在 20% ～ 40% 区间的 SKU 为 B band，以此类推划分 C、D、E band，0 销 SKU 划分为 F band。

图 2-5 展示的指标拆解示例中，先根据指标综合毛利本身的定义进行拆解，再将拆解后的费用指标按费用类型维度进行拆解。

（3）按照计算公式进行拆解

比如图 2-6 中，将 GMV 指标拆解为 UV、成交转化率和客单价三个指标。

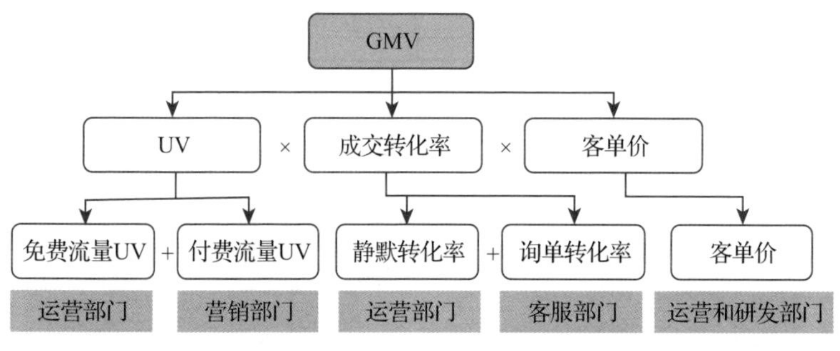

图 2-6　指标拆解示例（先按计算公式拆解，再按维度值拆解）

按维度值拆解，很多时候不会改变指标业务逻辑，属于物理拆解，比如全国销售额按照区域拆解为省份销售额，只是做了物理上细分，方便后续在更细粒度的相似特征群体中找到针对性措施，但物理拆解本身很难带来新的业务洞见。

按计算公式拆解下来的子指标，与原指标的口径和定义会不一样，属于化学拆解，比如子指标 UV 与原指标 GMV 业务含义很不一样，这种拆解方法往往可以带来新的业务可能性，这是一种用数学模型探索业务模式的方法。

大多数情况下，在单业务板块内，建议先做化学拆解，确定业务模式，再做物理拆解，以便“分而治之”。图 2-6 所示的指标拆解就是先进行化学拆解，再进行物理拆解得到指标体系，并关联到责任部门。

同一个指标的拆解公式也可以有很多种，可以根据业务逻辑进行调整，不同计算方式会产生不同的子指标。比如经典的财务领域的杜邦分析法（见图 2-7），基于权益净利率，经过层层拆解，逐步覆盖公司经营活动的每个环节，以实现系统、全面评价公司经营成果和财务状况的目的。

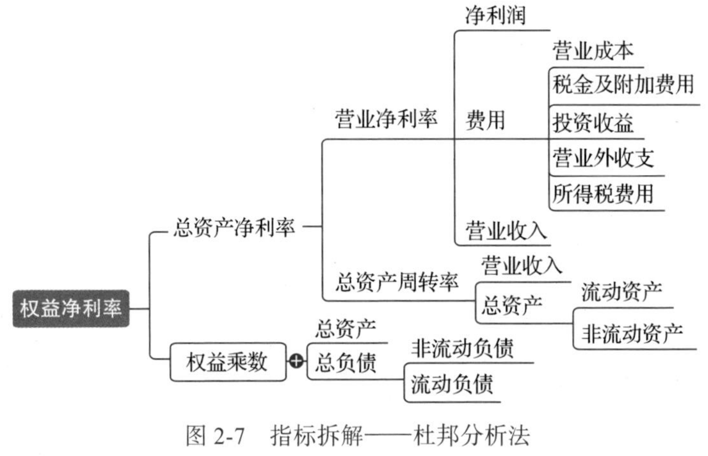

图 2-7　指标拆解——杜邦分析法

传统的杜邦分析法在很多地方有局限性，核心问题是没有区分金融活动与经营活动，这样当一个公司金融相关业务比较大的时候，它就很不适用了。为解决这个问题，可以采用改进后的杜邦分析法，如图 2-8 所示。

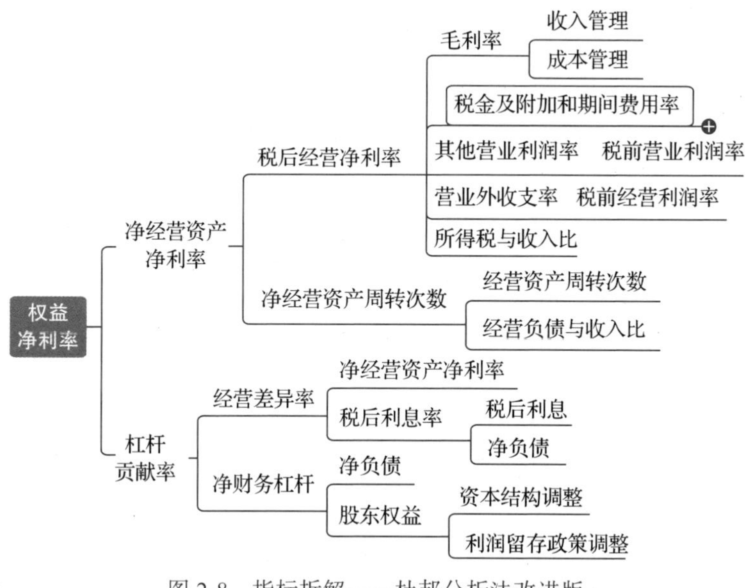

图 2-8 指标拆解——杜邦分析法改进版

这个案例主要说明，即使是同一个指标，也可以按照业务模式或业务目标灵活选择不同的指标拆解公式。

（4）通过 GSM 模型进行拆解

GSM 模型（见图 2-9）是谷歌用户体验团队提出的一种指标体系设计方法，主要用于拆解不好量化的目标。比如提升用户体验这个目标比较大，需要进一步拆解成更方便业务执行落地的小目标，而且不像提升客单价、提升成交转化率等好量化的目标，它不能直接用计算公式拆解。

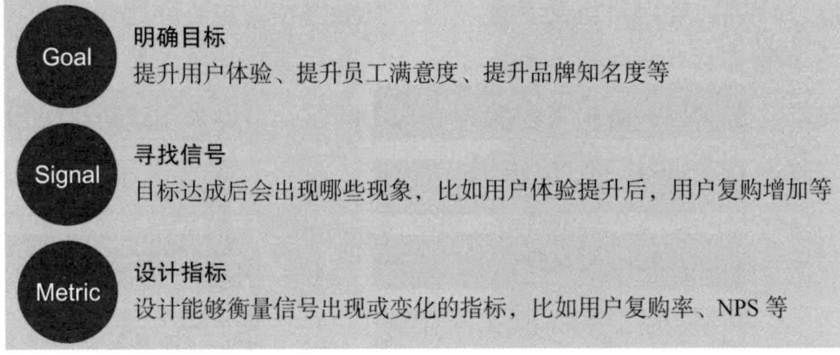

图 2-9　GSM 模型

信号可以理解为目标达成后用户的行为会有哪些变化，比如用户体验提升了，用户可能会每周持续购买或者推荐朋友来购买。一个目标可以分解为多个信号，即拆解为多个子目标，一个信号可以用多个指标进行衡量。

以提升用户体验这个目标为例，如图 2-9 所示，应用 GSM 模型拆解指标的第一步是明确目标，可以是北极星指标，也可以是支撑北极星指标的子目标。比如企业的北极星指标是月活跃用户数，拆解到客服部门的子目标可以是提升用户体验。

在明确目标之后，我们需要寻找一些信号，也就是在实际业务过程中与目标相关联的用户行为。还是以提升用户体验为例，我们很容易会想到一些相关的用户行为信号，比如客户填写的满意度调研问卷评价很好、客户投诉越来越少等。寻找与用户相关目标的信号的方法可以参考谷歌最开始采用的 HEART 模型，如图 2-10 所示。

HEART 模型中，H 代表愉悦度，E 代表参与度，A 代表接受度，R 代表留存度，T 代表任务完成度。在愉悦度方面，相关的信号可以有用户反馈、评价和分享推荐；在参与度方面，可以关注用户使用深度，如访问次数或访问深度；在留存度方面，可以关注订阅和续费等指标；在留存度方面，可以关注用户的重复购买或使用行为；在任务完成度方面，可以关注用户完成特定任务的效率。

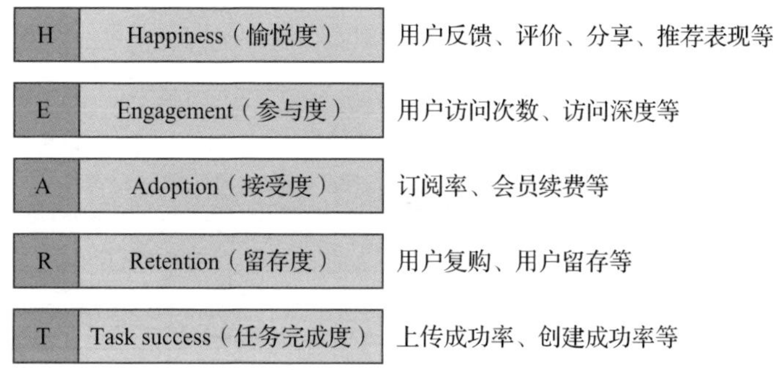

图 2-10　HEART 模型

最后，把这些与用户行为相关的信号转化成指标，比如图 2-11 中对应各种信号的满意度评分、NPS、客诉率等。

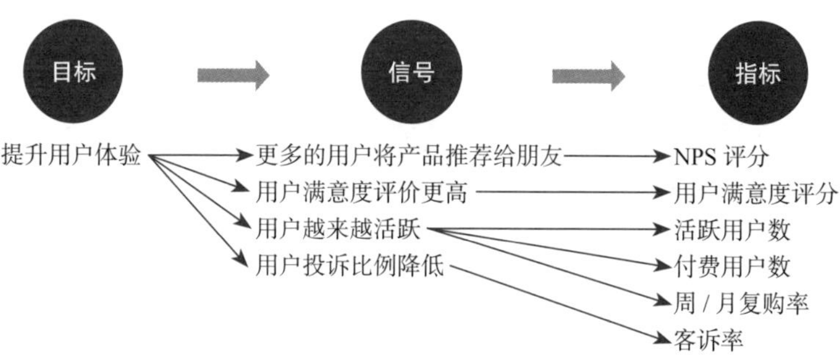

图 2-11　通过 GSM 模型拆解指标

2.3.4　过程指标设计

过程指标设计与指标拆解都是指标产生途径，二者的核心区别在于：指标拆解重在决策，即企业主动规划和选择目标，拆解方式主要受到企业商业模式判断、价值主张偏好、资源约束等因素影响；过程指标设计重在执行，即找到实现目标的业务措施，然后设计衡量措施有效性的指标。比如图 2-12 中，提高询单过来的下单转化率是目标，业务措施是客服人员尽快回复客户问题，衡量这个措施有效性的过程指标就是首次回复时长。

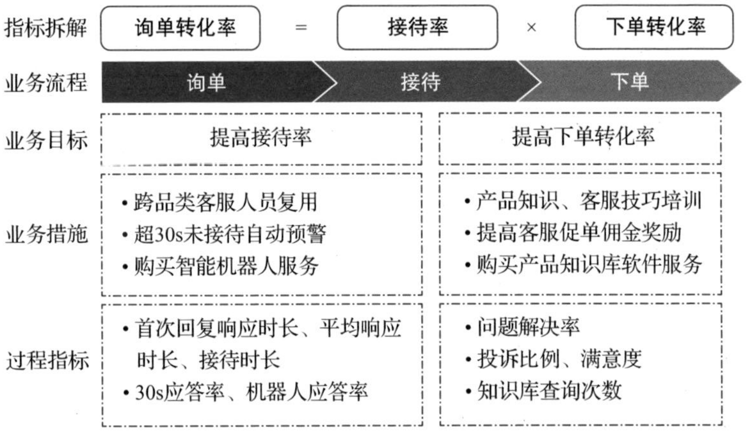

图 2-12　根据 OSM 模型设计过程指标示例

过程指标设计通常采用 OSM 模型，其中 O 代表业务目标（Object），S 代表实现目标的业务策略（Strategy），M 代表衡量业务策略是否有效的指标（Measure）。

OSM 模型的第一步是明确目标，目标一般产生于两种途径。一种是基于规划，由战略目标层层拆解下来的业务子目标，对应前面讲的指标拆解部分。比如图 2-12 中的提高下单转化率，就是从 GMV 指标层层拆解下来的业务子目标。另一种是基于具体场景，从业务遇到的实际问题出发。比如数据监控到平台内付费流量数值异常，环比上周同期下降了 20%，那么目标就是提高付费流量。不管是基于业务规划，还是基于具体业务场景，都要先确定目标及衡量目标达成水平的指标，然后基于对业务的理解，制定有效的业务策略及衡量策略有效性的过程指标。

OSM 模型和 GSM 模型都提到了目标，两者的关系是：GSM 模型中的目标来源于从战略或北极星指标拆解下来的非末级目标（可以进一步拆解为更小的目标），而 OSM 中的目标是通过 GSM 模型等方式从大的业务目标拆解下来的末级目标，小到可以很容易地跟业务措施联系起来。

需要注意的是，实践中常见的误区是把 OSM 模型应用在北极星指标拆解中。这是不合理的，因为 OSM 模型要求直接基于目标给出有效的业务策略，而北极星指标离可执行的过程指标还比较远，不经过层层拆解，直接基于北极星指标给出的业务策略往往是不具体的。比如 GMV 这个北极星指标，按照 OSM 模型的逻辑，只能给出提高客单价、提高成交转化率这类不具备实操性的业务策略。

OSM 模型可以结合指标拆解方法使用。以询单转化率为例，如图 2-12 所示，首先可以按照业务流程漏斗逻辑，将询单转化率拆解为接待率 × 下单转化率，然后采用 OSM 模型制定业务目标，并结合业务经验给出相应的业务策略，最后设计相关策略的衡量指标。

需要说明的是，并不是所有从北极星指标拆解下来的 T3 级指标都要基于 OSM 模型落实到过程指标，而是应该结合公司的资源条件、团队禀赋和阶段目标等，制订有针对性的业务行动计划。

2.4　自下而上的指标收集

2.4.1　指标收集及口径梳理

指标收集梳理工作主要包括指标收集和指标规范化定义两部分。指标收集主要有两种途径：一种是从现有的各类分析产品的报表中收集，另一种是从现有的业务流程中梳理业务节点监控指标。

从现有报表中收集指标的工作本身比较简单，难点在于收集到的指标的口径梳理。因为历史报表往往多人经手，业务口径很可能几经修改，指标的业务口径信息、技术口径及指标名称可能都不匹配了。

指标的口径梳理可以分为两种方式：

一种是"推翻重来"，这种适用于当前业务方对指标有自己明确的业务口径标准的情况。比如毛利率指标，当前业务方根据业务需要重新定义了毛利率指标口径，研发人员就按最新的业务口径去开发。

另一种是"读代码"，这种适用于当前业务方缺少"主见"，对一直沿用的报表指标不敢轻易变更的情况。这时就需要业务人员配合研发人员把用于产出这个指标的层层代码脚本找出来，通过解读代码来还原业务口径信息。这种方法效率低且成本高，不适合大规模实施。

从业务流程中梳理指标的工作也比较简单，比如，电商订单履约流程包含下单、支付、订单下传到库房接收、订单分配、拣货、复核、打包、发货出库等主要业务节点，可以由此梳理出下单量、支付单量、库房接收单量等指标。这类指标的作用就是对业务事件量的监控统计，满足最基础的描述性分析需求。

2.4.2 指标规范化定义

指标定义相关的内容主要包含指标命名、业务口径信息、技术口径、业务负责人、指标安全等级等。指标定义不规范会直接影响指标开发和使用效率，从而影响企业各部门的协同效率。在实际工作中主要存在以下 3 类指标定义不规范的问题：

- 各个业务部门对同一个指标的业务口径需求不一致，缺少统一的标准。比如电商 GMV 指标，企业期望有统一的

GMV 指标，但有的业务部门期望 GMV 按照支付口径，即实际支付成交金额计算，有的业务部门期望在支付口径基础上去掉仅退款，而财务部门可能又期望按照实际发货时间来统计。

- 指标名称与指标业务口径、技术口径不一致。比如常见的同名不同义、同义不同名、同义不同数等问题。
- 指标命名缺少规范。企业不同业务板块甚至业务部门对指标的命名方式可能不一样，比如对于常见的销售收入指标，有的业务部门把它叫作销售额，有的业务部门把它叫作销售收入，有的把它叫作交易金额，等等。

对于第一类问题，一般需要在企业内部树立一个权威机构，比如服务管理层的经营分析团队、虚拟的指标委员会等，由这个团队来定义和发布指标口径信息，大家向这个部门看齐。

对于第二类问题，原则是业务口径相同的必须用一个指标名称，同样的指标，技术口径也应该是一样的，这样才能保证指标数据的一致性。对于一些各个业务部门争执不下、实在不能统一为一个业务口径的指标，那就新增一个其他指标来区分。

对于第三类问题，指标命名应该有一套企业内达成的规范。如第 1 章介绍的，规范的指标一般由对象、维度、限定、值 4 个元素组成。企业还可以在这 4 个元素的基础上进一步定义企业自身的指标命名规范，以确保所有指标命名的严谨性。例如，京东零售月至今有效支付金额这一指标，衡量的对象是京东零售的有效支付金额，对象定义的是京东零售这个业务主体的支付金额，不是京东健康或者京东物流的；维度上，明确了时间维度是月至今，限定上为了避免歧义，明确了“有效支付金额”这个对象，那么应该符合公司有效支付金额的定义（去除优惠券且用户未取消支付的实际下单支付金额）。

2.5 数据分析驱动的指标设计

2.5.1 引入数据分析方法的必要性

很多实际场景中，仅依靠业务逻辑来构建指标体系是远远不够的，还需要借助统计分析和算法建模的方式来进一步进行指标和维度的开发。比如以下一些场景：

- 对用户的消费金额构成进行洞察分析。只知道每个用户的消费金额是远远不够的，还需要分析用户群体的整体平均消费金额、用户消费金额的中位数等，通过这些统计指标分析用户消费金额的分布情况。
- 搜索功能改版对用户体验的影响分析。搜索功能改版后，用户平均搜索次数增加了，这是否意味着搜索功能改版后更好？实际上可能存在两种情况：一种情况是改版后搜索结果更精准，用户越来越倾向于通过直接搜索找商品；另一种情况恰恰相反，搜索效率变低，用户需要尝试更多的搜索词才能找到自己想要的商品。
- 预测可能流失的用户，提前进行营销。从业务视角上看，用户是否流失与用户购买金额、用户登录、浏览、最近一次购买、品牌购买周期、商品价格等指标都有关系，需要通过专门的数据相关性分析等方法筛选出核心影响指标。

除了指标，前文还介绍了如何利用数据分析方法创建新的维度，比如商品 Band 分级。指标体系是数据分析的基础，同时，根据业务目标，采用一定的数据分析方法又能生成新的指标，比如我们常用的平均值、相关系数等都是统计分析方法生成的新指标。

2.5.2 数据分析驱动的指标设计方法

数据分析驱动的指标设计方法来源于不同的数据分析方法，而数据分析方法主要取决于数据分析目的，所以按照以终为始的原则，我们可以从数据分析目的推导出指标设计方法。Gartner 在 2013 年提出按分析目的将数据分析划分为 4 种类型，如图 2-13 所示。

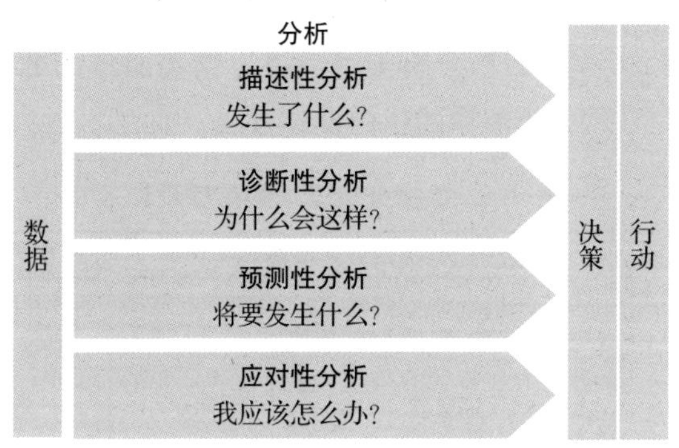

图 2-13　数据分析类型（图片来源：Gartner）

- 描述性分析：主要是对已经发生的事实用数据做出准确全面的描述，可以帮助企业了解业务现状，发现业务问题。比如某电商商家近一周销售额下降了 20%，销量下降了 18%。
- 诊断性分析：主要是分析业务问题产生的原因，帮助企业采取针对性的业务措施解决问题。比如经过分析发现，上文提到的商家的主要竞争对手在近期进行了促销活动，商品价格下降了很多，导致很多用户去购买竞争对手的商品，这个时候商家可以跟进促销，比如降低商品价格。
- 预测性分析：主要是分析未来业务会发生什么，帮助企业对业务发展趋势进行预测，做出准确的业务决策。比如上文中提到的商家计划促销后，需要同步备货，这个时候可以根据促销力度和竞争对手等情况，预测未来一段时间各商品的销售情况。

- 应对性分析：结合诊断性分析和预测性分析结果，直接给出业务决策建议，指导业务执行。比如上文中的商家情况，我们根据商品销量预测情况，结合当前库存，直接给出各个商品详细的备货量数据。

根据以上4种数据分析类型，可以给出对应的数据分析方法，这也是数据分析驱动的指标设计方法，如表2-1所示。

表2-1　数据分析驱动的指标设计

数据分析类型	指标设计方法	产生的指标示例
描述性分析	统计分析：基于概率统计的理论，对数据进行整理、归纳和概括的方法，主要包括数据分布特征的描述、数据集中趋势的描述、数据离散程度的描述等	中位数、频率、方差、相关系数等
诊断性分析	因果分析：通过数据和逻辑推理，确定某个结果是由哪些因素造成的，以及各个因素的贡献程度，常用方法包括A/B实验、what-if分析、贝叶斯推断、双重差分等	贡献比例、显著性水平、P值等
预测性分析	机器学习：让计算机能从数据中训练模型，并预测未知的方法，主要包括线性回归、决策树、神经网络、支持向量机、聚类分析等方法	流失概率、高潜力用户数、下周销量预估值等
应对性分析	业务逻辑：基于诊断和预测结果，结合业务目标和业务自身逻辑，制定相应的业务决策，不属于数据分析驱动的方法	可能沿用已有的指标，用于衡量目标是否达成或业务措施的有效性

设定目标并确定备选指标后，如何进一步开发这些指标和维度呢？现有的方法可以归纳为以下三个分支。

第一，统计分析法，主要是先了解备选集合的一些统计特性，然后在此基础上，通过相关性分析和可视化探索，明确备选集合与最终目标之间的相关性强弱。

第二，因果分析方法，其核心是在统计分析或机器学习等相关应用上进行更深入的研究。这个方法主要用于评估用户某一行为对最终目标的增益，以帮助我们确定具体的指标选择。常用的方法有 Uplift 模型，该方法主要用来预测和优化干预的增量效应，但其因果效应的精确估计仍然依赖于合适的数据。还有一种是 DML（Double Machine Learning）模型，它是一种用于处理具有高维度共变量的估计问题的方法，通常用于解决因果推断中的遗漏变量偏差问题。这两种方法的整体框架都非常灵活。同时，在具体的应用过程中，历史上的一些实验数据也能为我们的指标开发提供参考。

第三，基于机器学习的应用，其核心在于通过算法模型从数据中发现对预测目标具有高度相关性的信号或特征。为了实现这一目标，我们通常会寻找能够解释模型决策过程中特征重要性的方法。Shapley 值是一种常用的特征贡献度解释方法，它可以量化单个特征对模型预测结果的贡献大小。我们还可以应用决策树模型和 RuleFit 算法等，这些模型天然具有较好的可解释性，可以帮助我们直接识别和提取关键特征。此外，在特征工程的过程中，我们可以通过无监督学习方法（如聚类分析）来发现数据中的潜在结构，并基于这些结构构建新的特征或维度。这些新维度可能能够揭示数据中未被直接观察到的模式，从而为数据洞察提供更加丰富的信息。

2.6　指标体系全局框架设计

经过北极星指标设计和指标拆解，我们已经把北极星指标拆解到各业务领域的基层操作指标，但公司的指标不只有从北极星指标层层拆解下来的指标体系（纵向结构上较紧密），还有自下而上收集的指标和通过数据分析方法补充设计的指标。因此，需要一个全局框架把公司所有的指标横向整合起来，以提高指标管理和使用效率。

全局框架设计一般需要遵循几个原则：

- 全面性：可以收录公司主要业务相关的指标。
- 行业性：根据行业特点设计不同的全局框架，比如零售行业可以用“人货场”框架。
- 面向业务分析：指标体系设计和管理都是为了更好地服务业务，要用业务好理解的分类框架。这点与数据仓库建模中的主题域有很大差别，前者面向业务分析，后者面向技术建模。

全局框架是指标的一种分类管理方法，设计起来相对简单，可以参考表 2-2 所列的常用模型。

表 2-2 全局框架设计常用模型

框架	说明	适用行业
平衡计分卡	平衡计分卡是从财务、用户、内部流程、学习与成长四个角度，将组织的战略落实为可操作的衡量指标	所有行业
人货场	围绕销售收入提升，分别从人、货和场的维度组织相关指标	零售、消费相关行业
4K 模型	4K 指的是公司核心业务领域，比如用户经营（Know Your Customer）、产品运营（Know Your Product）、员工管理（Know Your Employee）、渠道管理（Know Your Branch）	以证券为代表的金融行业
业务主题	根据行业特点划分业务主题，比如对于零售行业，业务主题包括供应链、流量、销售、会员、商品、财务等	所有行业
海盗模型（AARRR）	AARRR 模型是一种营销和增长战略框架，通过用户行为数据，构建用于分析和优化业务的关键指标	相对适用于在线业务
用户营销模型（AIPL）	用户行为全链路可视化模型，帮助企业更好地认识自己的用户资产，精细化运营用户	有 C 端消费者的业务

表 2-2 中的框架模型有些也可以作为企业指标体系中 T2 和 T3 层级的分主题下的指标体系框架，比如图 2-14 展示的是一个相对完整的企业级指标体系，其中全局框架（T1 级指标）使用的是平衡计分卡模型，T2 层级中用户主题指标体系使用的是 AIPL 模型。

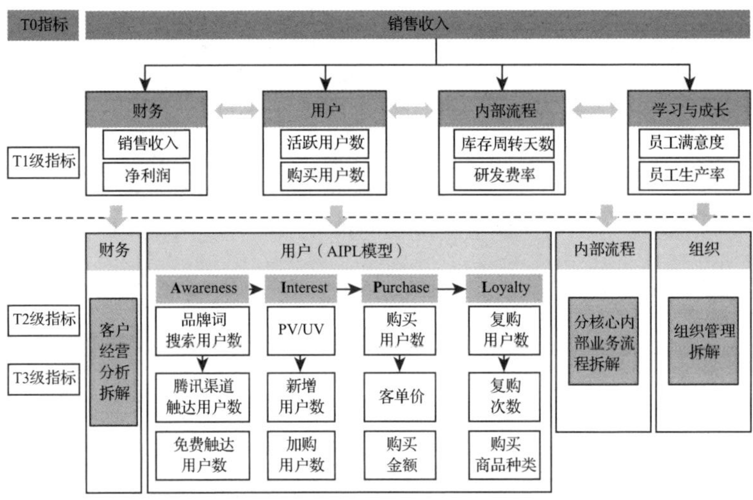

图 2-14　指标体系框架举例

指标体系设计的核心是自上而下的指标拆解，自下而上的指标收集和数据分析驱动的指标设计都是补充，全局框架则是从指标管理和使用效率层面的“装修”。指标拆解工作的价值和主要方法如表 2-3 所示。

表 2-3　指标拆解工作的价值和主要方法

指标拆解流程	价值	主要方法
北极星指标设计	指引公司发展方向，最高决策依据	战略驱动 根据公司业务战略目标并参考同行，给出几个备选指标，根据六个标准确定最合适的北极星指标

（续）

指标拆解流程	价值	主要方法
指标拆解	将战略目标拆解到更小的业务目标	业务驱动为主，数据驱动为辅： • 按指标定义本身进行拆解 • 按维度值进行拆解 • 按计算公式进行拆解 • 通过 GSM 模型进行拆解
过程指标设计	找到实现目标的业务措施	业务驱动为主，数据驱动为辅 OSM 模型

通过北极星指标设计、指标拆解和过程指标设计，形成了自上而下的指标体系骨架，实现了战略目标层层拆解并落地到具体业务措施，这是指标体系最重要的价值。

第 3 章 CHAPTER

指标平台的产品设计

在这个快速变化的数字化时代，指标平台成为企业数据驱动决策的关键。本章将深入探讨如何构建一个敏捷高效的指标平台。通过本章的内容，读者将了解到在设计指标平台时需要考虑的关键要素，以及如何将这些设计方法论融入产品核心功能的设计中，从而为企业带来更大的价值。

本章采取结构化的思路，首先介绍指标平台的产品定位，然后讨论行业内 3 种典型的实现方案，接着详细介绍产品设计方法论，最后介绍如何基于最佳实践进行指标平台的架构和功能设计。在阅读本章时，读者需要注意几个关键点。首先，虽然我们会提供一些设计理念，但每家企业的具体情况和需求都是独特的，因此需要结合自身的实际情况进行调整。其次，虽然我们会重点介绍指标平台的主流程的功能设计，但好的指标平台必须确保在追求高效和便利的同时，还会考虑用户和企业的数据安全。最后，本章介绍的指标平台的技术实现方案是基于最新的 Data Fabric 技术进行设计的。随着技术的发展，指标平台的设计方案也需要不断更新和迭代，以适应新的挑战和机遇。

3.1 指标平台的产品定位

3.1.1 指标平台的必要性

在企业数字化经营管理的核心领域，构建一个全面的指标体系是至关重要的。通过统一的指标体系，企业能够推动业务的执行、跟踪和反馈流程，形成一个高效的管理闭环。指标作为组织内部的共同语言，确保了所有成员能够协同一致地朝着实现组织战略目标的方向努力。

构建以指标为核心的数据分析应用新范式，关键在于开发一个集中的指标平台。在缺乏这样一个平台的情况下，业务人员的数据分析需求往往依赖于数据团队在数据仓库和商业智能（BI）工具中进行数据处理。由于资源和工具的限制，企业普遍面临以下两大挑战。

首先，效率低下。数据团队的研发能力往往跟不上快速变化的业务需求。数据团队需要响应来自不同业务部门的多样化需求，如在分析平台上创建报表或在 BI 工具中制作仪表板，这要求他们处理底层数据集并将其同步至 BI 库。这一过程涉及高昂的沟通成本、开发成本和报表 / 仪表板上线成本。由于这些任务几乎完全由数据团队承担，而数据团队的规模通常有限，在许多企业中，10 ～ 20 人的团队已经算是较大的规模，面对全公司众多业务线、子公司和部门的需求时，需求积压和效率瓶颈成为不可避免的问题。

其次，缺乏规范性。在指标的开发和管理过程中，常常出现指标同名不同义或同义不同名的一致性问题。指标定义标准化程度低会导致许多指标被重复开发，形成烟囱式的独立系统，不仅浪费存储和计算资源，也会增加运维成本。

为了应对这些挑战，建设指标平台已成为领先企业落地数字化战略的首选。通过指标平台能够提供标准化的指标定义、丰富的指标口径开发模式和统一灵活的指标服务。这将有助于企业建立统一的指标体系，进而形成统一的业务衡量标准，从而显著提升经营决策的效率。

3.1.2　指标平台在数据平台中的定位

指标平台的概念源自国外的 Metrics Layer（指标层），核心在于对数据分析中的度量和维度进行抽象。作为数据平台架构中的一个独立层，Metrics Layer 使数据分析师和数据工程师能够定义出统一且一致的度量标准，这些标准不仅适用于数据仓库中的直接计算，也适用于 BI 工具、机器学习模型，以及其他任何需要这些度量值的业务应用系统。

随着现代数据技术栈的不断演进，Metrics Layer 这一概念逐渐演变为一个成熟的独立产品——指标平台。

指标平台在数据平台的整体架构如图 3-1 所示。

在这一架构中，指标平台位于数据仓库之上，原始数据通过 SQL 脚本或专用工具进行处理和转换。在数据仓库中生成可供分析的结构化数据模型之后，指标平台在这一层定义了跨应用的统一指标和维度，并通过产品界面高效完成配置。这是数据团队决定指标计算方法和维度定义的关键场所。

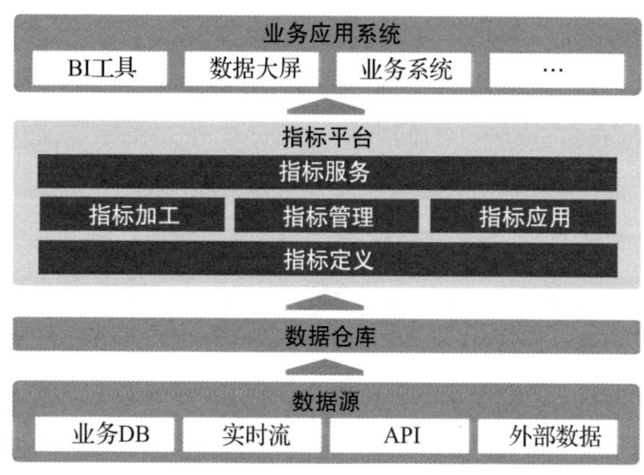

图 3-1 数据平台的整体架构

最终用户，包括管理人员、数据分析师、运营团队等，通过 BI 工具进行数据查询、报告制作和深入洞察，都基于的是指标平台所提供的一致性和可靠性的数据口径。这样确保了数据分析的准确性，为企业的决策提供了坚实的基础。

3.1.3 构建指标平台的 4 个目标

作为统一的指标管理和指标服务平台，构建指标平台的主要目标如下：

- 使指标的创建与管理更加便捷：通过提供一种低代码配置或低门槛的描述性语言框架，降低开发门槛和重复工作。因为可以在一个集中式的平台中定义指标，就不需要在多个报表、看板或取数任务中重复开发同样的逻辑了。
- 提高数据质量与一致性：所有数据分析人员都使用同一套定义好的指标标准，确保报告中的数据一致，减少错误。
- 提升效率：指标标准在每个地方都能够一致和重新使用，数据团队不必重复创建相同的指标逻辑，从而节省时间和减少编码工作。

- 增强数据治理：集中定义和管理指标可以在组织内推动更好的数据治理实践和标准化。

3.2 指标平台的 3 种实现方案

指标平台的发展标志着数据生态系统中对更高可维护性和一致性的创新追求。尽管在数据领域，不同的数据工具和平台展现了多样化的实现方式，但它们大致可以归纳为 3 种主要的落地形态。

首先，BI 工具内置了某种形式化的指标管理模块，旨在为用户提供标准化的数据分析和报告功能。这样的设计允许用户在熟悉的 BI 环境中快速绑定数据字段与指标的定义，从而提升 BI 报表的数据一致性。

其次，数据中台通常将指标管理紧密集成到平台工具中，作为数据仓库建设的内在能力之一。这种方法通过将指标定义和数据管理流程紧密结合，强化了数据治理，提高了数据处理的效率。

最后，随着 Headless 理念的演变，出现了独立的指标平台产品——Metrics Store。这类产品专注于提供一个集中的存储和服务平台，用于管理和分发指标与维度。它们通常具有高度的灵活性和可扩展性，能够适应各种不同的数据应用场景和需求。

这 3 种形态的指标平台各有优势，企业可以根据自身的数据战略和业务需求选择最适合的指标管理解决方案，以实现数据资产的有效管理和价值最大化。

指标平台的 3 种典型实现方案如图 3-2 所示。

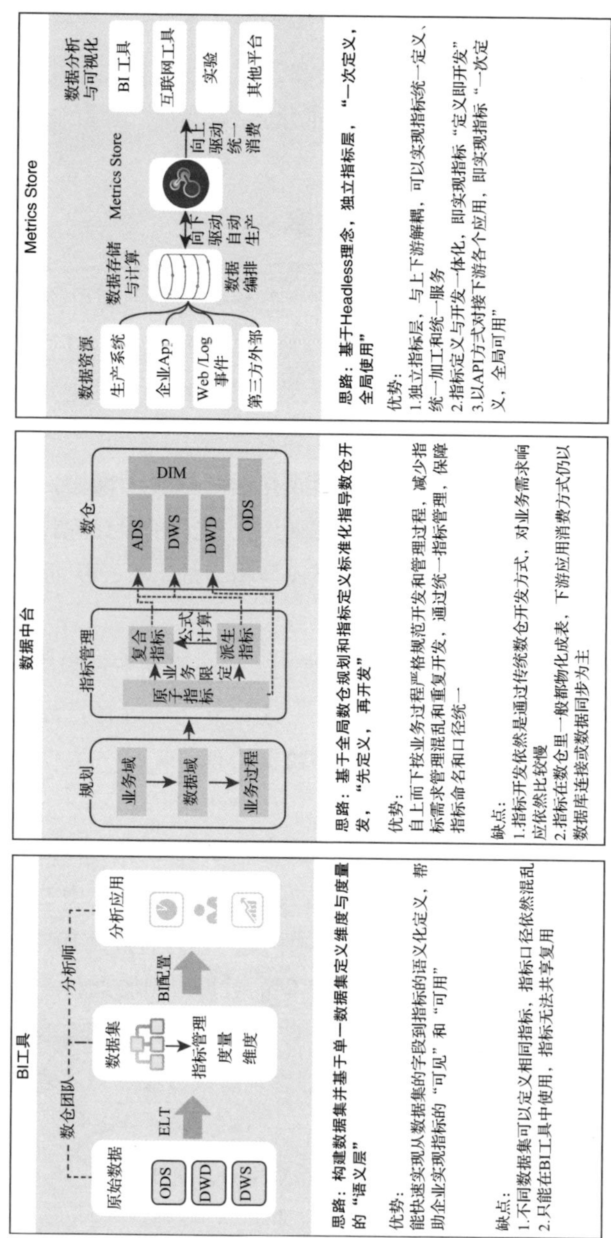

图 3-2 指标平台的 3 种典型实现方案

3.2.1　方案一：BI 工具升级为 Metrics+BI 平台

在传统 BI 阶段，业务人员主要利用 BI 工具来制作和查看报表及看板，进行业务数据分析。然而，查看报表仅仅是整个数据分析流程的最终环节，在此之前需要进行大量的数据加工和处理工作，这些工作通常由上游的数据仓库来完成。这种依赖于数据仓库的繁重数据处理过程往往会导致中间表数量的迅速增加，从而引发存储和计算资源的大量浪费。此外，由于数据处理过程有较高的技术门槛，通常由专业的数据工程师负责，这种依赖于研发人员技术支持的模式限制了业务人员的自主分析能力，导致业务分析效率低下。

进入敏捷 BI 阶段，部分数据集的建模过程被移至 BI 工具中，物理建模转变为逻辑建模，使业务团队能够独立完成建模工作，减轻了对数据团队的依赖，从而提升了分析的敏捷性。尽管如此，敏捷 BI 仍未能解决口径不一致的问题。由于不同业务团队独立完成建模，可能会导致对同一指标的定义方式存在差异，进而引发管理混乱。此外，同一指标可能在不同团队中被重复建模和定义。加之数据建模和处理的技术门槛依然较高，业务团队需要具备一定的技术基础并接受多次培训，因此，BI 工具必须扩展其指标管理能力，以提升业务运营的效率和效果。

在 Metrics+BI 阶段，BI 平台的数据建模过程被进一步抽象化，从以表为主要数据对象的处理流程转变为以指标为中心的数据对象处理和管理。这一转变意味着在 BI 工具中增加了指标管理功能模块。在实际操作中，这不只是对表字段进行简单的指标命名或绑定，而是需要构建一个完整的指标语义层，实现从定义到逻辑再到查询计算的一体化处理。同时，还需要考虑底层数据源的兼容性以及上层 BI 工具原有的数据分析和图表可视化功能的匹配性。Metrics+BI 的 BI 平台如图 3-3 所示。

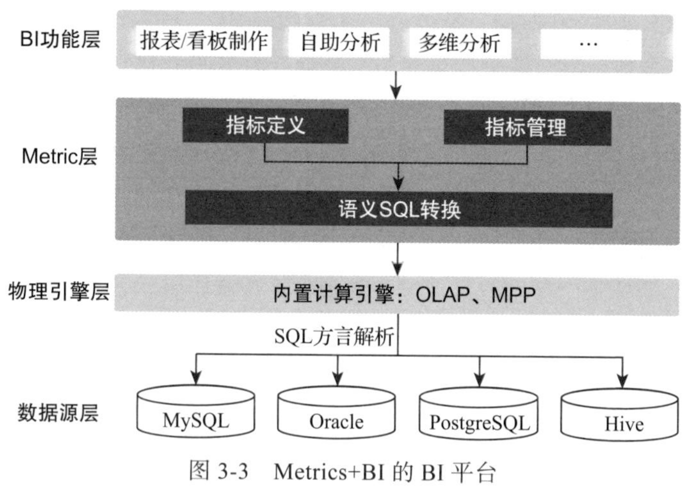

图 3-3　Metrics+BI 的 BI 平台

BI 工具的指标管理模块需具备以下 3 项核心能力，以支持高效的数据分析和业务洞察。

1）指标建模语言能力。指标的可复用性是其核心要求之一。由于不同数据库系统存在各自的方言差异，一个指标定义若要在多个数据环境中通用，必须解决跨数据库的 SQL 查询语言兼容性问题。此外，统一的元数据管理对于所有指标的定义及其相互间的血缘关系至关重要。因此，BI 工具应提供一种能够将技术语言转换为业务语言的建模语言，使业务用户能够在工具中定义指标，并将这些定义转换为可执行的 SQL 任务。

2）指标预计算加速能力。指标层作为逻辑语义层，与面向表或视图的数据集层不同，它仅存储计算逻辑而非实际数据。面对大量实时计算需求，尤其是在底层数据量庞大或指标逻辑复杂时，性能成为一大挑战。为此，BI 工具需要新的架构设计方案来支持预计算加速，如内置 OLAP（联机分析处理）引擎进行智能化 cube 建模、采用高性能的 MPP（大规模并行处理）数据库引擎，或通过任务调度与上游数据平台协同，利用 Hive、Spark 等工具进行大规模数据的预计算，并同步回 BI 工具。在设计预计算加速方案时，需综合考虑成本、性能和稳定性等因素。

3）指标权限管理能力。传统 BI 工具通常在表或视图级别设置权限，而同一指标在不同报表中可能有不同的授权结果。引入指标管理模块后，权限管理应从数据集转变为以指标为中心。确保同一指标在不同报表或看板中享有统一的授权，从而使同一业务用户看到的数据结果保持一致。面向指标的权限管理不仅简化了业务授权流程，还有助于全局数据安全和一致性管理。

Metrics+BI 模式实际上是在 BI 工具内部完成指标的定义和管理，实现业务分析与指标定义的快速可见性和可用性，提升敏捷性。

3.2.2　方案二：在数据中台中增加指标管理系统

方案二从生产端开发侧入手，将指标管理系统作为数据中台的开发管理产品套件中的子功能模块，结合数据仓库规划、数据仓库建模、数据治理等模块共同保障指标定义和加工的规范化。指标管理系统在数据中台中的定位如图 3-4 所示。

本方案旨在通过自上而下的方法，为企业的各个业务板块制定统一的数据仓库规划。通过建立一套涵盖业务域、数据域和业务过程的数据标准规范，包括统一的字典命名规则、业务修饰词的词根词组、数据质量标准和数据仓库建模规范，形成稳定且可信的数据资产，以支持对外的数据服务。

在这一框架中，指标管理模块扮演着至关重要的角色，它不仅承接上层的业务需求，还指导着数据仓库的模型开发。在开发阶段，遵循“原子指标—派生指标—衍生指标”的技术拆解流程，利用数据建模和开发工具完成数据仓库的规范化建模，并将指标具体实现在数据仓库模型的表结构中。这一过程基于维度建模理论，旨在实现指标定义与数据仓库模型的精确映射。

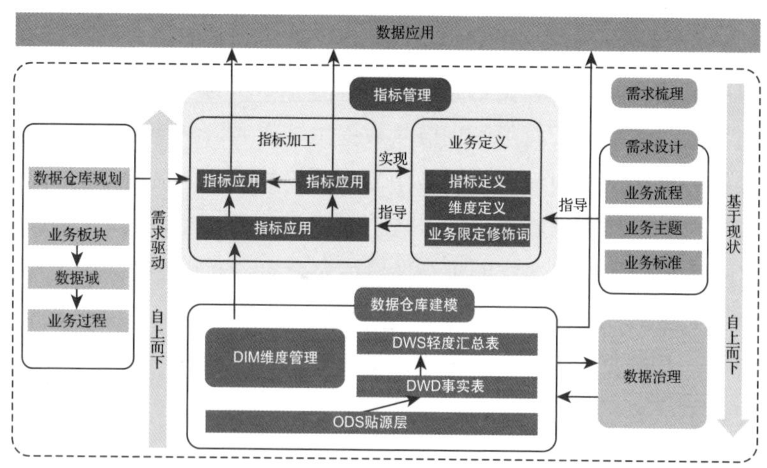

图 3-4　指标管理系统在数据中台中的定位

指标管理系统内部定义了 3 种类型的指标：原子指标、派生指标和衍生指标。这 3 种指标类型与数据仓库模型之间的映射关系（见图 3-5）确保了指标的一致性和可追溯性，从而为企业提供了一个清晰、高效的数据管理和分析框架。

在构建数据仓库的过程中，首先通过数据总线设计，实现维度统一开发于 DIM 层。在数据仓库的 DWD（数据仓库明细）层，通常采用星型模型来关联明细数据。在指标管理系统中定义原子指标时，会将其与 DWD 层事实表的业务度量字段进行绑定，完成映射。

接着，基于原子指标，并结合业务限定、时间限定及统计粒度进行派生指标的加工。在指标管理系统中定义派生指标及其所需维度后，数据建模工具将自动完成 DWS（数据仓库服务）层的模型表开发，该模型表至少包含所定义派生指标的原子指标和维度。

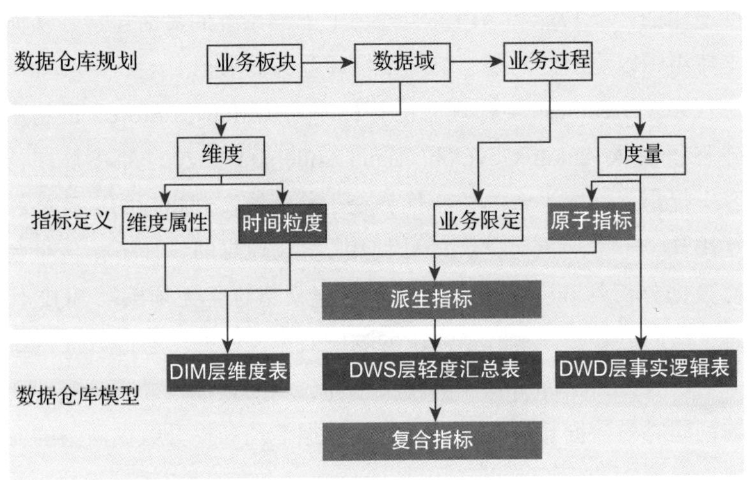

图 3-5　指标管理系统的指标类型与数据仓库模型之间的映射关系

至于衍生指标，它们通常涉及基本的四则运算，例如及时率。在指标平台中定义好计算公式后，结果表将在应用层生成。

通过在数据中台中集成指标管理系统，可以实现指标的集中管理，确保指标口径的一致性。然而，这种方案在响应指标业务需求的开发速度方面仍存在局限，且数据团队需要开发大量的中间表和结果表，这在存储方面虽然容易实现，但在开发和下游使用上成本较高。随着业务的发展，数据任务链路将变得更加复杂，给开发和运维带来较大挑战。由于这一过程未能向数据分析师和业务人员开放，以供他们自行加工指标，因此数据的平民化并未得到完全实现。

3.2.3 方案三：基于 Headless 理念的 Metrics Store

Headless 架构是软件开发领域的一个创新理念，其核心在于将前端应用层与后端服务进行彻底解耦。这种架构通过提炼出高度通用的产品功能和 API，实现与上下游系统的灵活连接，从而支持组织以更敏捷的姿态响应市场和业务需求。

基于 Headless 架构理念的指标平台（Metrics Store）最初由硅谷投资人 Ankur Goyal 和 Alana Anderson 于 2021 年 1 月在博客中提出。指标平台的核心优势在于其能够实现指标的一致性和复用性——“一次定义，处处使用”。在理想的设计下，该平台使数据分析师和业务人员能够轻松定义指标，无须编写 SQL 代码，从而显著提高对数据需求的响应效率。此外，通过 API 的统一消费服务，指标平台能够解决不同应用间指标口径不一致的问题，同时为数据管理人员提供推动数据治理和提升数据质量的有力工具。

在全球范围内，众多数字化领先企业已经开始探索和实施基于 Headless 理念的指标产品。以 Airbnb 的 Minerva 平台为例，它已经成为该公司分析、报告和实验的唯一真实数据来源，覆盖了从指标创建到计算、服务和消费的完整生命周期。据悉，Minerva 平台已集成超过 12 000 个指标和 4 000 个维度，支持 200 多个数据生产者和消费者的业务需求。

除了大型企业之外，Transform、Supergrain 和 GoodData 等数据领域的初创公司也在积极探索并提供创新的指标平台解决方案。在中国，互联网巨头腾讯、字节跳动、蚂蚁集团和快手等均已建立自己的指标平台。在初创公司中，数势科技的 SwiftMetrics 指标平台产品尤为引人注目，它代表了国内在这一领域的创新力量。

3.3 构建指标平台的“四位一体”方法论

3.3.1 “四位一体”方法论框架

在衡量一款指标平台产品的优劣时，并没有统一的评价准则。一些人可能会强调其具有吸引力的用户界面，另一些人则可能更看重平台在配置复杂指标时的灵活性，或是基于其丰富的指标应用场景和内置的行业指标模板。然而，在我们看来，一个优秀的指标平台产品应当深刻理解用户需求，针对指标的整个生命周期进行细致的分析，并采用整合性的产品设计思维。

基于这样的理念，我们提出了构建指标平台的“四位一体”方法论，如图 3-6 所示。这一方法论强调在 4 个关键维度——定标准、易加工、强管理和灵活用上满足企业的需求。这样的指标平台能够帮助企业建立起统一的指标口径，实现高效的数据处理、有序的数据管理和便捷的数据应用，确保业务在使用指标时既准确又高效，无须等待也不用依赖外部支持。

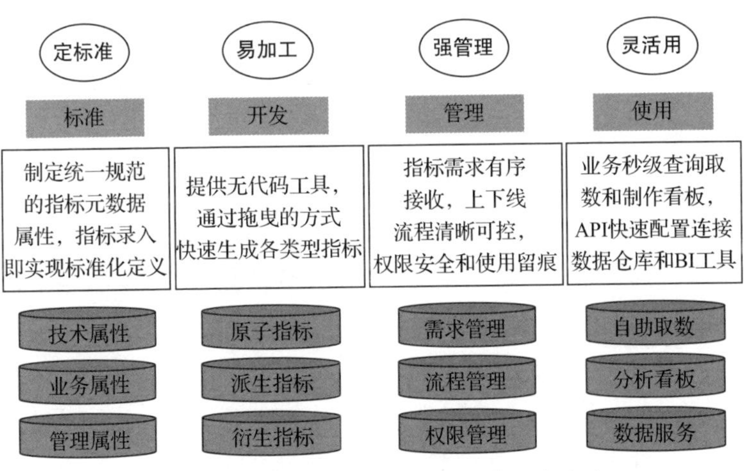

图 3-6　构建指标平台的“四位一体”方法论

1. 定标准

在构建指标平台的过程中，确立统一的数据标准是至关重要的第一步。这不仅涉及数据的格式、结构和命名规则，还包括数据的质量和完整性要求。统一的数据标准有助于确保指标定义和数据的一致性和可比性，为后续的指标加工和数据处理打下坚实的基础。

- 命名规则的统一：统一的命名规则能够帮助快速识别和定位指标，减少沟通成本。具体的命名规则如使用有意义的前缀、后缀和分隔符来区分不同类型的数据。
- 元信息管理标准化：包括属性分类、属性字段数据类型的一致性，以及如何通过配置化方式来完成元信息字段的定义。
- 数据质量和完整性的保证：通过设置数据校验、更新机制来维护数据质量，通过自动化检查表标准来确保数据的完整性。

2. 易加工

指标加工逻辑的处理是指标平台的核心环节，其效率和质量直接影响到数据的可用性。为了实现易加工，需要针对各类指标的特点采用先进的数据处理技术和模板。

- 模板化处理：针对以不同加工逻辑抽象出的指标类型，构建指标模板，通过模板抽象标准化加工元素，通过低代码的产品功能界面操作减少人工底层数据处理，提高效率和准确性。
- 自动化处理：底层需要从单表模型到多表构建的星型或雪花模型，自动化完成指标数据来源模型的大宽表的预计算。在上层要自动化完成简单的聚合函数和叠加了过滤条件的指标逻辑的解析和计算，以及具有复杂计算规则的指标逻辑（如二次汇总、自关联、YTD 等类型指标）的解析和计算。

3. 强管理

数据管理是指标平台的另一个关键方面，它涉及指标的安全性、隐私保护和合规性。一个强大的数据管理体系可以确保组织在处理和使用指标数据时遵循行业和公司的各类规章制度。

- 全生命周期管控：从需求提出到指标开发上线、下线、变更以及对外服务都需要经过负责人审批。通过合规性审查和政策更新来确保数据处理流程符合行业标准和法律法规要求。
- 数据安全的措施：通过严密的权限管理，对用户定义、查看和使用指标的访问进行控制，通过水印、加密和审计来加强数据使用留痕。
- 关键角色和权责：通过明确平台各角色的权责，设计协作流程，明确责任人对指标的管理权、解释权以及使用用户的二次授权。

4. 灵活用

指标平台的最终目的是支持组织的决策和运营。因此，平台需要提供灵活的数据应用，以满足不同用户的需求。

- 数据分析的支持：支持通过自助取数，通过不同的分析方法，帮助业务快速获取数据，助力其在业务决策中的应用。
- 数据可视化的实现：支持通过图表、仪表板来帮助用户使用指标，支持扩展各类 BI 工具并建立它们与其他可视化系统的连接。

- AI 智能化的实现：支持智能预警、自动归因、自然语言交互等功能，允许用户根据自己的需求定制报告。

3.3.2 指标平台产品设计的 3 个关键目标

指标平台要做到“有用”“好用”，在产品设计时要实现以下 3 个关键目标。

（1）卓越的用户使用体验

指标平台的主要用户群体通常包括企业的数据开发人员、数据管理者、数据分析师等专业角色。这些用户依赖于一个直观、高效且易于操作的界面来管理指标的整个生命周期，并对指标数据进行深入分析与应用。因此，产品交互设计的关键目标是确保用户能够轻松访问各项功能，实现功能间的无缝衔接，同时提供美观且简洁的界面。

通过优化用户操作流程，减少不必要的步骤，我们能够显著提升产品的易用性和用户的工作效率。一个精心设计的界面不仅能够降低用户的认知负担，还能降低学习成本和使用难度，从而提高用户对产品的满意度和忠诚度。

（2）功能全面、灵活和高可用

在设计指标平台时，必须全面评估其在指标生命周期各个阶段的功能覆盖度和深度。通过深入分析指标的全链路流程，指标平台应包含数据准备、指标定义、指标加工、指标服务和指标应用等关键功能模块。此外，指标平台与外部系统的集成应涵盖指标需求管理、权限控制、上下线审批等关键管理功能，确保与企业现有数据生态系统的无缝对接。

我们的产品设计理念是将“有用”与“好用”完美结合。通过低代码配置的方式，用户能够轻松完成从数据准备到指标应用的各个环节，从而提高工作效率并降低技术门槛。这种设计理念不仅确保了指标平台功能的全面性，同时提升了用户体验，使得指标平台成为业务决策和数据分析的有力工具。

指标平台的核心功能是指标加工。指标的 3 种类型——原子指标、派生指标与衍生指标的相互关系如图 3-7 所示。

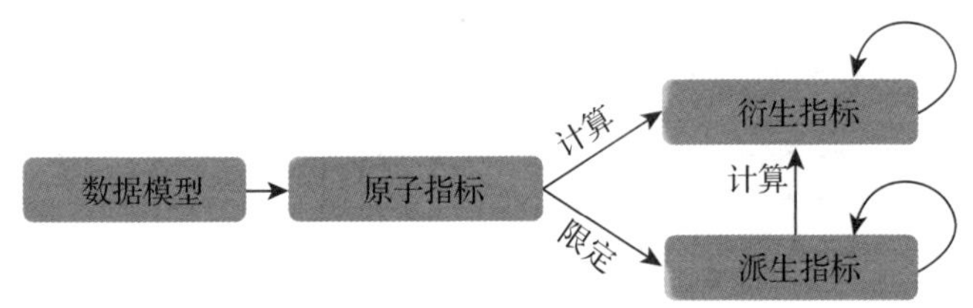

图 3-7　原子指标、派生指标、衍生指标的相互关系

各类型指标的要素和加工过程说明如表 3-1 所示。

表 3-1　各类型指标的要素和加工过程说明

指标类型	要素说明	加工过程说明
原子指标	业务来源：模型表 聚合方式：sum/cnt/cnt_dist/avg/… 统计周期：按需 ------------------------------------ 统计粒度：模型最小时间粒度 可用维度：模型中定义的维度	1. 模型表不必是 DWD，可扩展到任意表 2. 统计周期可以按需作为条件 3. 统计粒度默认是统计日期字段的最小粒度 4. 可用维度在模型构建时指定
派生指标	= 原子指标 + 统计周期 + 业务限定 ------------------------------------ 统计粒度：根据统计周期自动生成 可用维度：自动继承原子指标的维度	1. 派生指标自动继承了原子指标逻辑，不用固化表，解决了 cnt_dist 的计算错误问题 2. 统计周期 / 业务限定可以根据模型字段灵活配置 3. 统计粒度可以实现自动上卷 例：当日新增用户数、当月北京市新增用户数 4. 可用维度：可以由业务人员自由选择

（续）

指标类型	要素说明	加工过程说明
衍生指标	[原子 | 派生]< 逻辑运算 >[原子 | 派生] ------------------------------------ 统计粒度：根据因子指标自动生成 可用维度：自动继承因子指标的共同维度	1. 支持多层嵌套的运算逻辑 2. 同环比指标既可以独立配置，也可以作为快捷计算的算子

通过以上设计，最终实现每一个指标都能单独作为数据对象进行加工和管理，不再受数据模型、表、数据集的限制，而下游使用单个或若干个指标时可以任意进行条件过滤、各个维度不同粒度的上卷下钻，以及联合指标查询等日常数据分析场景。

（3）优异的存算和查询性能

在指标平台的产品化过程中，技术架构的设计同样关键，后文将会详细介绍我们的设计方案。在多样化的业务应用场景中，指标平台需要依托于一个高效、灵活、可扩展且智能化的指标数据存储与计算引擎。这一引擎必须能够支持与各类异构数据源的连接，并进行指标的处理与计算。同时，它需要在下游指标服务的应用场景中，如数据提取、分析仪表板、预警归因等，提供高性能的查询能力。因此，指标计算引擎不仅要确保平台的灵活性，还要平衡查询性能和运维复杂度的要求。这一挑战对技术方案的设计提出了极高的要求，甚至需要颠覆传统的数据分析产品技术解决方案。

指标平台的设计必须采用产品与技术双轮驱动的策略，将前台的产品功能设计与后台的计算引擎紧密整合，以实现指标“定义即生产”“定义即服务”等核心产品理念。这种整合不仅能够提升用户体验，还能确保平台在面对复杂和多变的业务需求时，保持高效和稳定的性能。

3.4　指标平台的架构与功能

3.4.1　指标平台架构设计

指标平台由数据准备、指标处理和指标应用三大部分组成，按数据流向，从数据接入到指标定义、开发、管理、服务，再到业务应用场景所需的各个功能，可以形成一个全生命周期的指标管理和应用流程。另外，指标平台还需要搭配一个强大的指标处理引擎用于支撑各类型指标计算和查询性能。指标平台整体架构如图 3-8 所示。

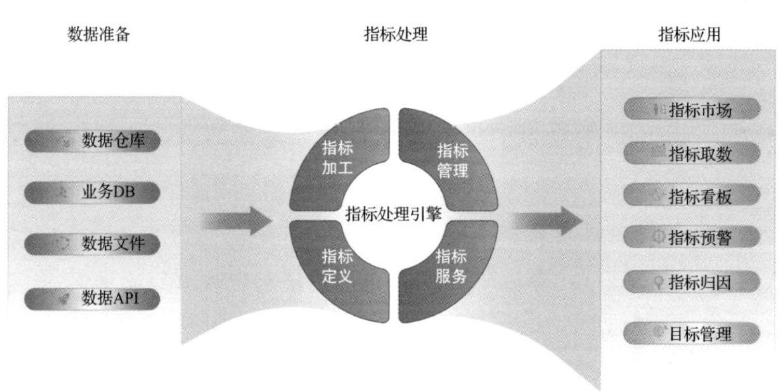

图 3-8　指标平台整体架构

指标平台一级功能模块架构如图 3-9 所示。

指标平台核心功能模块分为 3 层，分别是数据准备层、指标处理层和指标应用层，对各层的作用以及主要的一级功能模块简要说明如下。

（1）数据准备层

负责获取外部数据并进行标准化处理，为后续指标开发和应用做好准备。

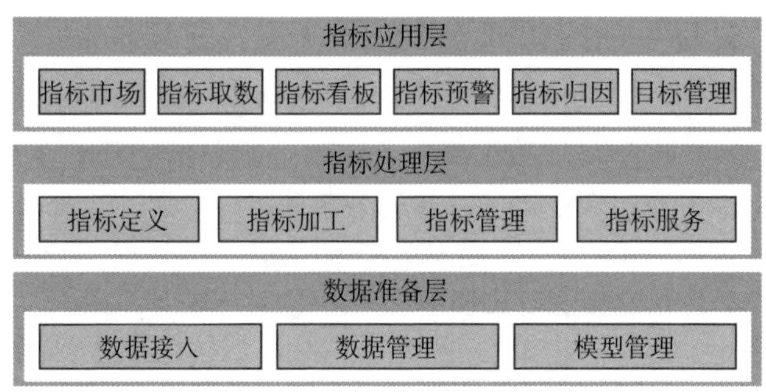

图 3-9 指标平台一级功能模块架构

- 数据接入：确定好需要接入的数据来源和数据格式，通过配置连接参数（如 URL、用户名、密码、访问令牌等）建立与外部数据源的连接，从数据源中提取所需的数据，并在这个过程中进行格式转换、数据清洗、数据异常校验等。
- 数据管理：将接入后的数据表、元信息以及公共维度信息进行管理，在后续数据源表的数据变更时进行运维操作。
- 模型管理：根据业务过程的数据表结构以及指标需求等信息设计模型。模型是一种多表关系的视图，后续指标开发需要的维度和度量字段都以创建的模型作为逻辑加工的数据来源。

（2）指标处理层

指标平台的各个核心功能模块之间紧密关联，像工厂流水线一样实现从指标定义、指标加工、指标管理到指标服务的全部处理过程。

- 指标定义：通过在指标字典中内置规范的指标属性字段，使得指标定义过程操作简单，并且支持动态定制指标属性模板，可以匹配企业自身的个性化管理需求。

- 指标加工：采用低代码的方式，内置多种开发模式，通过拖曳即可配置原子指标、派生指标和衍生指标，从而极大地降低技术门槛，业务人员可以自助操作，快速生产指标。
- 指标管理：对指标进行全生命周期管理，完成指标上下线、指标变更以及指标授权等指标核心管理工作。
- 指标服务：构建指标 API，对接下游 BI 和各类应用系统，确保便捷、高效、安全。帮助业务人员快速使用指标，保障数据来源和口径一致。

（3）指标应用层

指标应用层包括常见业务场景涉及的功能，面向业务人员和数据分析师提供数据分析与决策支持方面的能力，使其能够更加敏捷、快速、灵活地进行自助取数、可视化看板、预警、归因、目标管理等，从而提高业务人员的数据分析和业务运营效率。

指标平台二级功能模块架构如图 3-10 所示。

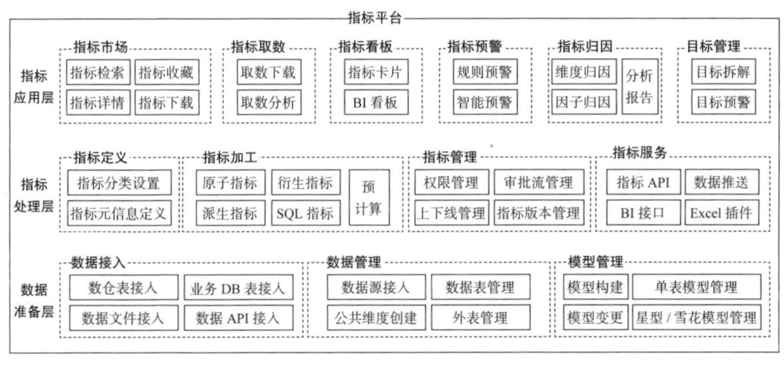

图 3-10　指标平台二级功能模块架构

二级功能模块的内容比较多，下一小节会对其中的重点内容进行介绍。

3.4.2 指标平台产品功能

1. 数据准备层的主要功能介绍

数据准备层的核心是获取外部数据并进行标准化处理，为后续指标开发和应用做好准备工作。其核心的二级功能包括数据源接入、数仓表接入、模型构建、公共维度创建，分别介绍如下。

（1）数据源接入

企业业务数据来源多样，所以指标平台需要接入各类数据源。在指标平台中，一般需要支持的数据源类型有 Hive、Oracle、SQL Server、Greenplum、StarRocks 等常见的数据库。在产品功能页面内填写相关信息就可以完成数据源的引入。以 Hive 数据库为例，填写信息如图 3-11 所示。

图 3-11　数据源接入功能示意

（2）数仓表接入

指标平台可以从已连接的数仓平台中快速添加某一张或某几张表，作为指标关联的底层数据来源，如图 3-12 所示。

图 3-12　数仓表接入功能示意 1

依次选择库和表，如图 3-13 所示。

图 3-13　数仓表接入功能示意 2

理论上，指标平台中指标数据的来源可以是任意的数据源和数据表，只要可以关联到指标即可。在企业实践中数据来源一般都是数据仓库，并且建议从数据仓库统一中间层的轻度汇总表计算得来。

原因之一是，指标作为一层语义层，封装的底层数据源结构需要是稳定的。如果不是这样，比如接的是业务 OLTP 系统的表或数据仓库里 DM 层或应用层由各个业务方自定义的表结构，就会因为业务人员对库表结构的任意修改而影响指标的口径和维度信息。

原因之二是，企业在很多业务场景下的指标逻辑复杂度较高，数据源结构和数据规模差异较大，需要提前对原子指标的元信息和维度进行规范化处理，以减少后续的指标运算时间，以及通过数据治理提升数据源质量。

（3）模型构建

如果单张表的字段范围不满足指标加工的需求，指标平台会提供基于明细表构建模型的方案来解决跨多个数据表的问题。构建的模型将以星型模型、雪花模型的方式实现，模型实际上是将多张表通过表之间的字段进行关联形成的一个逻辑视图。支持的关联方式有 inner join、left outer join、right outer join 和 full outer join。

例如，将订单表的 userid 与客户信息表的 userid 关联，实现一个逻辑宽表，然后选择可以使用的字段，用来在后续配置原子指标时设置度量、维度、过滤条件等限制。

指标平台的模型构建功能如图 3-14 所示。

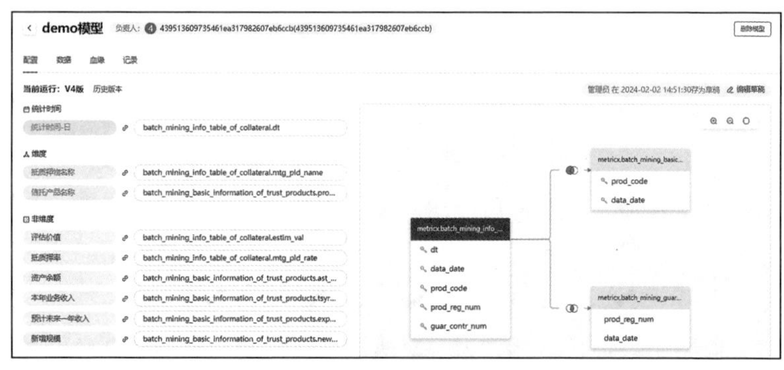

图 3-14　模型构建功能示意

（4）公共维度创建

假设一个下游的报表或分析图表中含有源自不同模型的多

个指标，或者衍生指标中含有源自不同模型的子指标，如果想要基于某些维度分析这些指标，就需要在指标平台上进行规范、标准、能供公共使用的维度定义和声明。无论之前从上游获取到的是什么类型的数据源表，构建的是什么类型的模型，我们在最终使用指标时必须带有维度信息。那么维度的定义是从哪里来的呢？指标平台通过构建维度的产品功能，将所有指标可以使用的维度进行标准化的定义和加工，这样构建模型和创建指标时可以直接引用，后续报表和 BI 图表分析也会基于同一维度进行汇总计算和展示。公共维度管理功能如图 3-15 所示。

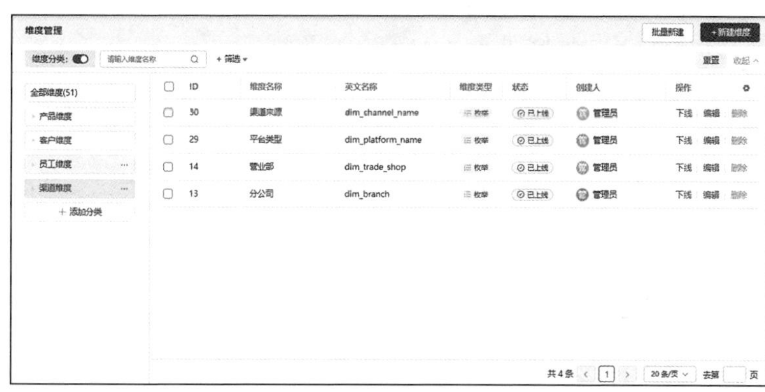

图 3-15　公共维度管理功能示意

2. 指标处理层的主要功能介绍

指标处理层是指标平台的核心，包含指标定义、指标加工、指标管理和指标服务等功能。这些功能的介绍如下。

（1）指标定义与指标加工

指标定义与指标加工是指标平台最主要的功能模块，是整个指标平台上其他所有功能设计时所依赖的基础功能模块。

一个好的产品需要经历“设计理念—设计方案—功能设计—

技术实现”的设计过程，其中最重要的是设计理念，它决定了一款卓越产品的上限。而体现指标平台设计理念的功能就是指标定义与指标加工的功能模块。

指标定义指的是明确指标名称等描述指标基本信息的过程。指标定义最关键的是要满足命名规范性和统一性、命名与口径一致性、业务含义和版本变更等方面的管理要求。过去在数据中台里的产品功能往往是定义与开发分离的，这也是造成很多同名不同义、同义不同名等问题的原因之一。

因此，在指标平台产品设计时可以将指标定义与指标加工分开，也可以按照“定义即开发”的产品理念，在同一个功能页面实现指标定义与指标加工。

在设计该模块时，需要注意：在指标定义时通过约束命名唯一性、对存量指标校验口径相似性等功能，确保最终在指标平台上不会重复创建同一个指标；在指标平台上可以提供自助的方式增加基本属性、业务属性、技术属性、管理属性等字段的功能，形成自定义的指标字典；在指标加工后自动地将技术口径反显到指标的技术属性里，并通过血缘关系的可视化呈现，实现指标加工链路的完整展示；在指标变更后，要全局变更上下游的相关指标和引用信息，实现指标的定义信息一致、口径一致和版本可控。

在指标平台中，进入指标管理页面，单击“新建指标”按钮，进入“新建指标”界面，如图 3-16 所示。

图 3-16 中，指标信息即指标定义，填写包括指标名称、指标英文名、业务含义等基本信息，还可以通过自定义模板添加业务负责人、指标等级等属性信息。

计算逻辑即指标加工，按原子指标、派生指标和衍生指标的加工规则模板设置相应参数。

图 3-16　“新建指标”界面

（2）指标管理

指标平台是服务于企业级的指标统一管理和应用的平台。不同的企业对于指标管理的要求和复杂度不同，常用的管理操作有指标上下线管理、指标权限管理、指标目录管理和指标版本管理。

1）指标上下线管理。指标平台内，“已上线”状态表示指标当前可在指标市场中查询，也可以在指标应用中使用。其他状态

（包括“待上线”“待配置”）则表示当前指标未发布，无法被用户查看和使用。指标创建后，默认为“已上线”状态。当指标底层数据源变化或因为定义需要变更等问题需要修复时，可以将指标暂时下线（见图 3-17），避免用户使用错误的指标数据，待指标修复完成后再进行上线。

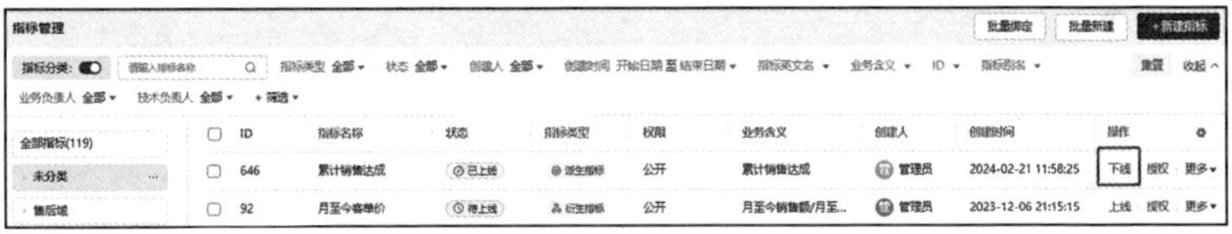

图 3-17　指标上下线管理的功能示意

2）指标权限管理。在权限管理方面，数据产品一般会采用 RBAC（基于角色的访问控制）机制，即先设置角色权限，再用该角色为其他用户授权，这种方式侧重于中心式的管理。指标平台的权限管理要求面向指标这种特殊的数据对象以及指标的使用场景，因此在 RBAC 机制之外又必须考虑指标所有者的授权机制，实现让每一个指标都有一个所有者，由每一个所有者来为其他用户分配权限。在“指标管理”界面单击“授权”选项，弹出指标授权管理界面，如图 3-18 所示。

配置用户可查看的数据字段，授权指定数据后，被授权用户仅可见该数据。配置用户可使用数据的权限：可以根据单个维度配置所需要的值，比如支行 =“广州五羊支行”；也可以根据多个字段进行组合权限配置，比如北京地区的线下推广渠道的 App 活跃用户；还可以一次性配置多个字段和对应的限制条件，比如地区 =“北京” & 推广渠道 =“线下推广渠道”。

3）指标目录管理。通过对指标进行分类并建立目录来帮助企业快速搭建指标体系。分类方式和目录的个数可以按组织的管理需要进行自定义。例如：可以根据组织架构进行划分，建立采销、供应链、售后、财务、人力资源等目录，也可以根据应用场景进行搭建，建立风险监控、用户运营、商品运营、监管报送、经营分析等目录。

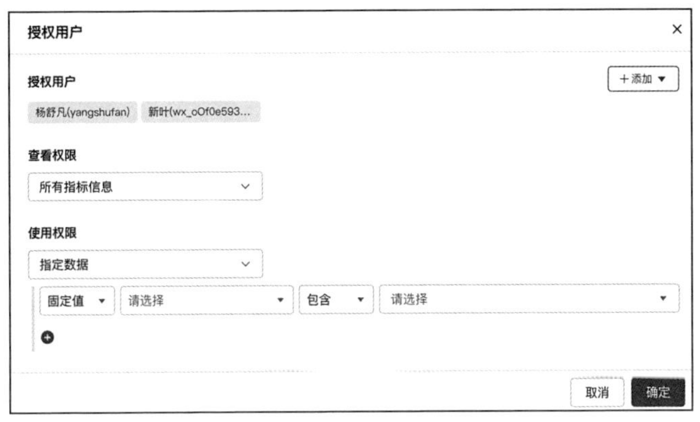

图 3-18　指标授权管理界面

4）指标版本管理。随着时间的推移，指标统计逻辑可能会发生变化，因此需要指标版本管理功能来实现指标的可追溯性。通过指标版本管理功能，用户可以查看指标的历史版本（见图 3-19）并在需要时快速恢复至某个历史版本，而且可以轻松获取每个指标的历史变更轨迹，每一次历史版本的定义、计算方式、数据来源、创建和上下线的精准时间戳，从而有效应对企业数据源、数据口径以及管理准则等频繁变更的需求。

（3）指标服务

企业的大量指标集中到指标平台并得到统一管理后，指标平台要与企业生产环境内的各类应用系统，包括 BI 工具、经营分析平台、业务应用系统、IM 产品等进行对接。

指标平台通过通用指标数据对象的元素高度抽象，通过提供

API 统一服务于下游系统。具体的 API 示例如图 3-20 所示。

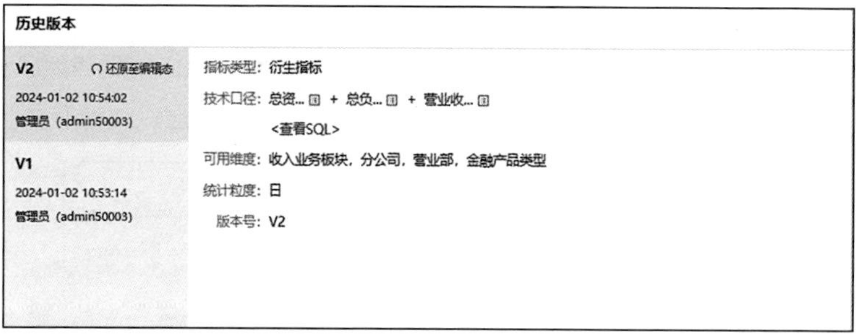

历史版本

V2 还原至编辑态
2024-01-02 10:54:02
管理员（admin50003）

V1
2024-01-02 10:53:14
管理员（admin50003）

指标类型：衍生指标
技术口径：总资... + 总负... + 营业收...
<查看SQL>
可用维度：收入业务板块，分公司，营业部，金融产品类型
统计粒度：日
版本号：V2

图 3-19　指标的历史版本

```
{
    "chosenMetricsIds": [
        510
    ],
    "chosenDimensionIds": [
        20,
        158
    ],
    "timePeriodCondition": {
        "statTime": "day",
        "beginTime": "2022-01-01",
        "endTime": "2024-10-10"
    },
    "condition": {
        "son": [],
        "member": [
            {
                "id": "20",
                "operator": "in",
                "keys": [
                    "1",
                    "10"
                ]
            }
        ],
        "opType": "AND"
    }
}
```

图 3-20　指标服务的 API 示例

3. 指标应用层的主要功能介绍

指标应用层主要提供业务人员在查找指标、使用指标进行数据分析、洞察决策等业务运营中需要的各种功能，包括指标市

场、指标取数、指标看板、指标预警、指标归因等。指标应用层的各项功能与 BI 工具的定位相似，都是面向数据分析师或业务人员等用户，但是它们也有明显的不同，主要在于以下两点：

- 指标应用层是基于指标的，不用预设数据集，而 BI 工具聚焦在数据集上，因此相比 BI 工具，指标应用层的门槛更低，真正实现企业数据民主化，指标数据质量有保障，业务人员可信敢用。
- 指标应用层聚焦在透明化经营管理和协作上，而 BI 工具更注重可视化展示，指标应用层的指标预警、指标归因、目标管理等功能更加贴近业务一线的使用需求。

指标应用层的各项功能介绍如下。

1）指标市场。提供用户模糊检索、指标详细信息查看等功能，方便用户快速找到想要的指标，也沉淀了企业整体的数据资产。指标市场如图 3-21 所示。

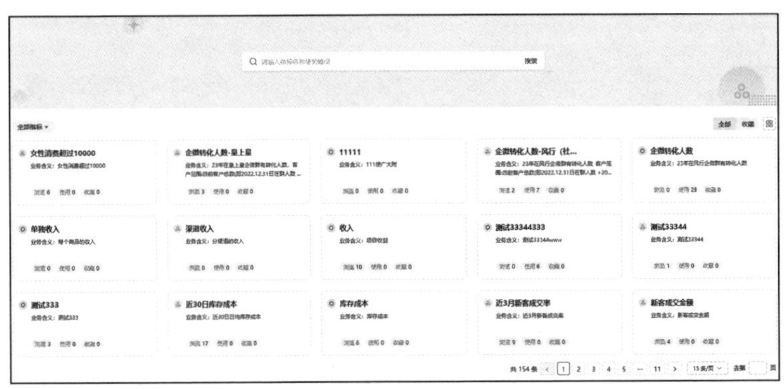

图 3-21　指标市场示例

2）指标取数。可以通过拖曳指标快速获取指标的明细数据结果。指标取数如图 3-22 所示。

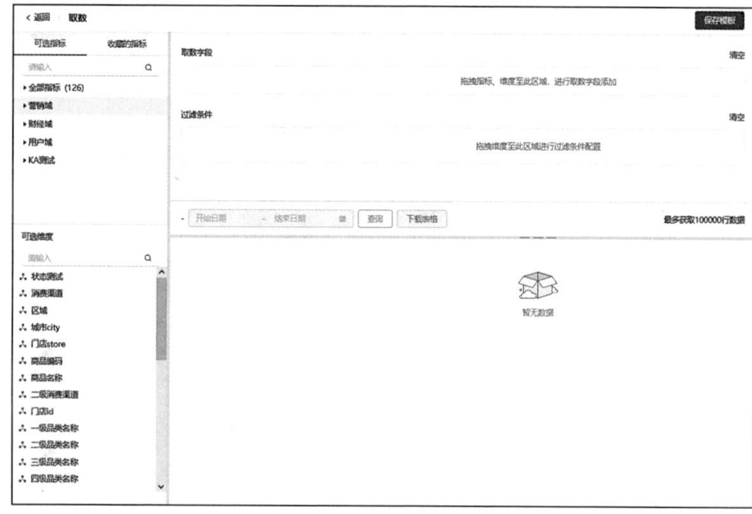

图 3-22　指标取数示例

3）指标看板。可以通过拖曳指标轻松制作看板，可以为指标设置更多的要素，包括格式、对比指标等。指标看板如图 3-23 所示。

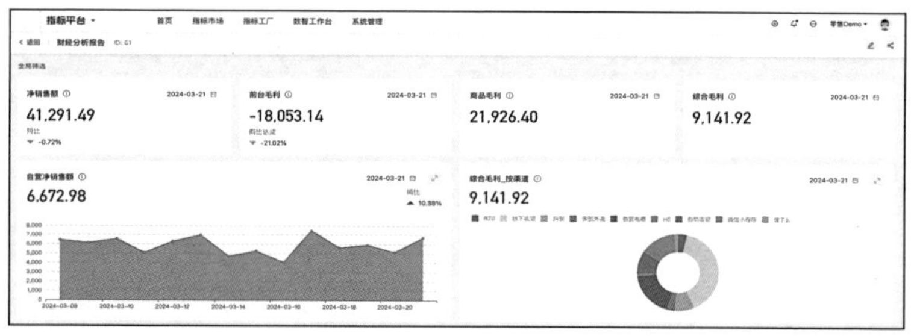

图 3-23　指标看板示例

4）指标预警和指标归因。可以根据业务需求，对业务域下的北极星指标进行拆解，如图 3-24 所示。

拆解之后可以继续对核心指标的波动进行预警，对有异常指标可以进一步进行指标归因，分析引起变化的关键因素并生成报告，如图 3-25 所示。

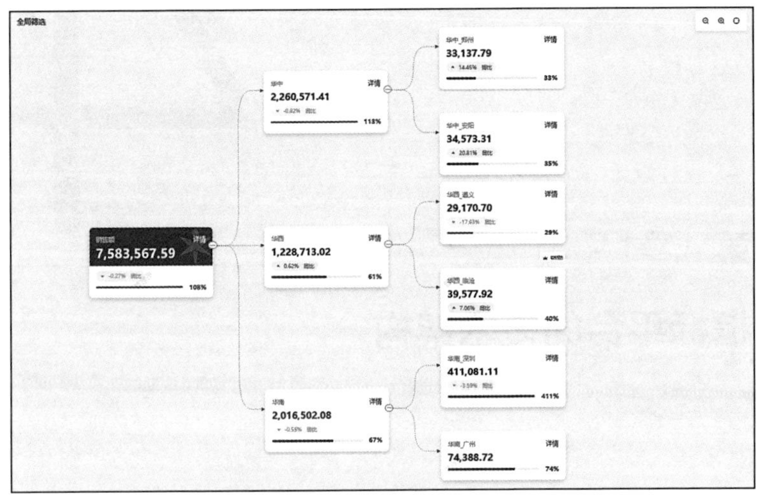

图 3-24　指标拆解示例

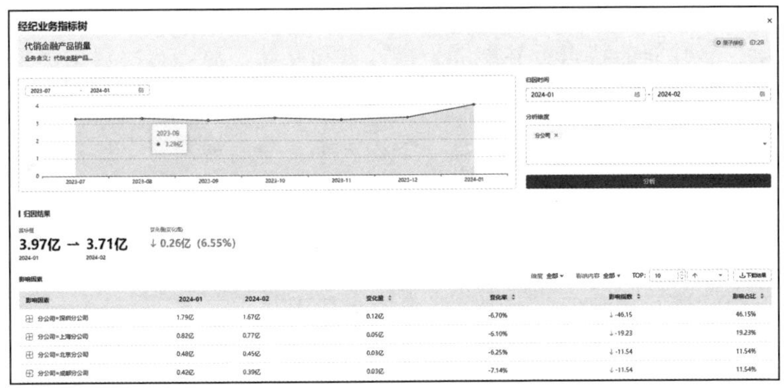

图 3-25　指标归因示例

第 4 章 CHAPTER

指标平台的技术架构

随着大数据技术的不断发展，新一代指标平台应运而生，旨在实现“一处定义，全局使用”的产品理念。该平台需具备自动化、高性能的特点，并能够平衡计算和存储资源，解决数据虚拟化、加速性能、智能归因等关键问题，同时与大模型友好集成。

本章将从指标平台的技术架构入手，全面展示新一代指标平台的技术全貌。本章将逐层深入讲解指标平台的技术特色，重点阐释计算引擎的设计思路。此外，还将通过实际案例详细讲解如何实现智能归因，并给出几个大模型强化的关键切入点。

4.1 指标平台的技术架构概览

一个指标平台的技术架构（如图 4-1 所示），不仅是数据处理流程的体现，更是支持数据驱动智能决策的综合体系。它高效地整合了数据收集、处理、计算、可视化以及安全设计等关键环节，使企业能够深入挖掘数据价值，洞察业务运营，并发现潜在的增长机会。

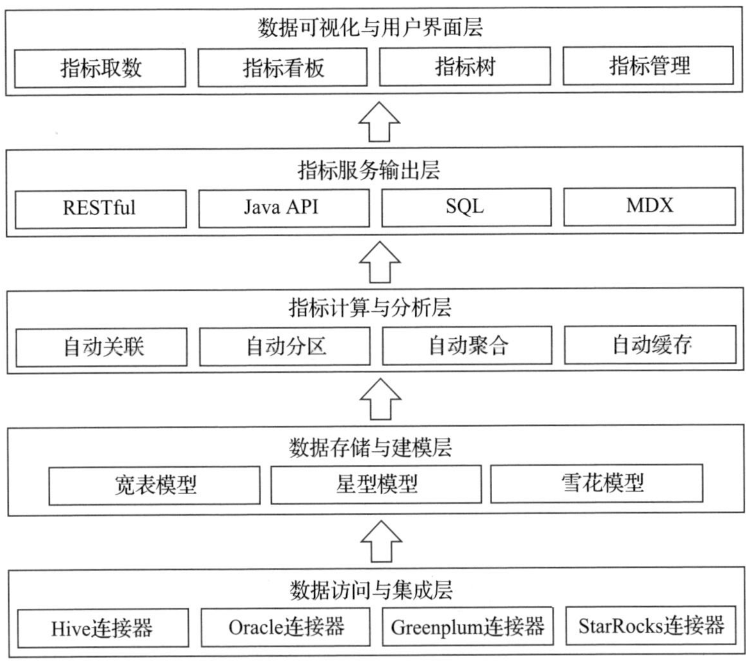

图 4-1　指标平台的技术架构

（1）数据访问与集成层

指标平台的基础在于数据访问和集成层。这一层连接并整合了各类数据源，包括内部系统、外部数据提供商以及第三方 API 等。通过使用 ETL（提取、转换、加载）工具，确保数据的一致性和准确性，将分散的数据汇聚到统一的数据仓库或数据湖中。

（2）数据存储与建模层

数据存储与建模层是指标平台的重要组成部分，它承载着海量的数据仓库或数据湖。这里采用了多种数据存储技术，如传统的大数据技术 Hadoop 和 Spark，以及云原生的数据存储服务，如 Amazon S3 和 Google Cloud Storage 等。这些技术为数据存储和处理提供了强大的能力，支持高效的数据查询和分析。在这一层，数据经过进一步的处理和标准化，形成了适合不同业务模式和使用场景的数据模型，如宽表模型、星型模型和雪花模型等，为后续的指标计算和分析奠定了坚实的基础。

（3）指标计算与分析层

指标计算与分析层是指标平台的核心所在，它负责根据业务需求对收集到的数据进行深入的计算和分析，生成各种关键业务指标。数据科学家和数据分析师可以利用这一层提供的强大分析工具和技术，从简单的数据汇总和计算到复杂的预测模型和机器学习算法，揭示隐藏在数据中的价值和洞察。这些计算可以在离线和实时两种模式下进行，以满足不同业务场景的需要。

（4）指标服务输出层

指标服务输出层在整个技术架构中起着桥梁和纽带的作用，它提供多样化的服务输出方式，包括 RESTful API、Java API、SQL 查询等，使其他系统和应用程序能够方便地获取和使用指标平台提供的数据和分析结果。同时，这一层还负责保障整个系统和平台的安全性，通过身份验证、访问控制等安全措施，确保只有授权的用户才能访问和使用敏感数据。

（5）数据可视化与用户界面层

数据可视化与用户界面层是将复杂数据转化为直观、易懂信息的关键环节。通过精心设计的仪表盘、报告和交互式界面，用户能够轻松地探索数据，发现模式、趋势和关联。这些直观的可视化工具不仅提高了用户对数据的理解程度，还帮助他们更好地指导业务决策，充分发挥数据洞察和决策支持的作用。

4.2 指标平台的技术特色

4.2.1 丰富的数据连接器

在现代企业中，数据的来源多样且分散，从传统的关系数据库到大数据平台、云存储，乃至特定的数据仓库，每一处都承载着企业运营的关键信息。一个优秀的指标平台必须能够无缝连接这些多样化的数据源，从而为用户提供全面、深入的数据分析和洞察。

（1）Hadoop/Spark 数据湖

作为大数据平台的代表，Hadoop/Spark 数据湖存储着海量的原始数据。指标平台通过高效的数据连接器，利用 Hive、HBase 等工具轻松访问和分析这些数据，帮助企业挖掘潜在的价值。

（2）云存储（如 OSS、COS）

随着云计算的普及，越来越多的企业将数据迁移至云平台（如阿里云 OSS、腾讯云 COS）。指标平台与云存储的无缝连接，确保了用户可以快速、灵活地访问和共享数据，满足随时的数据分析需求。

（3）MPP 数据库（如 StarRocks、Doris）

MPP 数据库以其高速的查询性能和强大的并行处理能力成为实时数据分析的首选。指标平台通过优化的连接器，能够快速从这些数据库中提取数据，为企业的决策提供更加敏捷的支持。

（4）数据仓库和传统数据库

除了大数据平台和云存储，企业仍然依赖传统的数据仓库和数据库来存储与管理核心业务数据。指标平台的连接器可以轻松地与各种关系数据库（如 MySQL、Oracle）以及数据仓库（如 Teradata、Snowflake）进行集成（见图 4-2），确保用户能够访问所有关键业务数据。

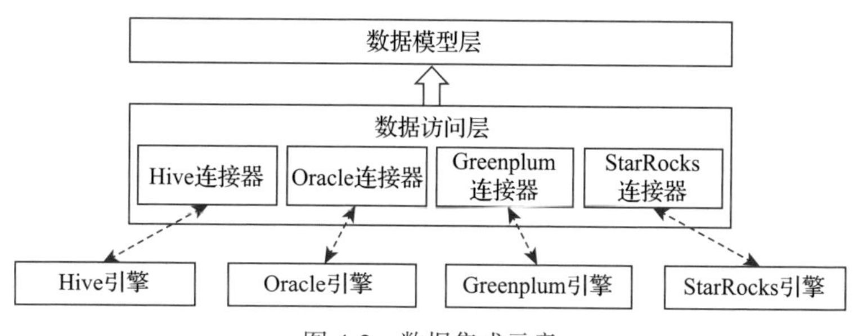

图 4-2　数据集成示意

总之，指标平台具备丰富的数据连接器（这也是指标平台的核心特性之一），这些数据连接器能够将多样化的数据源汇聚到一个统一的平台中，使用户可以从不同层面、不同维度获得深入的数据洞察，轻松地访问和分析各种数据类型，从而更好地支持战略决策和业务优化。

4.2.2　智能化的指标计算引擎

指标计算引擎（Hyper Metrics Engine，HME）是数据处理与分析领域的一项革新性技术，其核心在于以数据虚拟化的理念为基础，构建了一个高效、灵活的数据虚拟化引擎。这个引擎具备两大核心能力：基于视图的预计算能力和基于预计算结果的查询优化能力。

1. 数据虚拟化

在传统的数据处理模式中，数据模型往往与物理存储紧密绑定，导致数据量线性增长、大量冗余数据产生以及计算优化困难。而数据虚拟化技术的引入打破了这一僵局，它通过将数据模型与物理存储解耦，使数据定义与物理存储之间的关系变得动态和灵活。这一转变不仅极大地提高了大数据处理的灵活性，还使数据建模和计算过程得以从烦琐的预计算中解脱出来。利用虚拟化技术进行逻辑建模，我们可以更高效地管理数据仓库，使其变得更加强大、灵活和智能。

对于业务人员来说，数据虚拟化技术带来了显著的便利：

- 数据解耦，业务人员可以专注于业务逻辑和语义模型（semantic model）的构建，而无须关心底层物理数据的细节。
- 通过先进的技术手段，确保数据口径的一致性，实现了“单一数据源”和“一处定义，全局使用”的目标。

对于技术人员 /BI 工程师来说，数据虚拟化技术同样具有显著的优势：

- 简化了数据处理和分析的链路，提高了工作效率。
- 通过解放生产力，提升了人效，使工程师们能够更专注于业务价值的挖掘和创新。

2. 基于视图的预计算

在构建数据仓库时，为了减小计算代价，我们可以先将每层数据的每张表都创建成逻辑视图。随着业务场景的不断丰富，我们可以根据查询热度、查询性能、计算代价等多重因素，逐步将一些视图进行物化，从而提升查询性能，同时保证整体计算代价可控。

这种基于视图的预计算能力巧妙地化解了灵活性和效率之间的矛盾，它可以根据业务需求的变化和预置的预计算策略，自动创建逻辑视图和物化视图，无须提前规划查询场景。这种建模的后置化方式不仅保障了资源的高效利用，还满足了不同时期的不同业务需求，使数据的加速处理变得更加智能和高效。

3. 基于预计算结果的查询优化

当对指标数据进行查询时，基于预计算结果的查询优化能力再次展现了智能化的特点。通过透明加速方式，用户无须改写 SQL 语句，优化器可以根据预置的查询路由策略，自动选择合适的物化视图进行加速处理。

无论是计算优化策略还是查询优化策略，都可以随着业务和使用场景的扩充而不断迭代完善。这种逐步优化的方式使整个数据仓库变得更加智能化，实现了查询性能提升与计算代价之间的优雅平衡，如图 4-3 所示。

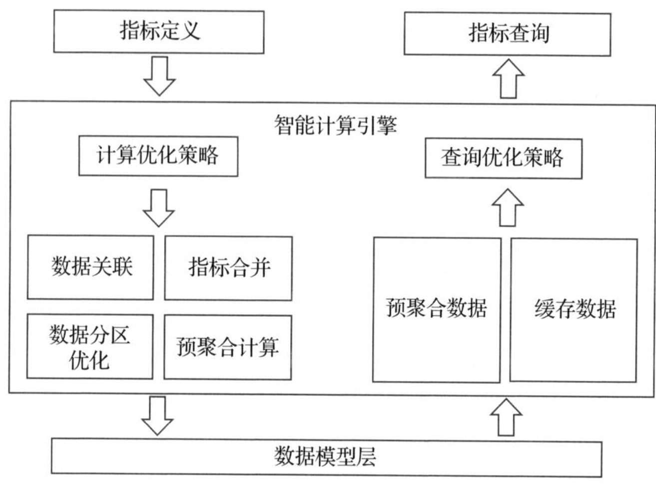

图 4-3　指标计算引擎

4.2.3　多样化的指标服务输出方式

在指标平台的整体技术架构中，指标服务输出层占据着举足轻重的地位。它不仅要提供多样化的服务输出方式以满足不同用户和应用的需求，更要确保系统的访问安全性，以保障数据和功能的合理使用。

1. 服务输出方式

为了充分满足各类用户和应用场景的需求，指标服务输出层设计了多种输出方式（见图 4-4），具体如下：

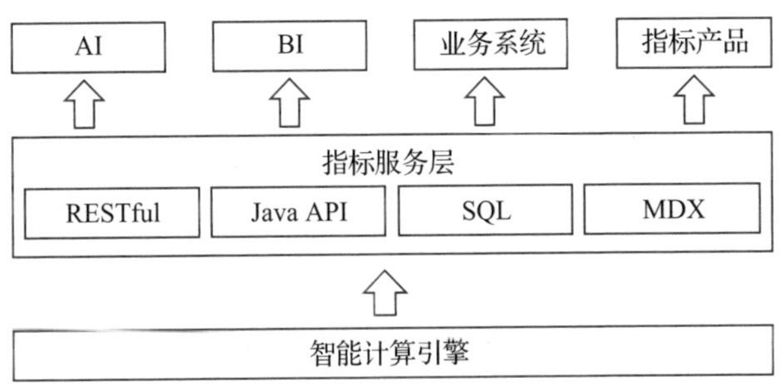

图 4-4　多样化的服务输出方式

- RESTful API：这种基于HTTP的接口方式，以其标准化和易用性著称，使外部系统、移动应用以及第三方开发者能够轻松与指标平台进行通信。通过简单的请求和响应机制，用户可以高效地获取所需的指标数据。
- Java API：对于那些需要深度集成和定制化开发的用户来说，Java API提供了更为灵活和强大的功能支持。开发人员可以直接在Java应用程序中调用这些API，实现对指标平台功能和数据的深度操作，满足复杂的业务需求。
- SQL：对于熟悉SQL查询语言的用户来说，通过SQL接口可以直接使用熟悉的查询语句对指标数据进行查询和分析。这种方式不仅降低了用户的学习成本，还提高了数据的可访问性和分析效率。

- MDX：对于多维数据模型，指标平台提供了MDX（多维表达式）接口。这是一种专门用于多维数据查询和分析的标准查询语言，适合需要进行复杂数据分析和报表生成的用户。

2. 访问安全性的保障

在提供多样化服务输出的同时，指标平台也高度重视访问安全性的保障。为了确保数据和功能的安全使用，平台应采取以下关键措施：

- 身份验证：所有访问指标服务的用户都必须经过严格的身份验证，确保只有具备合法身份和权限的用户才能访问平台。平台支持多种身份验证方式，如用户名密码验证、单点登录（SSO）以及 API 密钥验证等，以满足不同用户的安全需求。
- 访问控制：平台实施了细粒度的访问控制策略，根据用户的角色和权限对其可访问的数据和功能进行精确控制。通过角色划分、权限组设置以及资源级别的授权等方式，确保用户只能访问其被授权的数据和功能，有效防止数据泄露和非法操作。
- 数据加密：在数据传输和存储过程中，平台对敏感数据进行了加密处理。采用先进的加密算法和技术手段，确保数据在传输过程中的机密性和完整性，防止数据被未经授权的人员窃取或篡改。同时，在数据存储时采取了相应的加密措施，以保障数据的长期安全。
- 审计日志：为了监控和追踪用户的行为和数据使用情况，平台记录了详细的审计日志。这些日志记录了用户的访问记录、操作行为以及数据使用情况等信息，便于管理员进行安全审计和故障排查。通过审计日志的分析和挖掘，还可以发现潜在的安全风险并及时采取应对措施。

综上所述，指标服务输出层在指标平台的技术架构中发挥着至关重要的作用。它通过提供多样化的服务输出方式和严格的访问安全性保障措施，为用户提供了安全、高效、便捷的数据服务体验。这使企业能够更好地利用指标数据进行决策优化和业务创新，推动企业的持续发展和进步。

4.2.4　先进的 OLAP 数据库底盘

1. 三大主流 OLAP 数据库引擎

在数据分析的广阔天地中，OLAP 引擎如同一架强大的望远镜，助力企业从浩瀚的数据海洋中洞察有价值的信息。随着技术的演进，OLAP 引擎逐渐形成了三大主流类型，即 ROLAP（关系数据库 OLAP）引擎、MOLAP（多维 OLAP）引擎和 HOLAP（混合 OLAP）引擎，它们各具特色，适用于不同的分析场景。

（1）ROLAP 引擎

ROLAP 引擎将多维数据模型映射到关系数据库之上，利用 SQL 查询的力量进行数据分析。它继承了关系数据库的成熟技术和强大功能，能够处理复杂的查询、连接和聚合操作。然而，当面对超大规模的数据集或复杂的分析查询时，ROLAP 引擎的性能可能会受到挑战。

（2）MOLAP 引擎

与 ROLAP 不同，MOLAP 引擎专为多维数据分析而设计。它采用列式存储和高度优化的查询引擎，通过预计算和压缩技术大幅提升查询性能。MOLAP 引擎适用于需要快速响应、实时分析和频繁交互的场景，但可能在灵活性和数据更新方面存在一定的劣势。

（3）HOLAP 引擎

HOLAP 引擎融合了 ROLAP 和 MOLAP 的优势，能够根据查询的复杂性和性能需求动态选择合适的存储和计算方式。它旨在在灵活性和性能之间找到最佳的平衡点，适应多变的数据分析需求。

2. OLAP 选型时考虑的 6 个因素

在选择现代化 OLAP 数据库时，企业需要考虑一系列关键因素以确保所选数据库能够满足其业务需求和技术要求。以下是 6 个主要的考虑因素：

- 性能。性能是选择 OLAP 数据库时的首要考虑因素。不同的数据库在查询性能和响应时间方面可能存在显著差异，这主要取决于它们的底层架构、查询优化策略以及数据处理能力。企业需要评估其工作负载类型，包括查询的复杂性、并发用户数和数据量，以确定所需的性能级别。
- 可伸缩性。一个具有良好可伸缩性的数据库能够轻松应对数据量的增长，同时保持高性能。企业应考虑数据库的水平扩展和垂直扩展能力，以确保其能够满足未来的需求。
- 成本。云托管的数据库通常提供不同的定价模型，如按需付费、预留实例等。企业需要根据其预算和实际使用情况来评估各种定价模型的成本效益。此外，还需要考虑与数据库相关的其他成本，如维护、支持和培训等成本。
- 生态系统。数据库的生态系统包括与其相关的工具、服务和集成。企业应评估数据库是否与其现有的技术栈和业务流程相兼容，以及是否提供所需的连接器和插件。一个具有丰富生态系统的数据库可以简化集成过程，降低开发成本，并加速业务价值的实现。

- 安全性。安全性是任何数据库选择过程中都不可忽视的因素。企业应确保所选数据库符合其安全标准和合规要求，包括数据加密、访问控制、审计和监控等。此外，还需要考虑数据库的安全更新和补丁策略，以确保系统的持续安全性。
- 易用性。易用性对于用户快速上手并充分利用数据库的功能至关重要。企业应评估数据库的用户界面、文档、培训和支持服务等方面，以确保能够轻松地使用和管理数据库。

3. 指标平台关注的 OLAP 特性

企业应该根据自身的业务需求和技术情况进行权衡与评估，综合考虑以上因素，找到最适合自己的现代化 MPP OLAP 数据库。除了以上这些通用因素，还有一些其他因素需要考虑。比如，数势科技的指标平台还特别关注以下几个方面的功能和特性。

（1）资源隔离能力

资源隔离是指标平台的关键特性之一，在多用户、多部门或多租户的场景中尤为重要。资源隔离能力允许不同的用户或团队共享同一个指标平台，但彼此之间的操作和数据是相互隔离的，从而确保数据的安全性、隐私性和可靠性。资源隔离还有助于防止由于某个用户或部门的高负载操作影响到其他用户的查询体验。这在大型企业或组织中，尤其是涉及多个业务线的情况下十分关键，可以保障不同部门的数据需求和分析独立进行，减少资源竞争和干扰。

（2）物化视图能力

物化视图不仅提高了查询性能，还减轻了数据库负担。物化视图是指预先计算和存储的数据聚合结果，用于加速复杂查询的执行。指标平台的物化视图能力允许用户事先定义计算逻辑，之后在查询过程中通过指标平台的智能计算引擎，动态地决定对哪些中间结果数据进行物化和缓存，从而既能达到查询性能预期，加速查询速度，又不至于极度浪费系统的计算和存储资源。这对于复杂的多维分析和大规模数据集的查询非常有用。智能计算引擎是数势指标平台的核心部件，也是区别于市面上其他同类产品最大的技术亮点和竞争力。

（3）系统稳定性和成熟度

在业务决策中，稳定性是一个至关重要的因素。稳定性好意味着指标平台能够长时间保持高可用性，在极端情况下，系统和平台上的任务执行可以慢些，但最好不要出现任务执行失败甚至系统宕机。无论是任务执行失败还是系统宕机，都意味着后续有大量的异常处理操作，会大大增加系统运维的工作量和风险，对客户使用极其不友好。因此在选型过程中需要考虑引擎的稳定性保障措施、故障自动恢复策略、容灾方案等。

综合考虑以上因素，数势科技的指标平台底层选用了对物化视图能力支持最好的 Doris/StarRocks 作为默认的计算引擎。OLAP 选型对照见表 4-1。同时，在接口层进行了大量抽象设计，以便适应更多引擎的适配和扩展需求。这样的技术选型旨在为企业提供高性能、可扩展且易于使用的 OLAP 解决方案。

4.3 指标平台的核心技术

4.3.1 核心智能加速引擎

1. 指标引擎的核心功能

指标计算引擎需要完成以下几个核心功能。

表 4-1　OLAP 选型对照表

维度	ClickHouse	Doris	StarRocks	Greenplum	Druid	TiDB
资源隔离能力	较弱	很强	很强	较强	较弱	较弱
物化视图能力	部分支持	较强	较强	部分支持	不支持	不支持
成熟度稳定性	相对成熟，不断发展	相对成熟，不断发展	相对成熟，不断发展	相对成熟	相对成熟	尚未达到完全成熟，不断发展
运维成本	操作复杂	适中，云服务部分托管	适中，云服务部分托管	较高，需独立运维	较高，需独立运维	适中，云服务部分托管
性能	并发度一般，低延迟	高并发，低延迟	高并发，低延迟	高并发，低延迟	高并发，低延迟	并发度一般，低延迟
分布式查询能力	较弱	较强	较强	较强	较弱	较弱
生态系统	较好	较好	较好	较好	一般	一般

（1）基于 ROI 自动做物化视图（预计算）

预计算作为指标加速的关键手段，在大数据处理中扮演着举足轻重的角色。然而，随着预计算任务和数据量的不断增长，运维的复杂性不断增加，指标和模型的变更变得更加繁重。为了解决这一问题，我们引入了基于 ROI 的预计算策略，旨在生成更高价值的 Metric Index（一组维度和多个指标的索引），以优化可视化场景下的预计算加速效果。

传统的预计算思路是预算全部维度组合，但这种方法在面对庞大数据集时显得效率低下。因此，我们提出了一种新的思路：通过为指标建立维度索引来优化预计算过程。在这种方法中，一个 Metric Index 可以被视为一组维度和多个指标的索引。当查询命中这些索引时，将能够实现显著的加速效果。

为了实现这一策略，我们首先从模型和指标定义中收集维度信息和指标信息，以生成可预计算的维度组合。接着，我们从场景信息中收集维度和指标的组合属性，计算预计算的代价和存储代价。通过剔除与场景无关的维度组合，我们可以进一步精炼可预计算的维度组合和指标组合。

在确定了可预计算的维度组合和指标组合后，我们需要根据指标的计算代价、查询属性等因素对预计算进行分层处理。这包括模型层索引、可二次计算的维度指标组合索引以及直接结果的维度指标组合索引。通过这种分层处理，我们可以更加高效地管理和利用预计算的结果。

最终，我们将输出经过优化的预计算指标、维度指标组合以及它们之间的依赖关系。这些输出将作为物化视图创建的基础，用于存储查询结果并提升后续查询的响应速度。通过基于 ROI 自动创建物化视图的方法，我们可以实现查询性能的显著提升，同时降低运维的复杂性和指标变更的成本。这对于需要处理大规模数据集并要求快速响应的可视化场景来说具有重要意义。

（2）基于预计算结果对查询进行改写，以提升查询性能

一旦物化视图被创建，我们就可以对原始查询进行改写，以便在查询执行时利用这些预计算结果。查询改写是一个复杂的过程，需要确保改写后的查询在语义上与原始查询等价，同时能够充分利用物化视图中的数据。这通常涉及查询优化器的智能重写规则和算法，以及对查询执行计划的精细调整。

通过基于 ROI 的物化视图创建和查询改写，可以实现查询性能的显著提升。这种方法不仅减少了查询执行时的计算负担，还通过避免重复计算相同的结果集，降低了存储和 I/O 成本。这对于需要快速响应的实时分析系统和数据密集型应用来说尤为重要，因为它们对查询性能的要求往往更加苛刻。

具体示例如图 4-5 所示。

2. 智能加速引擎架构

智能加速引擎涉及的模块有元数据采集模块、内存元数据仓库（ROI 评估）、结构优化模块、任务管理模块和查询优化模块。具体架构如图 4-6 所示。

（1）元数据采集

从业务系统中拉取用户设置指标、模型、数据表等元数据，把元数据存储到 repository 中，供后续优化使用。

（2）内存元数据仓库（ROI 评估）

结合指标定义、计算数据量、计算复杂度、查询时效性等多方面因素进行 ROI 评估。

（3）结构优化模块（优化策略）

对底层模型数据进行智能处理，加速查询性能，核心策略如下：

- 自动预打宽（join）：根据模型定义将常用的维度与明细数据进行打宽关联。
- 自动重分区（resharding）：根据指标口径的业务时间对数据进行重分区，提升数据扫描效率。

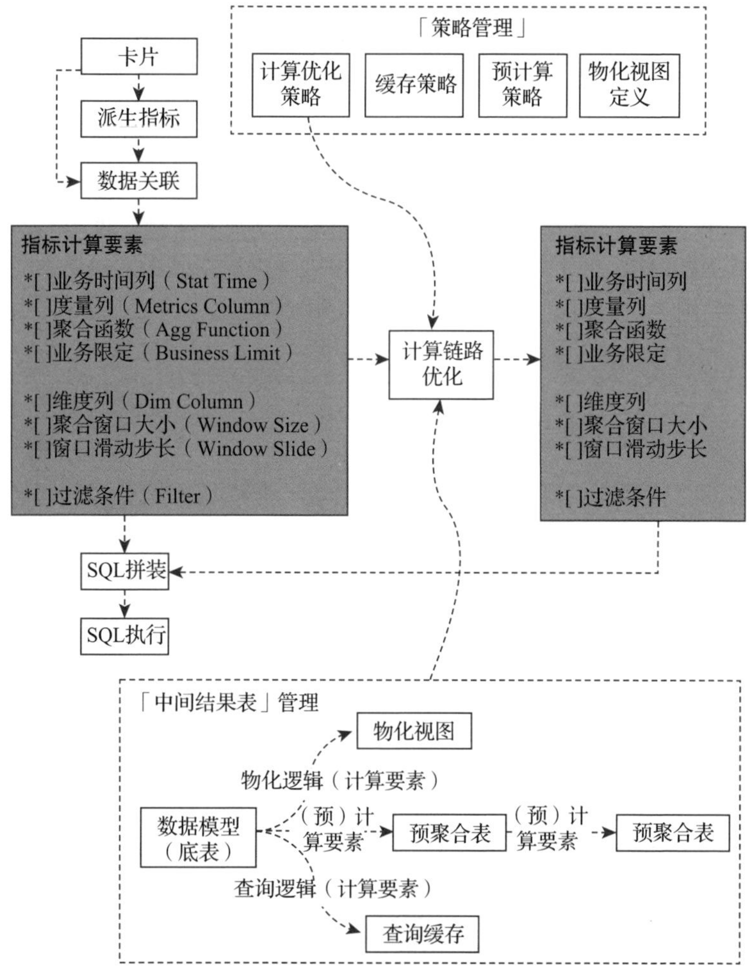

图 4-5　智能加速示意

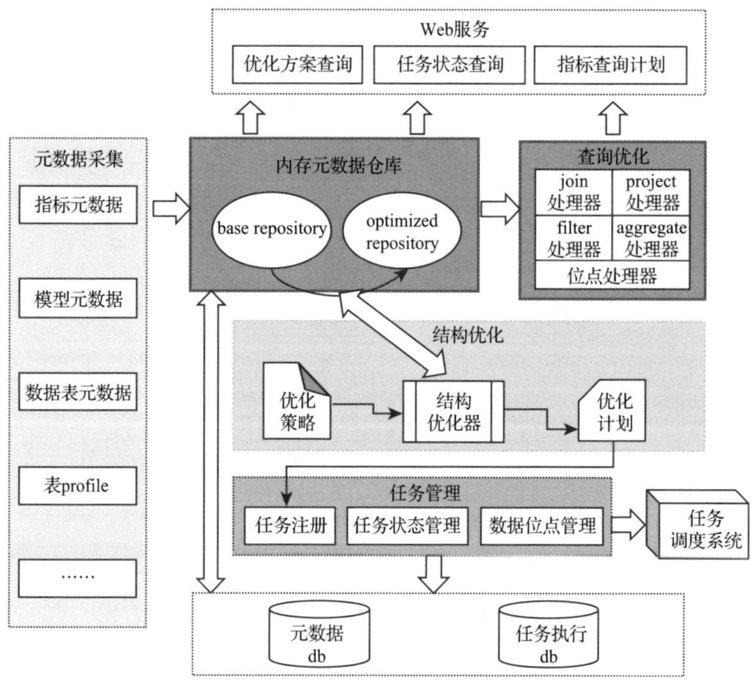

图 4-6　智能加速引擎架构

- 自动预聚合（rollup）：根据指标聚合粒度和聚合维度对明细数据进行多粒度 / 多维度的聚合。
- 自动去重（merge）：根据指标业务含义，对一定范围内的重复更新数据进行去重。
- 自动缓存（cache）：对常用 / 热度较高的指标计算结果进行缓存。
- 支持复杂指标（CountDistinct 和同环比计算）的特殊策略。

（4）查询优化

接收到指标查询的任务后，系统根据指标的优化结果，生成指标计算的执行计划（sql plan），连同数据源信息一起返回给 hm server。整体流程如图 4-7 所示。

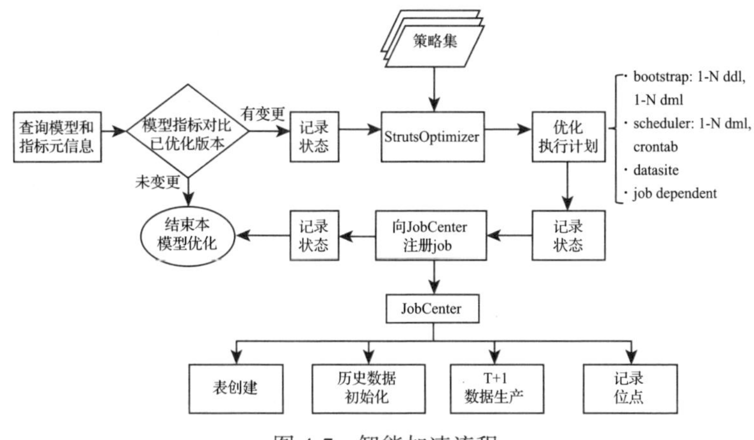

图 4-7　智能加速流程

具体实现方案层面，指标计算引擎同时支持利用 OLAP 引擎的物化视图能力和利用自生成预计算任务两种方式来实现以上功能：

- 利用 OLAP 引擎的物化视图能力：如果底层 OLAP 引擎具备完备的物化视图和查询改写能力，那么 HME 可以将预计算和查询加速需求翻译为 OLAP 引擎的物化视图，这样 OLAP 引擎可以托管对预计算和查询加速的需求，简化 HME 的实现逻辑。
- 利用自生成预计算任务：如果底层 OLAP 引擎不支持物化视图能力，那么 HME 引擎可以自己生成并调度管理预计算任务，生成预计算加速表，待到查询指标时，再将对原始表的查询操作优化为对加速表的查询操作，提升查询性能。

具体示例如图 4-8 所示。

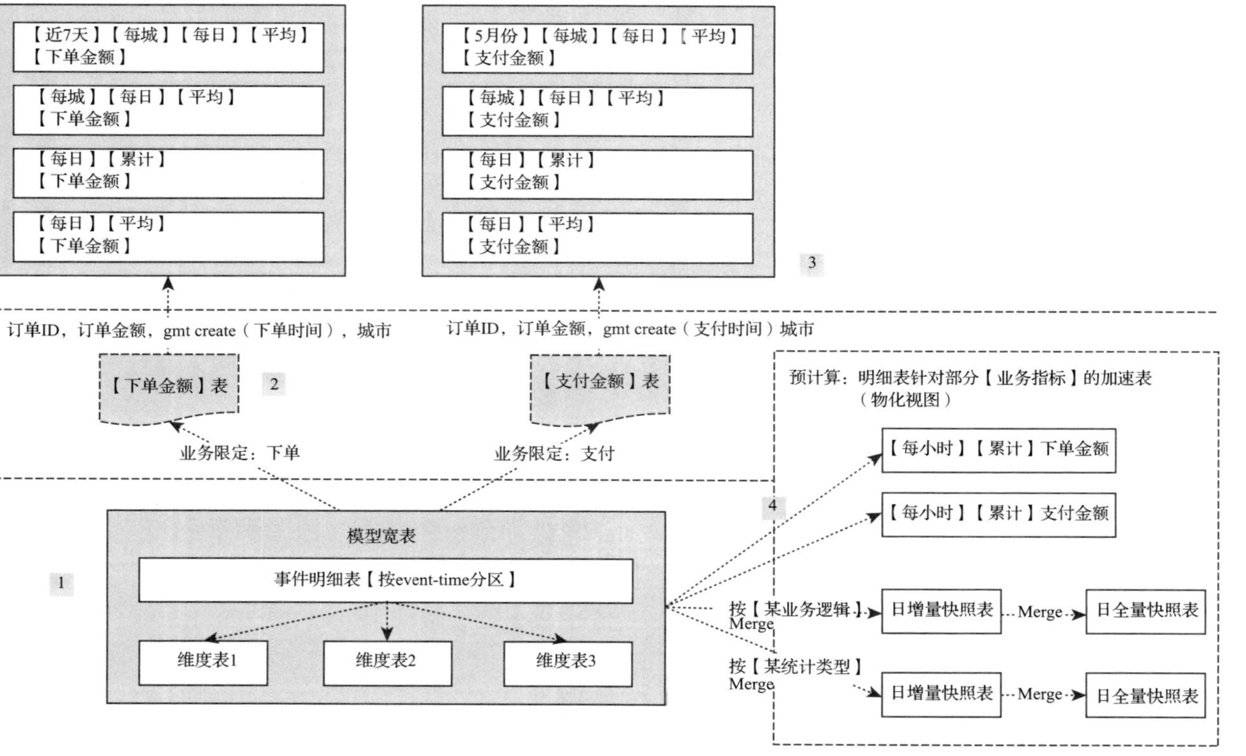
【近7天】【每城】【每日】【平均】【下单金额】
【每城】【每日】【平均】【下单金额】
【每日】【累计】【下单金额】
【每日】【平均】【下单金额】
【5月份】【每城】【每日】【平均】【支付金额】
【每城】【每日】【平均】【支付金额】
【每日】【累计】【支付金额】
【每日】【平均】【支付金额】
3
订单ID，订单金额，gmt create（下单时间），城市
订单ID，订单金额，gmt create（支付时间）城市
【下单金额】表
2
【支付金额】表
预计算：明细表针对部分【业务指标】的加速表（物化视图）
业务限定：下单
业务限定：支付
【每小时】【累计】下单金额
【每小时】【累计】支付金额
4
模型宽表
1
事件明细表【按event-time分区】
维度表1
维度表2
维度表3
按【某业务逻辑】Merge
日增量快照表
Merge
日全量快照表
按【某统计类型】Merge
日增量快照表
Merge
日全量快照表

图 4-8　自动预打宽示意

1）自动预打宽（join）。

根据模型定义将常用的维度与事实表明细数据进行关联，关联结果形成一张大宽表，参见图 4-8 中的位置 1。

自动预打宽策略可以将雪花模型和星型模型预计算为打宽表，当查询执行时就可以节省预打宽相关的耗时，从而提升查询效率。

假设有如下客户表和订单表：

```
Plaintext
CREATE TABLE Customer (
    CustomerID INT PRIMARY KEY,
    CustomerName VARCHAR(255)
);
INSERT INTO Customer (CustomerID, CustomerName)
VALUES
    (1, 'Alice'),
    (2, 'Bob'),
    (3, 'Carol');
CREATE TABLE Order (
    OrderID INT PRIMARY KEY,
    CustomerID INT,
    Amount DECIMAL(10, 2),
    FOREIGN KEY (CustomerID) REFERENCES Customer
        (CustomerID)
);
INSERT INTO Order (OrderID, CustomerID, Amount)
VALUES
    (101, 1, 200.00),
    (102, 2, 300.00),
    (103, 1, 150.00),
    (104, 3, 250.00),
    (105, 2, 180.00);
```

现在需要按客户名字查询其订单明细：

```
Plaintext
SELECT Customer.CustomerName, Order.OrderID, Order.
    Amount
```

```
FROM Customer
JOIN Order ON Customer.CustomerID = Order.CustomerID
WHERE Customer.CustomerName = 'Alice';
```

在上述示例 SQL 的执行阶段，如果指标计算引擎已经通过预计算任务或者创建相应物化视图，提前生成了可用的打宽表 MV，那么查询 SQL 执行时会被自动改写为：

```
Plaintext
SELECT MV.CustomerName, MV.OrderID, MV.Amount
FROM MV
WHERE MV.CustomerName = 'Alice';
```

这样可以极大提升查询性能。

2）自动重分区（resharding）。

数据重分区是指将现有的数据重新组织和划分，使其按照某种规则或策略重新分布到不同的存储区域或分区中。分区的方式可以根据业务需求和查询模式而定，例如按时间、地理位置、用户等分区。重分区是一种优化数据存储和查询性能的常见策略，尤其在大规模数据存储和处理中，它可以显著提升查询性能和数据访问效率。

根据指标口径的业务时间对数据进行重分布，将数据的分区字段设置为业务时间字段，以提升数据扫描效率，参见图 4-8 中的位置 2。

底层事实表和宽表的分区字段，一般默认是数据的 event_time，而指标做查询取数时，更经常使用的是具备某个业务含义的时间字段，如下单时间、支付时间等，这个业务时间字段不一定与数据的 event_time 一致。当查询字段与分区字段不一致时，就无法很好地利用查询引擎的特性来做查询优化（分区裁剪），这时候的查询就会退化成对更大范围数据的扫描，甚至是全表扫描。

为了解决这种查询低效问题，HME 的自动重分区策略会根据指标定义的元数据，自动发现可能用于查询过滤的字段，如果与当前分区字段不一致的，可以动态决定是否对数据做一次重分区，以加速指标查询。

表 4-2 是一个重分区示例，其中包含多个时间字段 event_time 和 stat_time，event_time 是订单的创建时间，stat_time 是统计时间。

表 4-2 重分区示例

order_id	customer_id	order_amount	event_time	stat_time
1	101	200.50	2023-07-15 08:30:00	2023-07-15 00:00:00
2	102	150.00	2023-07-16 10:45:00	2023-07-16 00:00:00
3	103	300.20	2023-07-15 14:20:00	2023-07-15 00:00:00
4	101	50.75	2023-07-16 09:10:00	2023-07-16 00:00:00
5	104	100.00	2023-07-17 11:30:00	2023-07-17 00:00:00
6	102	75.50	2023-07-17 16:40:00	2023-07-17 00:00:00

接下来，分别以这两个时间字段为分区字段将表进行展示。

按 event_time 分区的示例：

- 分区 1（2023-07-15）：
  - 订单 1
  - 订单 3
- 分区 2（2023-07-16）：
  - 订单 2
  - 订单 4

- 分区 3（2023-07-17）：
  - 订单 5
  - 订单 6

按 stat_time 分区的示例：

- 分区 1（2023-07-15）：
  - 订单 1
  - 订单 3
- 分区 2（2023-07-16）：
  - 订单 2
  - 订单 4
- 分区 3（2023-07-17）：
  - 订单 5
  - 订单 6

通过按不同的时间字段进行分区，可以将订单数据组织成更紧凑的形式，从而提升查询性能，并允许更灵活的数据分析和报告制作。

3）自动预聚合（rollup）

根据指标聚合粒度和聚合维度对明细数据进行多粒度、多维度的聚合，参见图 4-8 中的位置 3。

HME 的自动预聚合策略会根据指标定义的元数据，自动发现指标的计算相关的参数，包括聚合维度、聚合函数、统计周期、业务限定等，根据这些参数，HME 引擎会自动生成预计算任务（或者创建相应的物化视图），以此来加速指标查询。

除了支持自动预聚合，HME 还支持根据更具体的使用维度做二次聚合。

4）自动去重（merge）

根据指标业务含义，对一定范围内的重复更新数据进行去重，参见图 4-8 中的位置 4。

HME 的自动去重策略可以将底层明细表按照一定的业务逻辑（明确主键）进行去重操作，使得在一定的时间范围（如一天或者一个月）内相同主键的记录只会出现一条，以此避免查询阶段的去重操作，从而提升查询性能。

5）自动缓存（cache）

可以采取一系列设计和实现方案对访问热度较高的指标进行结果缓存，以提高数据查询的性能和响应时间。HME 在缓存策略、淘汰策略、缓存数据结构等方面都可以进行相关的定义。

此外，HME 还专门针对复杂指标（如同环比、CountDistinct）以及一些对性能极度敏感的场景（如移动端报表通过 API 接入指标取数）制定了处置策略。

4.3.2 指标智能归因

指标归因功能是一项前沿的智能化因果推断能力。该功能通过自动监测、深入分析和智能诊断，能在海量数据中敏锐捕捉异常情况、迅速定位其原因，并结合人工的专业经验，生成详尽的诊断报告。这种智能化的指标诊断和问题定位方式为企业带来了更高效、更精准的数据分析能力，助力企业轻松应对各种业务挑战和把握市场机遇。

1. 指标归因功能的亮点和优势

（1）实时自动监测与预警

指标平台能够全天候监测数据动态，对异常波动，如指标值的突增或骤降、超出预设阈值等情况保持高度敏感。

一旦检测到异常，系统会立即通过预设渠道向管理人员发送预警通知，确保异常得到及时处理。

（2）智能异常定位

利用先进的因果推断算法，平台能够自动分析异常数据，迅速锁定可能导致异常的潜在因素。

通过深度数据挖掘和模式识别技术，系统能够发现与异常紧密相关的数据点、趋势变化或关键事件，从而大幅缩短问题定位时间。

（3）自动生成分析报告

平台根据分析结果自动生成全面、深入的诊断报告，不仅准确指出问题所在，还提供直观易懂的可视化呈现。

这一功能显著减轻了人工编写报告的工作负担，提高了决策效率和准确性。

2. 指标归因功能实现强大分析能力的 4 个步骤

指标归因功能通过 4 个关键步骤实现其强大的分析能力，这些步骤紧密集成了数据分析、异常检测以及先进的 AI 算法模型。

（1）构建指标树

在图 4-9 中，作为归因流程的起点，平台根据企业的业务目标和底层数据结构精心构建一棵指标树。这棵指标树不仅以清晰的层次结构展示了各项指标之间的逻辑关系和依赖路径，更为后续的归因分析奠定了坚实的基础。在这一步中，平台充分利用了数据仓库设计和数据建模的最佳实践，确保指标树的准确性和完整性。

（2）捕获异常维度和异常值

在这一步中，平台需要识别和捕获可能引起异常的维度和异常值，如图 4-10 所示。这涉及以下 AI 算法模型的应用。

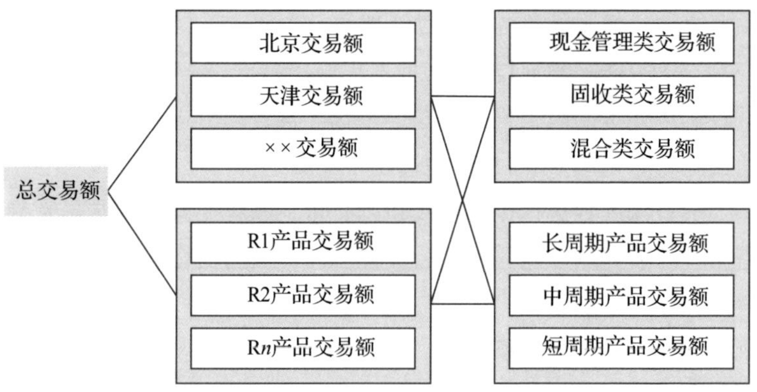

图 4-9　第 1 步：指标树构建

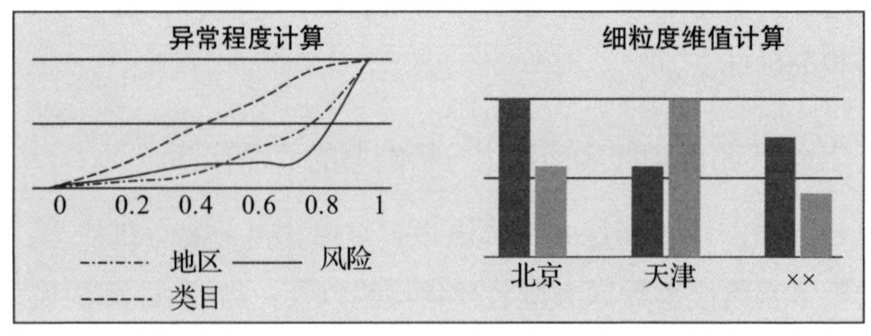

图 4-10　第 2 步：捕获异常维度和异常值

- 聚类分析：使用 *k*-means++ 等聚类算法可以将数据点分组，帮助识别出可能引起异常的数据簇。这些簇的识别有助于进一步缩小异常可能存在的范围。
- 异常检测算法：利用孤立森林、LOF 等异常检测算法，平台能够在大量数据中准确找到异常值。这些算法对数据的分布和密度进行建模，从而有效识别出与正常模式不符的异常点。
- 时间序列分析：针对时间序列数据，如日活跃用户数、销售额等随时间变化的指标，平台可以利用 ARIMA、

LSTM 等模型来预测未来时间周期内的指标变化趋势。通过比较实际值与预测值，可以及时发现时间序列中的异常波动。

（3）多级下钻分析

一旦异常维度和异常值被捕获，平台会进行多级下钻分析（见图 4-11）以深入了解异常的本质。这意味着平台将从整体指标树逐步下钻到具体的维度，如地理位置、用户群体、产品类型等，从而找到问题的根本原因。多级下钻分析能够帮助企业快速定位并解决影响业务指标的潜在问题。

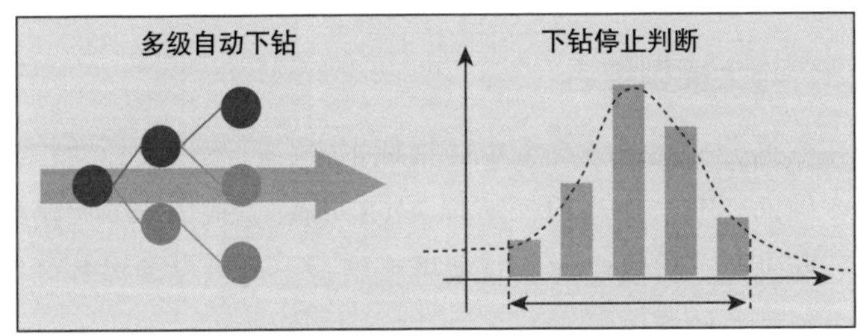

图 4-11　第 3 步：多级下钻分析

（4）得出结论

在得出结论阶段，平台利用一些 AI 算法模型来进行分析结果的解释和预测，如图 4-12 所示。

- 决策树和随机森林。这些模型基于 Adtributor 实现异动分析，能够在经营分析中快速查找最有可能影响到关键指标的其他因素。通过构建决策树和随机森林，平台可以揭示不同因素之间的相互作用以及对目标指标的影响程度。
- 逻辑回归。逻辑回归模型可用于预测某个异常是否会发生，以及在不同情况下发生异常的概率。这有助于企业提前采取预防措施，降低潜在风险对业务的影响。

总交易额 下降5%，最有可能是由于
“北京地区”的“固收类产品”交易额下降导致

图 4-12　第 4 步：得出结论

综上所述，数势科技指标归因的各个步骤涉及数据处理、异常检测、多级分析和结论得出等方面。在捕获异常维度和异常值以及得出结论的阶段，平台通过应用多种 AI 算法模型来加强分析的效果，帮助揭示异常的原因并提供预测性的见解。这些功能共同构成了数势科技指标归因功能的强大分析能力，为企业应对业务挑战和把握市场机遇提供了有力支持。

4.3.3　与大模型结合

在数据分析和业务决策中，指标定义、拆解以及异动归因是不可或缺的环节。而当前，随着 AIGC（AI 生成内容）大模型能力的不断进化，将这些环节与大模型结合，可以显著提升数据分析和决策支持的效果。

（1）指标定义与 AIGC

指标定义是数据分析的基石，它要求清晰、准确地界定业务关键指标并给出解释。借助 AIGC 大模型，我们可以通过自然语言生成技术，自动化地生成指标定义文档、解释和说明。这样，无论业务新手还是高层决策者，都能轻松理解并共享指标的含义，确保数据分析工作的顺畅进行。

（2）拆解指标与 AIGC

拆解指标是将复杂的指标分解为更小的、更易于理解的组成部分的过程。AIGC 大模型在这方面可以发挥巨大作用，帮助自动拆解指标，并生成直观的指标拆解图表或描述。这不仅大大减轻了分析人员的工作负担，提高了工作效率，同时也为决策者提供了更为直观、深入的指标理解，有助于做出更明智的决策。

（3）异动归因与 AIGC

异动归因是分析指标变化原因的过程，对于识别影响业务的因素至关重要。在这方面，AIGC 大模型可以提供两方面的帮助：

- 自动化归因解释：基于大模型的自然语言生成能力，可以自动生成异动的归因解释。这为数据分析师提供了初步的、快速的解释参考，有助于他们更快地定位问题、找出原因。
- 探索性分析：AIGC 还可以帮助数据分析师进行探索性分析，生成可能的异动因素建议。这有助于数据分析师在考虑潜在影响因素时更加全面、深入，避免遗漏重要信息。

以“通过自然语言和对话式交互来生成指标”为例，本项目实现原理如图 4-13 所示，过程如下：

1）加载和读取文档，对应图中的步骤 1 和步骤 2；

2）对文本进行分割，对应图中的步骤 3 和步骤 4；

3）对文本进行向量化（Embedding），对应图中的步骤 5 和步骤 6；

4）对查询进行向量化，对应图中的步骤 8 和步骤 9；

5）将查询向量和文本向量库匹配，在文本向量库中匹配出与查询向量最相似的 Top *K* 个关键词，对应图中的步骤 7、步骤 10 和步骤 11；

6）将匹配到的文本作为上下文和查询一起添加到 Prompt 中，对应图中的步骤 12 和步骤 13；

7）将 Prompt 提交给大模型生成回答，对应图中的步骤 14 和步骤 15。

基于大模型的产品部署方式如图 4-14 所示。

总的来说，结合 AIGC 大模型的自动化能力，我们可以使指标定义、拆解和异动归因的过程更加高效、准确。这将有助于加快数据分析的速度，提高决策的可靠性，并为业务创造更大的价值。同时，这种结合方式也使不同层级的人员都能更好地理解和参与数据驱动的决策。

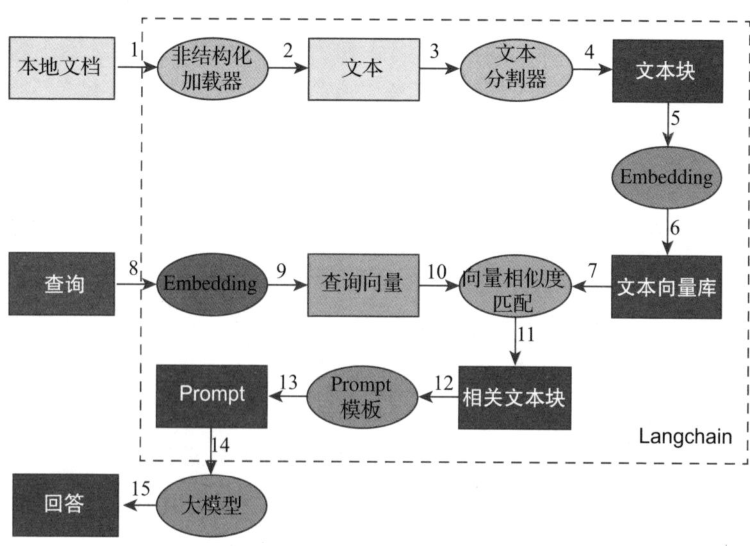

图 4-13　智能归因实现原理

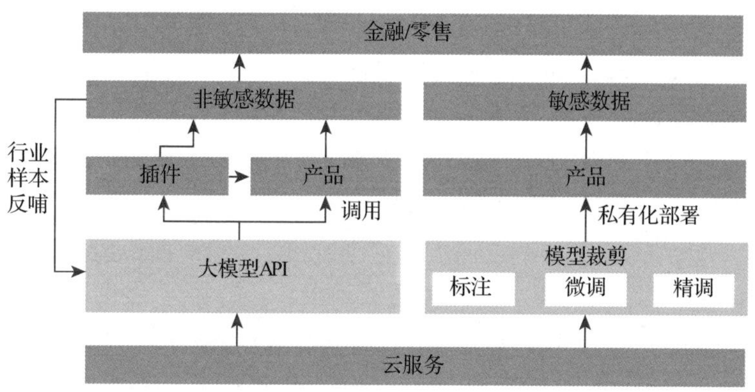

图 4-14　基于大模型的产品部署方式

|第 5 章| C H A P T E R

零售业的经营分析指标体系

近几年，国内零售行业的发展进入瓶颈期，零售企业纷纷尝试破局。在这个过程中，我们发现有的企业（如盒马鲜生、超级物种）在尝试用新商业模式来吸引顾客，有的企业（如永辉生活、胖东来）在打造自有品牌以及面向顾客无微不至的服务，这些商业行为折射出零售行业的本质逻辑。

本章将从商业的本质出发，详细讲解什么是经营分析指标体系，它能为企业带来什么价值，如何建设这套体系，以及应用实践。

5.1 经营分析指标体系：零售业的转型利器

5.1.1 从商业的本质看零售业面临的挑战

2020 年，党的十九届五中全会通过的《中共中央关于制定国民经济和社会发展第十四个五年规划和二〇三五年远景目标的建议》提出，加快构建以国内大循环为主体、国内国际双循环相互促进的新发展格局。

同年，CCFA（中国连锁经营协会）以“双循环格局下的零售新起点”为主题，在上海国家会展中心举办了一年一度的“中国全零售大会”。会上，裴亮会长表示，推动“双循环”零售新发展格局，对推进国家层面的“双循环”战略具有重要意义。针对行业发展的现状和问题，重中之重是着力打造和完善零售新发展格局的新基建和新生态。

迈入新经济周期，国家战略和行业发展层面都提出了求新、求变的发展思路。聚焦到零售业，CCFA 副会长朱晓静在演讲中总结过中国零售业的发展历程，她认为：“中国的社会消费品零售总额近 30 年来有超过 40 倍的增长，其中每 10 到 15 年就出现一次大的周期调整，已经走完的前两个大周期是由中国经济高速发展带来的增量市场，而当前所处的则是后疫情时代的存量市场。在这个周期里，制胜的核心是回归零售的基本功：通过提升商品力，提升供应链整体效率，为顾客持续地创造价值。也就是回归零售的商业本质。”

而作为与零售业非常接近的消费者，我们真正对零售业商业本质的认知，则来自一次跟行业巨头的深度合作。

零售企业 A 的十数位高管围坐在一张会议桌旁，前方的投影上正展示着图表和数字。其中一行高亮、加粗的红字格外醒目：“xx 大豆油，月销售额数百万元，排名前三，但贡献毛利却是负数，倒数前三”。此时，采购部负责人杨总第一个开口：“大家不要慌，经过近 3 个月对大豆油的投资，我们终于取得了全面领先对手的销量，而且最近卖的都是在市场高位时采购的批次，之前囤积的低（进）价油还没拿出来销售，后续还有跟供应商进一步谈判的空间，我们有信心下季度把利润做正。”说罢，露出了满意的微表情。紧接着 CFO“开枪”了：“采购部的兄弟们辛苦了，我们统计了过去 3 个月大豆油的营销费用，有持续 5% 左右的增长，下季度的预估投入也不乐观，而且囤的油很大一部分要冲抵上半年销售的高价油，财务部持谨慎意见。”之后的十分钟里，门店营运、供应链、市场营销部纷纷卷入争论，直到 CEO 发话：“采购和财务两个部门会后再把数字好好对齐一下，采购部牵头，下个季度务必在保持销量的前提下把利润做正。”

这个小故事反映的正是零售企业想通过与我们合作共同解决的问题之一：想在每个月的经营分析会上，通过数据的表现来复盘战略执行的成果，但似乎没有达成共识，甚至还没有定位到数字背后的关键问题。

还是以食用油为例，消费者今天可以从附近的商超、便利店，线上的京东、淘宝，直播的抖音、小红书，外卖的美团、饿了么等众多渠道购买油。更重要的是，今天的消费者不只关心从哪个渠道能买到价格相对低的油，除了售价，油的品质怎么样、是否免运费、是否 30 分钟上门、是否有赠品，也都会影响消费者的购买决策。

这么多元、明确、高标准的购物需求，给零售的从业者带来了极大的挑战。管理者们很难从一份月度财务报告中看清不同渠道、不同品类的投资回报率；业务部门很难决定该用多大的成本来履约一笔消费者订单；执行团队困惑于工作越来越多，但挣到的钱却不怎么见涨。挑战的反面往往是机遇，这么多的问题，归根到底，根源是消费者的需求变化造成了供需关系的变化。今天的零售业一定要以消费者为中心，来持续沉淀和打磨零售的基本功：打造差异化的商品力，打造极致的供应链整体效率，打造以顾客和会员为中心的强运营组织，最终为消费者持续地创造价值。

深入理解了零售业的处境后，站在顾问视角，我们认为企业需要一套数字化的经营分析体系来赋能、加持与放大零售基本功，使零售企业成为管理和运营效率大幅提升的强运营组织。

5.1.2 指标体系对回归商业本质的作用与价值

虽然零售业需要回归商业本质已经成为同行越来越清晰的共识，但这么多年来大家都在围绕着商品力、全渠道、用户体验三件事情反复打磨：数字化的经营分析体系包含什么内容？它是如何赋能、加持与放大零售基本功的？带着这些问题，我们启动了与企业的联合探索、共创项目。

第一次尝试，项目组希望直接从“业财一体化”入手。既然从经营分析会到日常运营活动，总存在大量财务、业务无法对齐的数字，那么或许可以从底层业务系统做起，建立一套全公司统一、唯一的数据体系。有了这个思路，项目组由财务部牵头，收集了预算组、资金组、会计组、税务组的共计数十个真实需求，正当大家准备撸起袖子加油干时，PMO 拉响了“警报”：经过初步的数据流分析，共有 5 套业务系统、3 套财务系统以及大量内置在 Excel、VB、Essbase 工具中的逻辑需要进一步探查、研究。分析到这一层，大家发现这是重构一套业务中台系统体量的工程，是一个需要一两年时间分步实施但很难给业务带来直接效果的过程。

经过一些扩大化的讨论，项目组开始了第二次尝试。这次大家希望更加注重可落地性，把经营分析会上、日常运营中大家在看的数据集中到一个平台（业内有一个专有名词“经营驾驶舱”），可视化地呈现并推送给大家。很快项目组收到了来自不同业务团队的每日盯盘报告、经营分析报告和 KPI 跟踪表，粗略统计，超过 5 个 DAU 的报表竟高达数百张，仅对其中关键的经营分析报告盘点，梳理出的指标就超过 800 个。简而言之，项目组需要花半年时间去整合、刷新、重构这些报告，而业务仅仅能得到一个统一看数的入口。即使加速完成这些工作，这个体系似乎也很难真正成为零售基本功的放大器。

有了这两轮尝试，项目组的方向更加明确和清晰了。作为一家零售业龙头企业，企业 A 的战略目标从来都是清晰的，经营的难点更多集中在执行和协同的过程中：面对不同阶段的战略目标，管理与执行如何高效协同；面对不同时期的消费需求，市场与决策如何高效协同；面对全渠道的多元形态，业务全链路如何高效协同。而数字化手段恰好可以帮助企业更加灵活地应对变化和挑战，管理层的月度经营分析会则是一个合适的应用场景。

于是，第三次的尝试有了非常明确的目标，即通过数字化手段还原经营过程，并建立一套经营分析范式来度量经营活动是否带来了正向收益。谈到对经营活动的度量，项目组第一时间想到了指标体系，大家一拍即合，决定建立一套零售业的经营分析指标体系来可视化呈现企业的商品力、经营效率和全渠道损益表现。

这套体系将给企业经营分析会带来三大变化：

- 经营分析会上呈现的所有数据，都将基于这套统一的指标体系输出，解决业务、财务的口径之争。
- 经营分析会上呈现的分析结论，都将结合这套贯通业务全链路的指标体系输出，从客观数据的多维分析视角定位关键问题，再交给业务人员验证和改进。
- 经营分析会上形成的行动结论，都将以这套公司级的指标体系来衡量，作为抓手来推动问题的透明化、显性化，直到被解决。

很快企业管理层通过了项目组的提案，并成立了 60 天攻坚组，全力支持项目的实施推进。

5.2 经营分析指标体系的建设方法

5.2.1 建设目标

提到经营分析指标体系，大多数网络文章在讲如何建设的问题，毕竟该体系旨在通过确定一系列衡量组织经营活动表现的关键指标，提供清晰、全面、准确的信息，以支持企业管理层进行有效的决策和管理。但我们认为企业在建设该体系的过程中，首要目标是从业务全链路的角度出发，打破各部门间的壁垒，建立一套可协同的数字化管理、决策体系。具体来说，它要达成如下几个目标。

1）夯实数字化基建，完成全链路关键节点的业务、财务数据融合。

经营分析指标体系要解决的是关键业务节点的数据融合问题，它可能会与业财一体化系统实施相关，但不代表企业必须全面启动业财一体化建设。以零售业为例，经营分析指标体系需要对采购、销售、供应链、门店及电商营运全链路进行分析，但采购环节主要是对进货、发货订单，销售环节主要是对零售、批发订单，供应链环节主要是对仓储、物流、配送费用，门店及电商环节主要是对营销、损耗费用进行业务、财务数据融合。

2）以战略为导向，建立一套口径统一且公开、透明的损益分析指标树。

关键点是结合企业战略目标，用杜邦分析法拆解北极星指标，将战略方向与执行单元协同起来，同时，通过可视化工具将分解好的损益分析指标树跟踪起来。

3）实现指标的灵活取用，让各业务单元可以简单、合规地查询和获取其权限内的数据。

从使用者角度考量，一个好的管理工具需要让更多的业务人员便捷地使用，而不仅仅让 1% 的管理团队使用。因此，需要充分考虑工具的易用性，向用户的使用习惯靠拢，将复杂留给用户看不见的后端。

4）围绕指标快速整合内外部数据，并自动预警、归因，极大提升企业经营分析、管理决策的效率。

回归零售基本功的“放大器”特性，让工具帮助专业的业务分析师团队极大提升效率。将繁杂的数据对接、采集，复杂的数据探查、下钻，低效的维度、因子归因全部自动化完成，整体提效十倍以上，让复盘频次从月度向（按需）周度、日度跃进。

5.2.2　设计框架

1. 经营分析指标体系的 3 层架构

明确了经营分析指标体系需要达成的 4 个目标后，接下来设计该体系的框架。考虑到经营分析指标体系需要保持对业务的灵活性，需要对接和整合底层数据，需要提供可视化且易用的用户界面，我们选择以指标为核心搭建 3 层架构来实现这套指标体系，如图 5-1 所示。

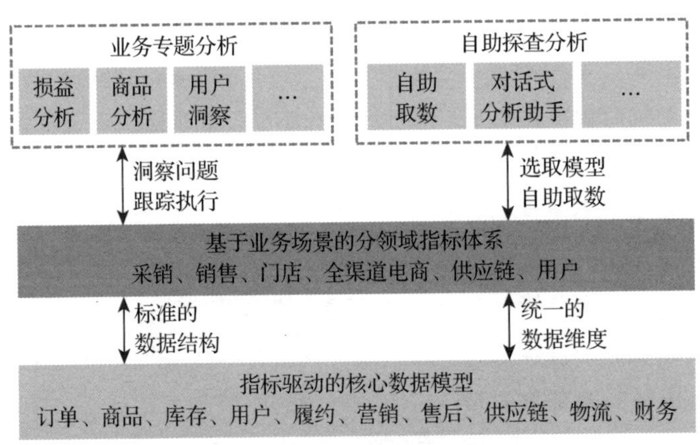

图 5-1　经营分析指标体系的 3 层架构

最下方是数据模型层，负责整合企业内外部的数据源，并将数据清洗、归集到订单、商品、库存、用户等不同技术主题域，形成一套可用的数据底座。

中间是指标模型层，负责管理统一的指标定义，记录指标与数据模型之间的转换关系，并以服务的形式对外提供指标结果查询、指标数据分析等服务。

最上方是数据应用层，负责为最终用户提供简单、易用的分析应用，包括经营分析范式的业务专题分析应用和基于指标的自助探查分析应用。

2. 经营分析指标体系设计框架各层的职责

经营分析指标体系的设计框架并不复杂，但每一层都有各自严格的职责分工，对企业的要求也各不相同。

（1）数据模型层

数据模型层一般由数据中心负责构建，其中最关键的角色是数仓架构师。该角色需要站在全局视角对模型进行合理规划，最大限度地保障模型的可复用性、可扩展性以及高可用性，可以简单理解为“即要精，又要快，还要少出错”。

举个形象的例子，零售是直面消费者的行业，每天交易订单的数据量能轻松上十万，同时消费者体量一般也能上百万。比如，当业务团队需要分析为什么新上的进口车厘子过去一周在城市白领群中销售不及预期时，数据模型层需要从过亿条数据记录中筛选出连续 7 天，每天百万行的目标人群数据，进行多维度的比对分析。在这个分析场景里，好的数仓架构设计能让一次查询分析的用时从几十分钟缩短到几秒钟。几十分钟的查询时间基本会让业务团队放弃分析的想法，而几秒钟的响应则可以让业务团队轻松自如地进行数据探查，直到定位到业务表现不佳的关键原因。

（2）指标模型层

指标模型层需要数据中心协同各业务单元一起构建。在某些业务体量较大、业务组织复杂度较高的企业里，甚至需要成立专门的指标委员会来管理和统一指标体系。但无论组织形式如何，对于这一层而言最关键的角色是数据产品经理。该角色不光需要具备技术能力，还需要逐步加深对业务分析场景的理解，能够协同业务一起定义口径统一的指标，迭代、维护并保证业务部门能稳定查看指标结果。

例如对于净销售额这个指标，业务会以用户订单进行到完成状态这一时刻作为统计时间，而财务则会以银行打款到账的时刻作为统计时间，某些预售业务这两个统计口径之间甚至能相差 15 天之久。这时候，懂业务的产品经理就会对指标做好区分，让业务看净销售额，让财务看净营业额。但从数据底层来看，两个指标都来自订单表的交易金额字段，而不是两个不同的指标模型。

（3）数据应用层

数据应用层是最复杂的一层，它由大量经验沉淀的分析范式组成，需要用产品化的思维来构建。在不少企业里数据应用层依然由数据中心负责，这时部分“聪明”的数据总监往往会采购一个传统 BI 工具，然后培训业务部门自行使用，并认为即使业务用不起来也不是数据中心的责任。我们更推荐的方式是在业务团队中设立数据 BP（业务伙伴），将具有共性或价值极大的分析场景按照产品化的方式打造。

比如：某零售企业有 26 个品类需要做体系化的分析，以形成品类经营策略。我们协同该企业的品类分析 BP 将其中 3 个分析步骤打造成产品化的数据分析应用，实现了十倍效率提升，过去季度才能执行的品类复盘现在可以按月开展，让业务单元具备了更强的市场适应能力。

5.2.3 承载平台

1. 经营分析指标体系承载平台架构

经营分析指标体系由 3 层架构组成，本身也给企业的落地实践带来了一些复杂度，因此，我们建议为该体系搭配相应的承载平台（可称作“经营分析平台”），从整体上降低难度。该承载平台的架构如图 5-2 所示。

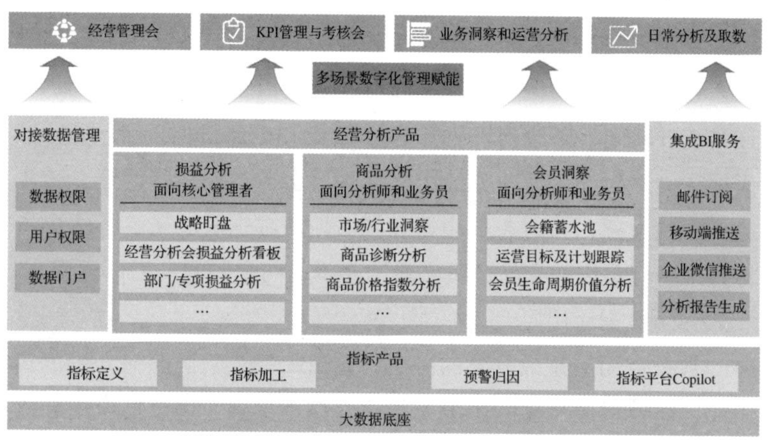

图 5-2 经营分析指标体系承载平台架构

平台底层是大数据底座，可以完全复用企业自身的大数据体系。还没有构建大数据平台的企业可以选用基于 MPP 技术的分析型开源数据库产品 Doris 来构建自己的数据底座。

平台中间是指标产品，提供指标管理、加工和应用的一体化工具，详细内容可重点查阅第 3 章。

平台最上层是经营分析产品，由传统 BI 工具（如帆软、观远）和我们打造的一系列分析范式模板组成。

2. 经营分析平台的指标体系和分析范式

除了工具型的产品，经营分析平台的核心是分析内容：指标体系和分析范式。面向零售业的基本功——商品力、全渠道、用户体验，我们分别打造了 3 套对应的分析体系——商品分析体系、损益分析体系、用户洞察体系，如图 5-3 所示。

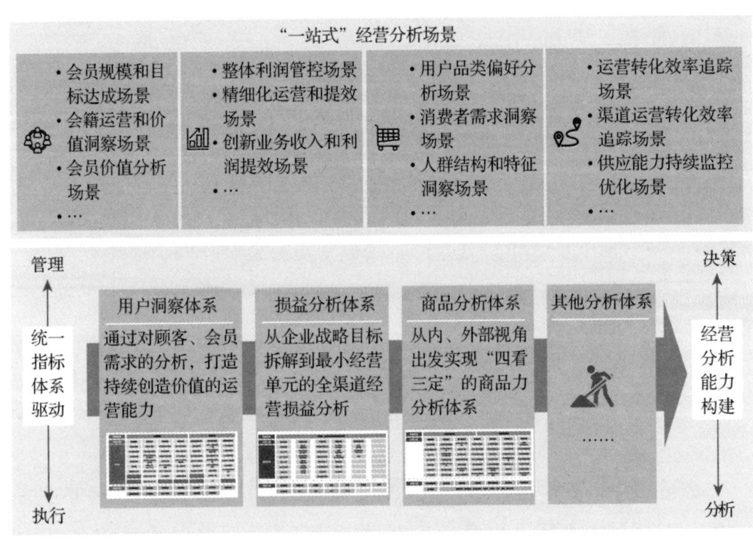

图 5-3　经营分析的指标体系和分析范式

首先看损益分析体系，它是一套打通销售、采购、营销、物流、履约业务链路，融合业务财务数据、T+1 时效、SKU 粒度的损益指标和分析范式。通过这套体系解决企业的 3 类问题：

- 管理视角，为全渠道投资、商品结构优化和供应链提效的战略落地执行保驾护航；
- 业务视角，为销售、采购、供应链、门店和线上营运提供执行过程指导和敏捷经营决策；

- 财务视角，打破壁垒，数据融合互通，实现财务管理实时性和精准度的提升。

其中涉及的核心指标和分析范式如图 5-4 所示。

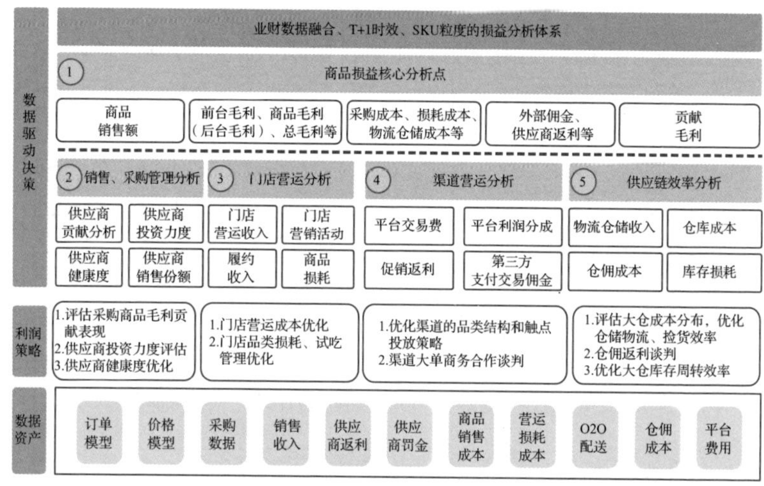

图 5-4　损益分析体系内容示意

然后看商品分析体系，它通过整合外部市场数据和内部业务数据，实现数据驱动的多角度品类表现回顾、多层次顾客需求洞察，从而推动商品运营精细化，挖掘潜在生意机会。其中涉及的核心指标和分析范式如图 5-5 所示。

最后看用户洞察体系，它是实现精细化会员需求洞察、增强会员体验和推动业绩增长的数据分析应用体系。通过详尽的洞察分析，企业能更好地理解会员需求和行为模式，找到提升会员规模和价值的最佳策略。其中涉及的核心指标和分析范式如图 5-6 所示。

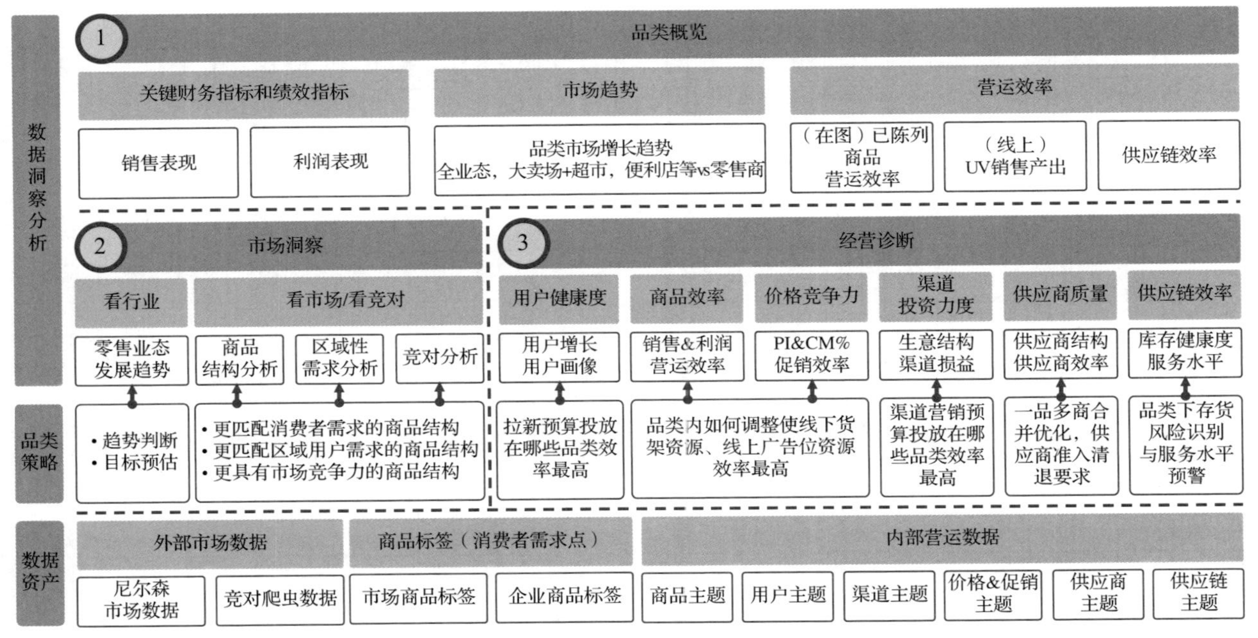

图 5-5　商品分析体系内容示意

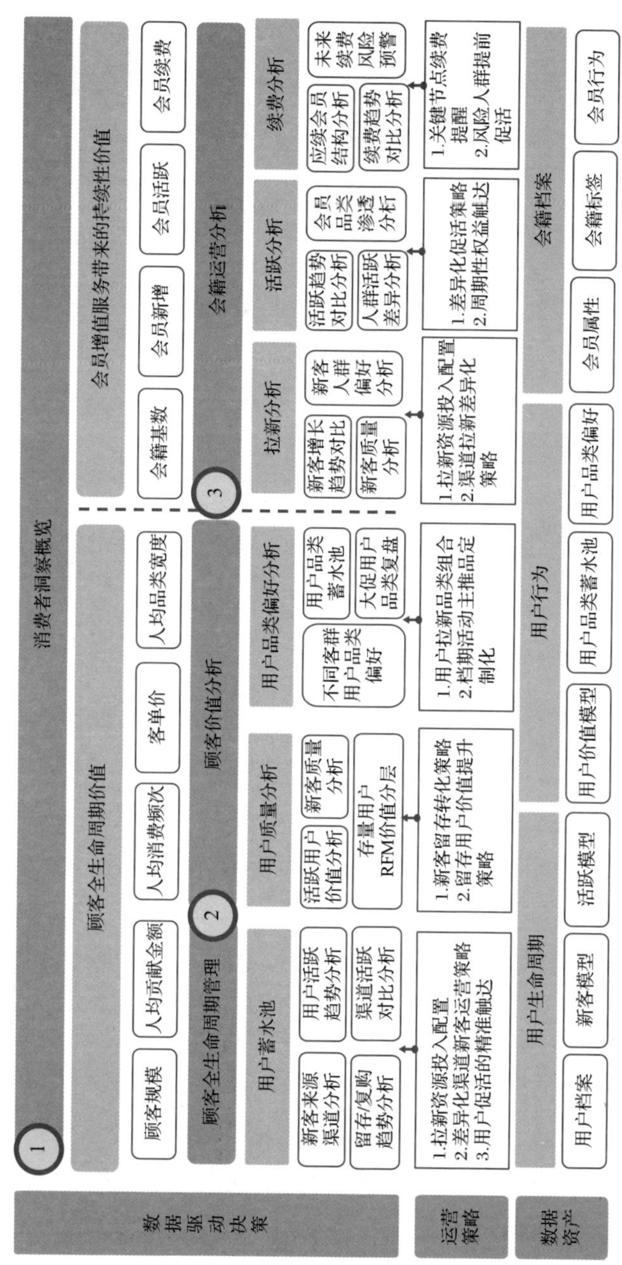

图 5-6 用户洞察体系内容示意

诚然，这三套分析体系并不是零售业经营分析的全部内容，但它们已经在企业的方方面面开始发挥着重要作用。损益分析体系帮助某零售巨头加速了战略的转型调整，大幅优化产品结构，在连续 3 年营收保持稳定水平的情况下，线上业务比重逐步提升至 50%，且整体利润逆势上涨；商品分析体系帮助某区域零售商实现了品类的科学管理，极大巩固了自有品牌拳头产品的竞争力，实现了销售额和利润率的双增长；用户分析体系帮助某全国连锁零售商更精准地洞悉目标客群需求，打造了“定制店”模式，提供 20km 配送和各种可逛性、体验性极高的优质服务。

5.2.4　衍生数据产品

经营分析指标体系与企业经营管理场景似乎是天然适配的，那么这是否意味着它对业务运营比较难产生实际的作用？各位读者或多或少会产生这样的疑问。从我们的实践和观察来看，情况恰恰相反，我们发现经营分析指标体系正在企业中生根发芽，孵化出各种各样的衍生数据产品，用于企业的方方面面。

市场营销团队根据损益指标的数据进行促销投资有效性分析，比较各种商品组合在不同渠道进行促销售卖时的收益率，并着手建立促销投资仿真系统；供应商管理团队将损益分析的贡献毛利指标加入供应商谈判卡，生成了更中肯的谈判建议，从某头部品牌商手上追回了几千万元的销售返利；电商运营团队根据损益分析的数据，不断迭代线上广告的时效投资策略；门店、仓储、物流部门也已在摩拳擦掌，纷纷找准了应用场景，迫不及待地打造各自的分析产品；即便是业务复杂度最高的供应链团队，也已经完成了各类库存指标的准确获取。

站在企业经营的视角，我们发现经营分析指标体系已经必不可少，它既是业务运营、企业管理的抓手，也是核心业务系统的数据底座（见图 5-7）。

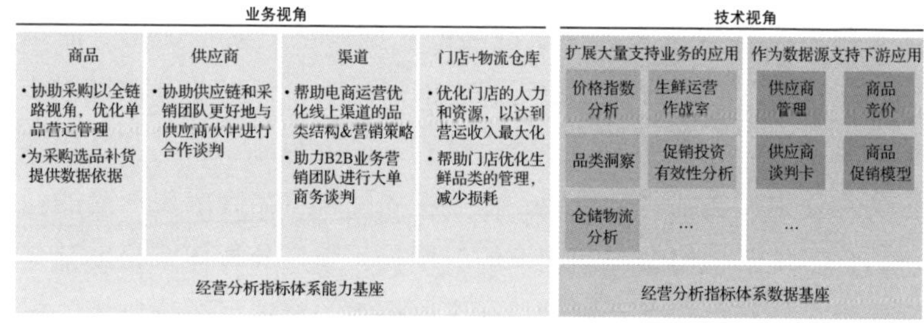

图 5-7　经营分析指标体系衍生数据产品架构

诚然，基于经营分析指标体系衍生出来的数据产品并不是无限制的，我们认为企业落地时需关注两个重要问题：

1）围绕业务场景提供实用、易用的数据产品。

数据产品的建设需要考虑数据产生、采集、加工到应用的闭环，因此没人用或者不好用的数据产品是不具备生命力的。在解决这类问题时，我们建议多与业务人员沟通，与业务知识深度结合。另外，从易用性角度入手，可以与 Copilot 大模型结合，优化过去传统工具、系统的用户体验，从而实现创新的数据产品。

2）循序渐进地提升数据产品的数据质量。

我们观察到过去很多企业在面对数据质量问题时往往预期过高，刚启动数据质量项目就要“定规范”“定标准”“定考核”。而在经营分析指标体系的设计理念里，我们更建议以“业务跑起来”“数据用起来”为目标，去看数据产品的 DAU，看大家对数据产品的接受程度、依赖程度。在这个基础上再推动数据质量的提升，则会事半功倍；同时，围绕一个底座提升数据的丰富度和质量也能避免数据烟囱的产生，减少重复性建设。

经过长达两年对几十个客户的追踪和观察，我们发现经营分析指标体系已经获得了飞轮运转的原动力，越来越多的衍生数据产品将会像雨后春笋一般茁壮成长。

5.3　经营分析指标体系的应用实践

5.3.1　全国连锁零售商从 0 到 1 共建经营分析平台

1. 案例背景

这是我们与一家全国连锁零售商合作共建经营分析平台的案例。合作之初正处在疫情期，很多企业对市场环境、国家政策、消费趋势、资本市场的不确定性表示担忧。而与此同时，该企业看到了很多确定性的事情在发生：

- 零售正在加速线上化进程。国家统计局数据显示，2020 年，线下零售额同比下跌 10.16%，同时线上零售额同比上涨 11.32%。
- 全渠道零售成为主流，随时随地全渠道满足用户的需求成为零售商的一个必备能力。
- 新的零售玩家（盒马鲜生、七鲜超市、美团、朴朴）带着更强、更新的技术不断进入市场，中国的零售行业变得过度竞争。
- 在激烈竞争的市场格局中，数字化能力强的玩家取得了高速发展。

身处这样的竞争格局之中，重点投入并加强数字化能力建设，赋能业务的高速发展和敏捷迭代，便成为该企业的一条核心战略。

2. 建设过程

我们与该企业的数字化合作从技术咨询项目切入，通过对数字化战略目标、主要战场、必赢之战、落地保障的共创和逐级达成共识，最终确立了优先级最高的项目：统一数据平台。技术咨询项目最终产出的数字化战略屋如图 5-8 所示。

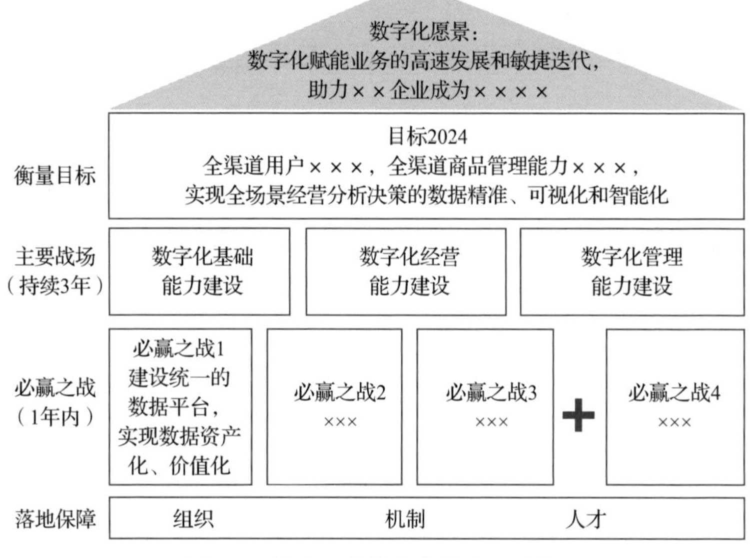

图 5-8　该企业的数字化战略屋示意

我们很快察觉到，统一数据平台项目与我们的经营分析指标体系完美契合，因此决定结合该企业实际情况，以经营分析指标体系为指导，从 0 到 1 与企业共建经营分析平台，实现全场景经营分析决策的数据精准化、可视化和智能化。

经过近一个半月的调研、分析和讨论，最终大家达成共识：分三阶段落地经营分析平台的实施路径（见图 5-9）。

3. 阶段性成果

我们与该企业的合作已经按照三阶段规划走过了两个年头，

其中合作的子项目已达 8 期，在多个层面取得了非常不错的成果。

1.0 数据基础层和服务层建设（打基础，破烟囱）	2.0 数据应用层建设（建产品，强应用）	3.0 数据开放体系建设（强赋能，商业化）
• 统一11个领域数仓模型，任务调度和硬件开销节省超30% • 统一200多个横跨四大业务域的指标体系，支撑核心的决策分析应用	• 服务100多个采购客户、40多个电商和用户运营的日常看数、用数需求 • 打造损益分析和经营驾驶舱应用，替换300多张管理报表，实现经营分析会一站式用数	面向头部品牌商、经销商，打造统一看数、用数平台，并逐步开放联合经营策略

图 5-9　三阶段实施路径

1）数据基础层和服务层，目前已完成了统一化、平台化。

成果一：我们将该企业原先的 3 套数据分析平台进行了统一，打通数据孤岛，形成了符合数据中台标准的一站式技术平台（见图 5-10）。

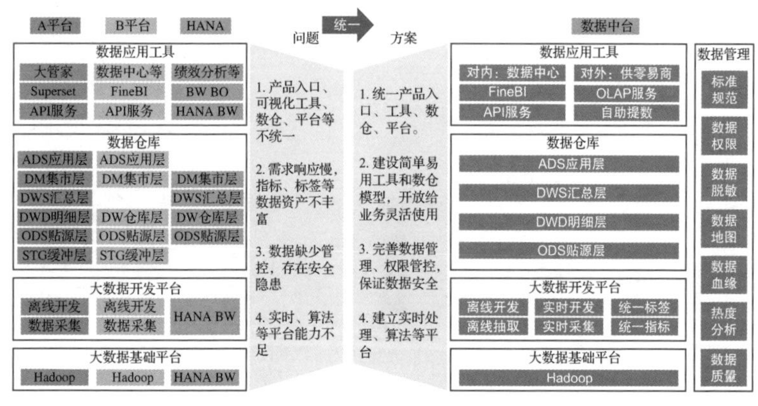

图 5-10　一站式技术平台

成果二：在统一技术平台之上搭建了指标平台，业务部门、合作伙伴、数据产品和开发人员都可以合规地在平台上查询到指标口径并获得指标结果（见图 5-11）。

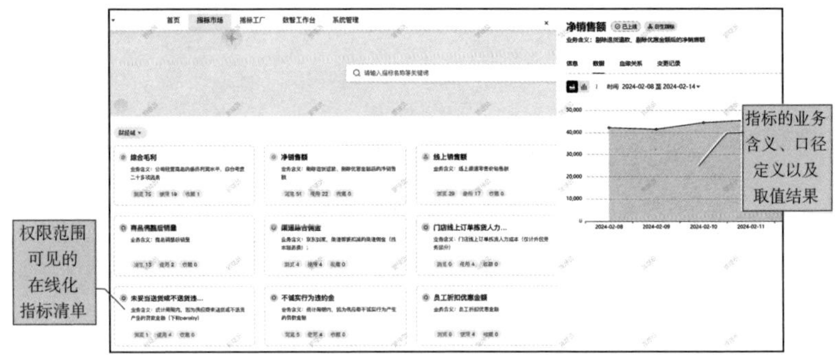

图 5-11　指标平台 - 指标市场内容示意

2）数据应用层，从管理团队到商品、用户运营部门，已经产生了一些明星级的数据应用，有些甚至能获得全部门一半以上的用户访问（见图 5-12）。

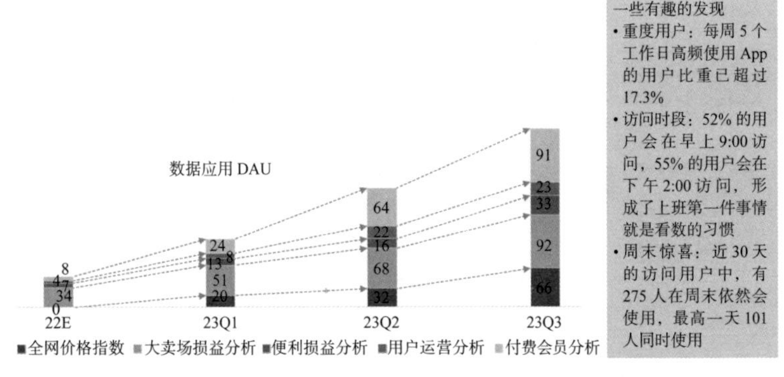

图 5-12　数据应用访问情况概览

成果三：大卖场业务通过损益分析 App 强化了供应商管理和经营链路提效。与数十个品类集中度靠前的品牌商、供应商进行了深度联合，打造出品质、价格、服务领先的单品，通过到家业务在自营小程序上做裂变传播和销售，目前已打造多个单日销售额破百万元的爆款；对用户有囤货心智的米、面、油品类进行了成本结构的深度分析，通过经仓到店改直供、精简无效促销、第三方平台不合理扣点谈判等众多手段，单季度就已节省成本数千万元。

从战略角度分析，经营分析平台已经赋能业务加速实现了差异化商品力打造、全渠道业务可持续增长和数字化基建强化。

4. 实践复盘

虽然经营分析平台的建设会给企业带来诸多益处，但失败的反面案例也不在少数。回过头来看，与该企业的共创之所以能够顺利落地，我们认为是因为 3 个非常正确的选择：

1）战略项目的落地，需要“先胜后战”。所谓“先胜”是脑袋为先、推演为先，要先找到制胜之法。就像古代战争，诸葛亮明知不可为而为之的数次北伐，是怀揣对先帝的一腔热情，最终还是无法阻止蜀汉弹尽粮绝；反观曹操，虽有赤壁之败、乌桓之险、宛城之变，但官渡之战以逸待劳、奇袭乌巢，渭南之战洞悉人性、离间联军则都体现出越是大战越需要敏锐的眼光、清醒的判断。而本次项目落地，我们选择了咨询为先，找准主要战场，识别必赢之战，再投入重要资源，也就成功了一大半。

2）以用户场景、真实需求来撬动数字化能力建设。疫情之前，投入千万元费用建中台的企业不计其数，但大部分建成了更大的“烟囱”。究其原因，我们认为数字化能力建设不能太超前于业务，变成技术人员的自娱自乐。疫情之后，企业预算尤为紧张，数字化项目要解决真实需求，有“疗效”才能更有信心地投入。

3）以产品或解决方案驱动项目。数字化升级的过程中一定会有创新和试错，在没有产品或解决方案来驱动时，特别容易产生一些想法的试错。因此，选择与有产品或解决方案的伙伴合作，会让项目的落地执行得到保障。

5.3.2 区域龙头零售商快速复制经营分析指标体系

1. 案例背景

在经营分析指标体系从 0 到 1 落地之后，我们通过零售协会和公司销售团队迅速拜访了大量区域零售企业，并尝试将解决方案产品复制到这些企业中。而一家由国企改制上市的零售商积极与我们建立了合作。

在新的发展环境下，该企业深刻认识到数字化能力建设迫在眉睫，并于 2023 年初和我们建立了合作，启动集团经营分析平台建设项目。它希望通过该平台的持续建设，进一步升级企业营运能力，从而提升业务运营效率及顾客体验，最终提升企业整体盈利能力。

项目建设之初，该企业的数字化能力无法满足当下业务分析和决策的需求，主要面临以下困难与挑战：

- 数据口径不统一，业务用数据时各说各话，对指标理解有偏差，导致业务决策质量低；
- 数据分析能力弱，数据没有打通，数据没有形成体系结构，导致数据分析不全面；
- 数据取用速度慢，没有形成互联网结构的大数据加工能力，导致不能及时地提供分析结果。

2. 实施过程

本次合作选取了经营分析指标体系的损益分析模块来构建业

务全链路的数字化分析能力，面向管理层和商品本部提供统一的损益分析指标体系以及基于分析范式的看板应用。

项目的实施内容主要包含数字化基建诊断和规划、经营分析平台相关产品部署和内容实施服务。具体工作内容如图 5-13 所示。

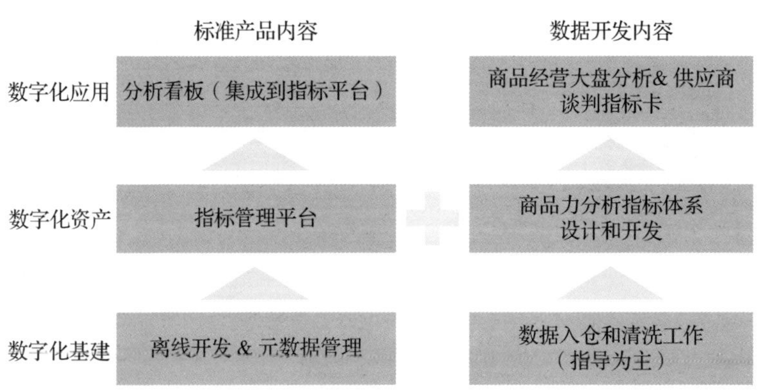

图 5-13　项目工作内容概览

为了保障经营分析指标体系在区域零售商的快速复制，我们将本次项目实施过程划分为 4 个关键步骤：

1）完成了需求采集、能力诊断和行动路线制定。我们首先对企业的长期战略需求、近期数据应用需求进行了收集，对竞争者进行了观察；然后结合企业现状进行了能力梳理，从基建、资产和应用层面量身定制了该企业经营分析指标体系的落地规划；最后基于规划给出了更合适的行动路线及配套的组织、机制建议。

2）完成了指标体系的适配和落地。我们对企业关键业务场景进行了识别（见图 5-14），然后以场景为单元梳理了跨职能的 L2 级业务流程和相应的数据分析点（见图 5-15），再结合经营分析指标体系落地实践的经验及整理出的分析点，设计出企业的管理、运营指标（见表 5-1）。

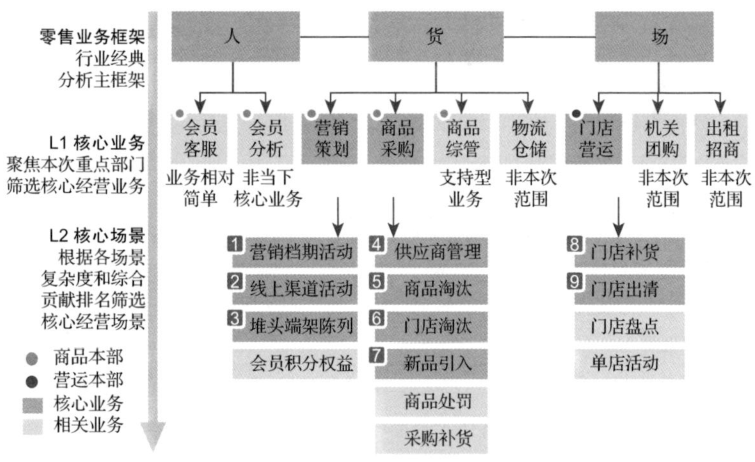

图 5-14　场景识别示意

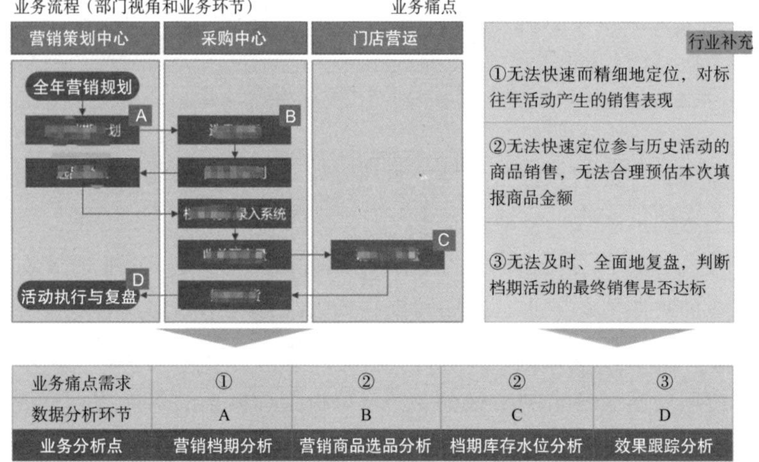

图 5-15　流程分析示意

表 5-1　指标设计示意

分析点	分析目标	分析内容	分析指标	分析维度
营销档期分析	确定本期活动的品类及其数量	历史同档期品类的环比销售增长	商品销售数量、净销售额、商品偏好度、商品渗透率	商品、品类

（续）

分析点	分析目标	分析内容	分析指标	分析维度
营销档期分析	确定本期活动满减力度	历史同档期活动力度与销售效果	前台毛利、前台毛利率	商品、品类
营销商品选品分析	分析商品在历史档期的销售表	历史同类型促销活动对比	零售价、促销价、促销销售额、促销销售增长率、客单价、商品渗透率、重合度	商品、品类
	预估商品在本期活动的销售业绩	历史活动力度	让利差额、差额差异率、前台毛利、前台毛利率	商品、品类、门店
档期库存水位分析	评估活动档期的订货量	当前库存情况和历史促销期间库存情况	库存剩余数量、库存周转天数、存货回报率	商品、品类、门店
效果跟踪分析	监控当期活动效果	分析商品在活动中的销售是否达到预期	促销销售额、促销销售额同比 / 环比、客单价、渗透率、库存周转天数、动销率	商品、品类、门店
		分析参与活动商品的利润情况	前台毛利、前台毛利率、前台毛利同比 / 环比	商品、品类、门店
		分析不同商品的供应表现	销售率、存货回报率	商品、品类、门店

3）我们将已落地的损益分析范式与该企业经营分析场景进行了深度融合，并设计了一套完整的经营分析样板间（见图 5-16）。

4）在大数据底座上开发指标的数据模型，然后配置、上线、私有化部署给企业的指标平台产品，最后基于指标平台 MDX 和 API 服务，在 Fine Report 工具上读取指标结果并按照样板间搭建好数据看板。

3. 阶段性成果

本次与该区域零售商的合作项目，虽然它的业务相对简单，项目目标和建设范围更为明确，但短短 6 个月我们也帮助它企业解决了一些实际问题。

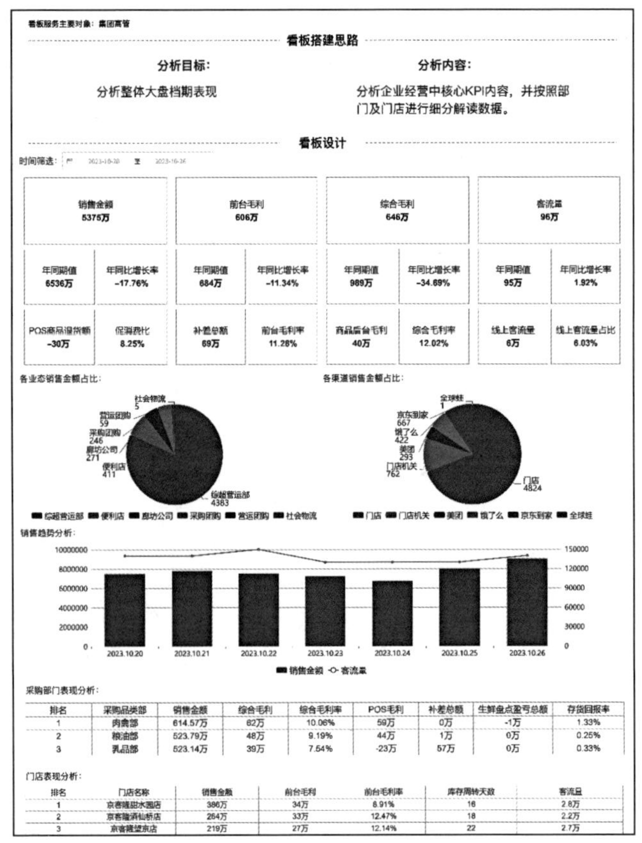

图 5-16　经营分析样板间示意

成果一：以管理团队和商品本部为核心，聚焦 9 个业务场景、26 个具体业务分析点，总计上线 84 个指标（清单见图 5-17），可用于主营业务管理和执行的决策数据支撑。

成果二：基于损益分析指标体系和分析范式，已经让供应商管理、营销档期选品、线上活动选品、商品汰换与引入及店长必读五大场景开始具备数据驱动的分析能力，同时也帮助培养了 3 位合格的数据中台方向数据分析师。

主题域	指标名称	业务定义	关联维度	营销场景			采购场景				门店		指标类型
				①	②	③	④	⑤	⑥	⑦	⑧	⑨	
销售类	商品销售额	商品销售时，产生的优惠前售出金额总额	商品、门店、渠道、支付	○	○	○	○	○	○	○		○	原子指标
	商品退货额	已销售的商品产生的退货金额总额	商品、门店、渠道、支付	○	○	○	○	○	○	●		○	原子指标
	商品销售数量	商品销售时售出的件数	商品、门店、渠道、支付	●	●	○						●	原子指标
	商品退货数量	商品退货时的件数	商品、门店、渠道、支付					○	○	○			原子指标
	商品销售订单流水	商品售出涉及流水的总和	商品、门店、渠道、支付	○	○	○	○	○	○	○			原子指标
	KPI 净销售额（销售额）	剔除商品优惠，当日退货额计入后的商品净销售额总额	商品、门店、渠道、支付	●	●	●	●	●	●	●		●	衍生指标
营销类	销售补差	活动促销档期，采购提报按照销售进行补差的商品差额计算	商品、门店、渠道、支付	○	○	○	○	○	○	○			原子指标
	门[illegible]补差	活动促销档期，按照活动价产生的门店机关销售的手工补差金额	商品、门店	○	○	○	○	○	○	○			原子指标
	社[illegible]手工补差	活动促销档期，按照活动价产生的社会物流类销售手工补差金额	商品、门店	○	○	○	○	○	○	○			原子指标
	门[illegible]手工补差	活动促销档期，按照活动价产生的门店大宗类销售手工补差金额	商品、门店	○	○	○	○	○	○	○			原子指标
	满额减手工补差	活动促销档期，使用满额减类型销售，进行的手工补差金额	商品、门店	○	○	○	○	○	○	○			原子指标
	App线上手工补差	活动促销档期，线上进行活动价销售的手工补差金额	商品、门店	○	○	○	○	○	○	○			原子指标
	单品促销优惠金额	商品设置直降促销，商品的促销优惠金额	商品、门店、渠道、支付	○	○	○	○	○	○	○	○		原子指标
	会员促销优惠金额	商品设置会员促销，只在会员身份购买时进行促销优惠的金额	商品、门店、渠道、支付	○	○	○	○	○	○	○	○		原子指标
	满减促销优惠金额	商品设置满减促销，达到整单或单件满减等条件的促销优惠金额	商品、门店、渠道、支付	○	○	○	○	○	○	○	○		原子指标
	按件促销优惠金额	商品设置按件促销，达到商品数量条件时的促销优惠金额	商品、门店、渠道、支付	○	○	○	○	○	○	○	○		原子指标
	其他促销优惠金额	除单品、会员、满减、按件促销的其他促销优惠金额总额	商品、门店、渠道、支付	○	○	○	○	○	○	○	○		原子指标
	门店清仓优惠金额	临期或损坏的可销商品，门店清仓所设置的门店清仓优惠金额	商品、门店、渠道、支付	○	○	○	○	○	○	○	●		原子指标
	线上第三方商家促销优惠金	在线上渠道进行销售的商品，设置的商品优惠金额	商品、门店、渠道、支付	○	●	○	○	○	○	○	○		原子指标
	商品出清数量	商品销售时因出清促销售出的件数	商品、门店、渠道、支付								○		原子指标
	商品优惠金额	销售过程中所产生的各项优惠金额汇总	商品、门店、渠道、支付	●	○	○	○	○	●	●	●		衍生指标
	手工补差	系统流程之外的业务内容，通过手工录入补差金额	商品、门店	○	○	○	○	○	○	○			衍生指标

图例：● 场景主要指标　○ 场景支撑指标　KPI 当前KPI指标名称

图 5-17　指标清单示意

成果三：本次合作极大提升了企业的数据取用速度。过去超过百万行数据的取用就要考虑分几次来进行，而现在只要业务部门提出需求，立即就能得到数据中心的响应，数分钟后业务部门就能拿到数据。

4. 实践复盘

本次项目合作的成功落地，为我们推广零售经营分析指标体系带来了极大的信心：

- 证明了经营分析指标体系是一套科学的、对零售基本功产生了放大器效应的分析体系；
- 可以通过产品 + 服务的解决方案形态进行快速复制，6 个月的实施 + 运营周期可以让业务部门对数据分析有感知并从中获益；
- 本次项目的实施成本不到首次落地的十分之一，能让企业以更低的门槛建立符合自身业务特点的经营分析指标体系。

第 6 章 CHAPTER

金融业的 4K 指标体系

让我们以一个财富管理的虚拟场景来向你说明什么是金融业的 4K 指标体系。

在熠熠生辉的 VIP 客户接待室，财富管理高级客户经理刘薇正与一位穿戴考究的高净值客户展开深入对话。世界顶级的艺术作品与柔和的灯光搭配，彰显了客户的品位与尊贵。

她的指标系统上记录着的 KYC 信息，不仅包括客户近期收益状况，还有他对于家族传承和社会责任的看法。KYB 指标分析让她清楚地了解到面对面交流对于高净值客户的重要性，帮助她选择了这个私密、高雅的空间作为沟通场所，这与高端客户的个性化体验需求完美契合，极大增强了沟通效果。她对这款权益类私募产品的介绍堪比教授授课——条理清晰，逻辑严密。KYP 知识让她不仅能够详尽地解释产品构成及风控措施，还能够根据客户的反馈适时调整说辞。而她个人微信公众号上周期性的市场分析报告和直播研讨会，则是 KYE 精进的见证。

这 4 项指标的有机整合，即 4K 指标体系，构筑了一个客户信赖、沟通有效、产品精准、员工出色的财富管理生态圈，也确保了刘薇在每一次与客户沟通时都能赢得客户的信赖，让她专业的财富管理能力成为一件无可挑剔的“艺术品”。

6.1　金融业的挑战与痛点

在复杂的金融市场背景下，在金融行业数据创造、指标掌握与分析起着关键性的作用。然而，原始数据除非经过精准分析和处理，否则难以为决策提供有效的支持。为了优化资源配置，实现资源的最有效利用，金融机构不断寻求建立合理的指标体系和相关分析框架。但在这一进程中，金融机构面临着诸多挑战和痛点。

- 缺乏纲领性的指标体系。没有一套从战略指标到战术指标的完整拆解体系，例如没有 MAU（月活跃用户）和 AUM（资产管理规模）等核心指标的拆解方法，成为困扰金融机构的头号问题。
- 指标难归因。当指标出现异常时，金融机构往往难以找到原因。哪些维度出现了异常，哪些内外部因素影响了这些指标，这些问题每次都需要人工分析，效率低下。
- 指标的准确性和实时性低。金融行业的指标来源众多，格式不一，数据汇总、清洗和分析的难度较大，这不仅增加了金融机构的工作负担，还可能影响到数据的准确性和实时性。
- 信息孤岛现象。在金融机构内部，各个业务部门之间的指标难以打通，导致全局视角难以形成，进一步影响到决策效率。

- 口径不统一。在各类 BI 看板和报表之间，指标口径往往存在较大差异，导致决策效率低下。

因此，金融行业迫切需要一个由顶层设计驱动的指标体系，以推动指标平台的建设与落地。这样的体系可以帮助金融机构解决当前面临的数据分析、资源配置和决策等方面的痛点，从而实现更高效、精准的金融业务运营。此外，这个指标体系还应具备灵活性，以适应市场和业务的变化，确保金融机构在不断变革的金融市场中始终保持竞争力。

6.2 4K 指标体系概述

在 6.1 节里，我们提到了很多时候金融机构面对企业经营分析场景时，首要痛点往往是一个纲领性的指标体系。从我们的实践经验来看，一套完整的 4K 指标体系，往往是金融机构在构建指标体系时比较实用且易上手的体系，因此本节会围绕 4K 指标体系是什么、能做什么进行描述。

6.2.1 4K 指标体系是什么

4K 指标体系是 KYC（Know Your Customer，了解你的客户）、KYE（Know Your Employee，了解你的员工）、KYP（Know Your Product，了解你的产品）、KYB（Know Your Branch，了解你的渠道）这 4 个名词的简称。金融机构的类型众多，我们挑选银行、证券、消费金融和保险这 4 个行业，分别来看一下每个词的具体含义以及一些常见的指标示例。

1. KYC：了解你的客户

KYC 是金融机构在与客户建立业务关系或进行交易时，对客户身份、背景、风险、资金来源等进行核实和了解的过程。这类指标体系旨在确保客户身份的真实性，了解客户的产品与风险偏好，预防洗钱等非法活动。

（1）银行业 KYC 指标示例

- 客户数量：统计银行拥有的客户总数。
- 高风险客户比例：评估被标记为高风险的客户在总客户中的占比。

（2）证券行业 KYC 指标示例

- 新开户客户数量：统计新开户的投资者数量。
- 客户资产规模：统计客户的总资产规模，如股票市值、现金余额等。

（3）消费金融行业 KYC 指标示例

- 贷款申请人数：统计提交贷款申请的客户数量。
- 拒绝贷款申请比例：评估因不符合贷款条件而被拒绝的贷款申请在总申请中的占比。

（4）保险行业 KYC 指标示例

- 投保人数：统计购买保险产品的客户数量。
- 欺诈保险申请比例：评估被认定为欺诈行为的保险申请在总申请中的占比。

2. KYE：了解你的员工

KYE 要求金融机构对其员工进行深入的背景调查、能力分析、资质审查以及持续的行为监控，确保员工符合职业道德和法律规定，并方便后续对员工能力进行全方位的分析洞察，防范内部欺诈和不当行为。

（1）银行业 KYE 指标示例

- 员工总数：统计银行内部员工的总人数。
- 员工违规事件数量：记录员工违反公司规定或法律法规的事件数量。

（2）证券行业 KYE 指标示例

- 持牌从业人员数量：统计具备相应从业资格的员工数量。
- 员工投诉率：评估员工被客户投诉的比例。

（3）消费金融行业 KYE 指标示例

- 销售人员数量：统计从事销售工作的员工数量。
- 员工培训参与率：评估员工参与公司培训的比例。

（4）保险行业 KYE 指标示例

- 保险代理人数量：统计签约的保险代理人总数。
- 代理人违规销售比例：评估被发现有违规销售行为的保险代理人在总代理人中的占比。

3. KYP：了解你的产品

KYP 要求金融机构对其所销售或提供的金融产品与服务进行全面的了解和分析，包括产品的特性、历史收益、风险、合规性等方面，以确保产品适合目标客户，并预防误导销售和不当销售行为。另外，对于部分金融机构而言，KYP 在狭义上指的是金融产品或服务，广义上还包含活动、内容资讯等实体形态。

（1）银行业 KYP 指标示例

- 产品销售额：统计各类金融产品的销售总额。
- 不良贷款率：评估银行贷款中不良贷款所占的比例。

（2）证券行业 KYP 指标示例

- 基金销售额：统计基金产品的销售额。
- 产品收益率：评估各类投资产品的平均收益率。

（3）消费金融行业 KYP 指标示例

- 贷款发放额：统计贷款产品的总发放金额。
- 逾期贷款率：评估贷款中逾期未还的比例。

（4）保险行业 KYP 指标示例

- 保险产品保费收入：统计各类保险产品的保费总收入。
- 拒赔率：评估保险公司拒绝赔付的保险申请在总申请中的占比。

4. KYB：了解你的渠道

KYB 要求金融机构对其分支机构、合作渠道等进行全面的了解和管理，包括渠道的获客情况、风险状况、合规性、服务质量和交叉引流等方面，以确保渠道的质量、安全性和稳定性，为客户提供更优质的服务。

（1）银行业 KYB 指标示例

- 分支机构数量：统计银行在各个地区的分支机构总数。
- 分支机构客户满意度：评估分支机构的客户满意度水平。

（2）证券行业 KYB 指标示例

- 合作伙伴数量：统计与证券公司合作的第三方机构或平台数量。
- 渠道交易量占比：评估通过各合作渠道完成的交易量在总交易量中的占比。

（3）消费金融行业 KYB 指标示例

- 合作商户数量：统计与消费金融公司合作的商户总数。
- 商户违约率：评估合作商户中违约不履行合作协议的商户在总商户中的占比。

（4）保险行业 KYB 指标示例

- 保险代理人渠道销售额：统计通过保险代理人渠道实现

的销售额。

- 渠道投诉处理时长：评估针对渠道投诉的处理时长和效率。

以上是 4K 指标体系的含义和一些分行业的示例，接下来讨论围绕这几个主题的指标我们可以实现什么样的分析场景。

6.2.2 4K 指标体系能做什么

1. KYC：了解你的客户

（1）客户营销活动分析

证券行业应用场景：证券公司通过分析客户的活动参与指标、报名指标、投资交易指标等数据，将客户对于不同金融资产标的的偏好进行分析，并基于这些业务指标为后续更加个性化的投资建议和服务提供铺垫，提高客户满意度。

价值：有助于证券公司更好地理解客户的活动参与情况与金融产品需求，及时复盘，为后续活动迭代做铺垫，从而增强客户黏性和市场竞争力。

如图 6-1 所示，某金融客户通过 KYC 指标体系对某场运营活动进行多维度的精细化评估，从而提升下一场活动的投放精准度。

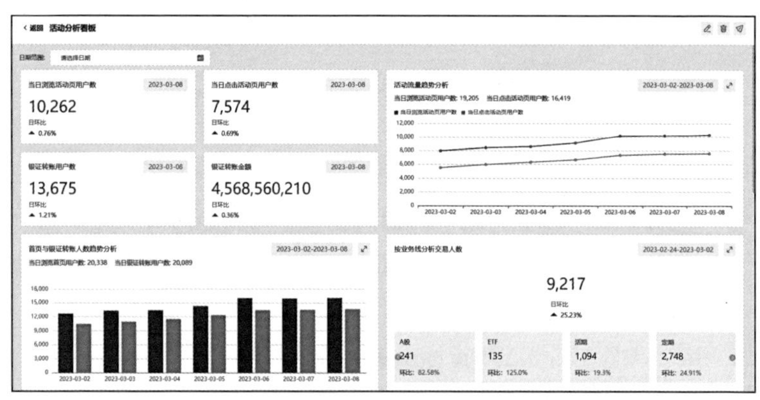

图 6-1 证券公司客户营销活动指标分析示例

（2）风险评估和防欺诈机制

银行业应用场景：银行建立风险评估模型，对客户的信用记录、财务状况、交易行为等进行实时监测和分析，以识别潜在的风险点和欺诈行为。这有助于银行及时采取风险控制措施。

价值：风险评估和防欺诈机制有助于银行维护良好的市场声誉，保护客户利益，确保金融业务的稳健发展。

图 6-2 是银行零售贷款业务贷前、贷中、贷后各个环节的拆解流程图，完善的风险指标体系是对每个环节的量化评估。

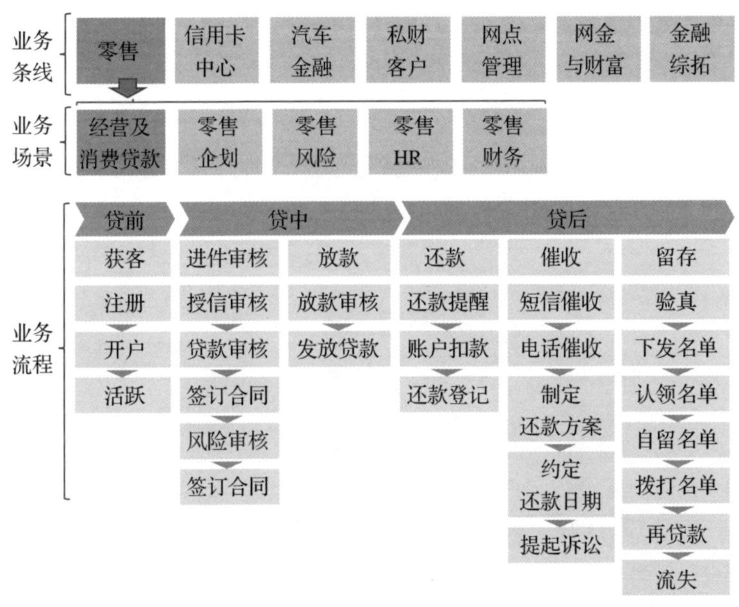

图 6-2 通过指标体系对银行贷前、贷中、贷后每个风控环节进行量化

（3）客户生命周期管理

消费金融行业应用场景：消费金融公司通过分析不同生命周期客户的核心指标（如进件转化率、首贷率、人均余额、流失

率、召回率等），评估不同分层客户的价值和潜在增长机会。对于高价值客户，公司可以提供更加优质的服务和更加优惠的条件，以维持和深化客户关系。

价值：客户价值与生命周期管理有助于消费金融公司提高客户忠诚度和满意度，实现客户生命周期内的最大收益。

图 6-3 是围绕消费金融行业客户生命周期的指标分析体系，在实现客户可经营之前，业务人员首先要通过指标体系实现客户的可识别与可分析。

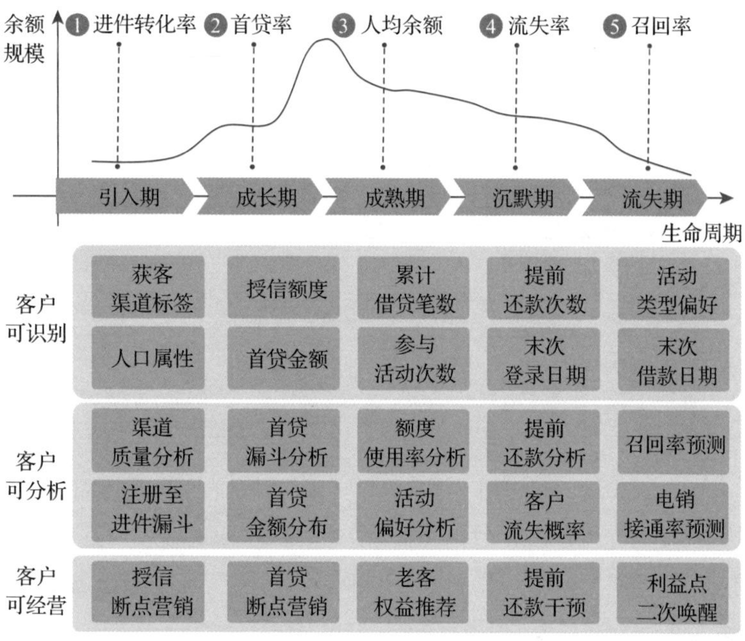

图 6-3　消费金融行业客户生命周期的指标分析体系

2. KYE：了解你的员工

应用场景：在金融行业，通过对客户经理、理财师、电销人员的销售业绩、客户满意度、投诉率等指标进行分析，可以评估员工的绩效表现。这有助于公司识别表现优秀的员工，并为他们提供晋升机会或奖励。

价值：这种绩效分析有助于激发金融公司员工的工作积极性，提高整体业绩。同时可以帮助 HR 识别绩优人员、天赋人员、潜力人员和低潜人员，并与 HR 奖惩机制联动。

图 6-4 所示为某金融机构 KYE 员工指标评估体系，该体系通过雷达图、漏斗图和评价矩阵等形式来综合评估每一位员工的表现，并和 HR 奖惩机制实现联动。

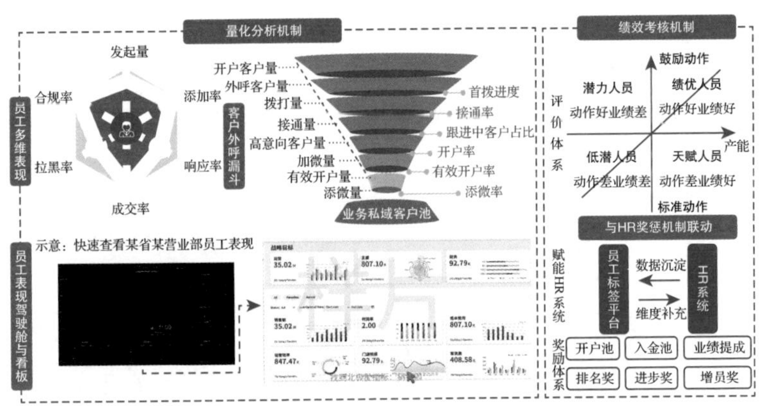

图 6-4　某金融机构 KYE 员工指标评估体系

3. KYP：了解你的产品

应用场景：金融行业的产品类型众多，对自营产品、代销产品以及竞争对手的产品情况进行多维度的综合分析，可以更好地帮助金融机构了解货架上到底有什么标的、客户到底偏好哪些标的，有助于提升金融机构对客户的产品推荐以及营销效率。

价值：KYP 分析有助于金融机构了解自己和竞争对手的产

品供应现状，从而更好地为客户提供产品匹配与推荐服务。

图 6-5 是某金融机构针对代销的基金产品进行的多维指标分析，包含基金产品维度、底层标的维度、基金经理维度和基金公司等维度。

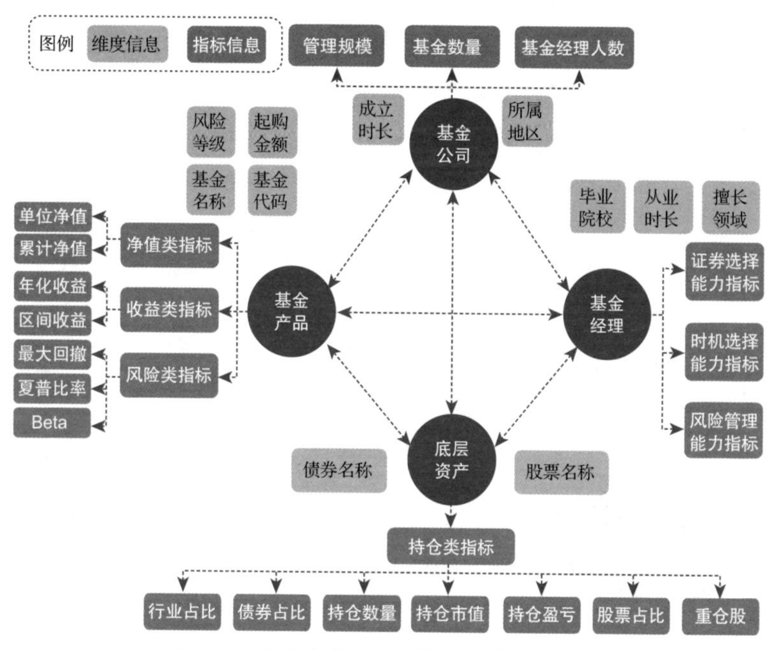

图 6-5　基金产品 KYP 指标评估体系示例

4. KYB：了解你的渠道

金融机构通过渠道与网点的分级分类管理，能够实现资源的优化配置。

应用场景：在证券行业，通过对各个分支机构的获客类指标、权限开通类指标、有效户率、协同业务增长指标以及产品代销指标等因素进行综合分析，可以对分支机构进行分级管理。对于重要的分支机构或地区，可以对其展业特点和优势进行记录与复盘，从而将好的策略推广给表现一般的分支机构。同时，可以结合这个分级进行不同网点或分支机构的奖惩联动。

价值：这种渠道分级管理有助于金融机构实现资源的高效配置和运营成本的优化，从而提高整体业务水平和市场竞争力。

如图 6-6 所示，某金融机构对其旗下网点进行了基于开户数、有效户数和各类增值因子的五级分层。

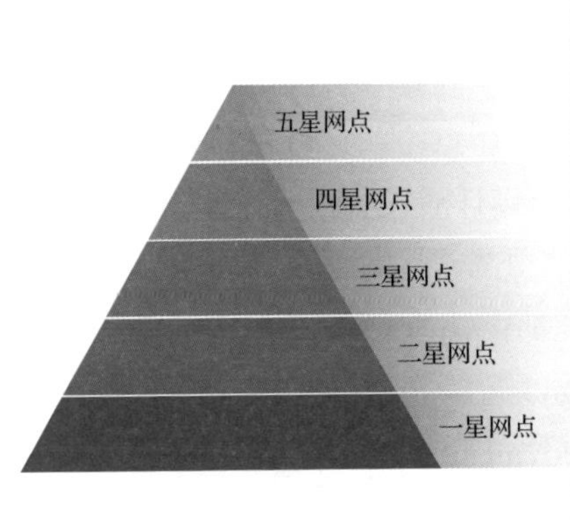

网点等级	标准
五星网点	月均开户数≥40 季度有效户率≥5% 获客增值因子满足5项及以上
四星网点	月均开户数≥40 季度有效户率≥4.5% 获客增值因子满足4项
三星网点	月均开户数≥40 季度有效户率≥4% 获客增值因子满足3项
二星网点	月均开户数≥40 季度有效户率≥3.5% 获客增值因子满足2项
一星网点	月均开户数≥40 季度有效户率≥3.5%

图 6-6　金融机构基于 KYB 指标体系进行分支机构或网点分级分类管理

说明：月均开户数 = 单一网点当季截至自然日最后一天开户总数 /3，季度有效户率 = 单一网点当季末最后一个工作日的时点有效户总数 / 单一网点当季末最后一个工作日的时点新开户总数。

6.3　4K 指标体系如何解决经营分析问题

6.3.1　4K 指标体系在某头部金融机构的应用

1. 某头部金融机构的痛点

某头部金融机构在指标的全生命周期管理与应用过程中，主要有 3 个痛点：

痛点一：缺少一个完整的指标体系与结构进行系统化的整合。

痛点二：业务部门对指标的需求不断增长，而有限的开发资源使得需求排队严重，难以满足各部门的实时需求。

痛点三：指标口径不一致，定义不公开透明，导致指标难以高效复用，增加了技术部门与业务部门之间的沟通成本。

为解决这些痛点，该金融机构通过建立统一的指标平台来提高企业内部的指标管理效率，为业务发展提供有力支持。

2. 指标平台建设过程与实施步骤

针对该金融机构的以上几个痛点，我们将项目建设拆解为“三大战役”，即指标体系诊断与设计战役、指标平台开发与建设战役以及组织与运营战役。

如图 6-7 所示，每个战役都由两个细分的步骤组成，一共有 6 个步骤，即行诊断（Diagnosis）、成体系（Design）、做开发（Development）、建平台（Deployment）、链部门（Department）与助决策（Decision），记为 6D。接下来具体介绍每个实施步骤的细节与价值。

（1）行诊断

在行诊断这一步，我们发现该金融机构已具备一定程度的指标及指标相关应用系统。例如，数仓中已开发各类明细指标，下游亦配备了一系列 BI 和驾驶舱等工具。存在的问题在于缺乏统一的指标体系，而且指标口径在图表间不尽一致。同时，业务人员有临时性报表需求时，需向 IT 部门提出需求，最快一日，最慢一周，也会导致数据开发人员进行重复的数据加工。为应对此种现状，我们首先针对指标体系与功能模块展开全面诊断，并参照行业领先水平进行评估，如图 6-8 所示。

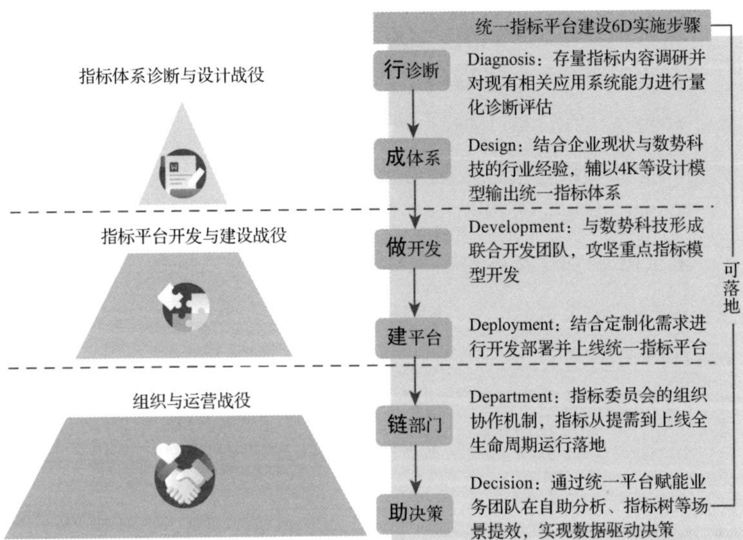

图 6-7　某头部金融机构指标平台建设三大战役与 6D 实施步骤

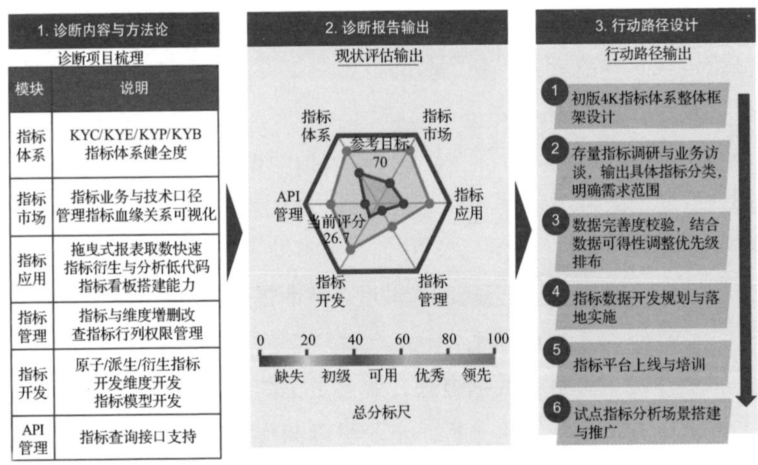

图 6-8　围绕指标全生命周期管理能力的咨询诊断框架

诊断评估涵盖6个主要维度：

- 指标体系（参照前述4K指标体系）；
- 指标市场（指标口径与血缘完善度）；
- 指标应用（低代码报表生成）；
- 指标管理（指标权限与上下线能力）；
- 指标开发（拖曳式派生与衍生指标配置）；
- API管理（对外接口服务能力）。

在完成诊断报告后，我们进一步协助该金融机构规划整个项目的具体实施路径。

（2）成体系

在第2步，我们聚焦KYP、KYC与KYE三个主题，协助该金融机构进行指标体系梳理。

KYP：产品指标体系

核心目标是全面梳理产品数据。通过对持仓客户的深入分析，企业可以洞察客户的核心特征，从而协助总部实现产品精细化管理。在实际操作中，企业可以根据客户的需求和偏好，对产品进行优化和改进，提高产品的市场竞争力。

KYC：客户指标体系

对于客户数据进行深入分析，助力精细化客群管理。通过对不同客群的产品偏好进行洞察，企业可以为分支机构的客群管理提供有效的工具和思路。此外，KYC体系还有助于企业制定有针对性的市场策略，提升客户满意度和忠诚度，从而提高企业的市场份额。

KYE：员工指标体系

关注员工全方位数据梳理，洞察员工能力和特征。通过对员工进行全方位指标量化分析，企业可以洞察员工的工作效率，激发员工的积极性和创造力，进而提升整个企业的竞争力。KYE体系有助于企业实现员工队伍的优化，提高员工满意度，为企业的长远发展奠定基础。

图 6-9 为 KYP、KYC、KYE 三个主题面向的角色和应用场景。

	KYP-产品	KYC-客户	KYE-员工
应用	• 面向角色：总部 • 应用场景：产品管理	• 面向角色：总部、分支机构 • 应用场景：客群管理	• 面向角色：总部、分支机构 • 应用场景：员工管理
数据支撑	全面梳理产品数据，针对持仓客户进行深入分析，洞察持仓客户核心特征，协助总部进行产品精细化管理	客户数据深入分析，助力精细化客群管理，洞察不同客群的产品偏好，为分支机构的客群管理提供工具和思路	员工全方位数据梳理，洞察员工能力和特征，助力员工管理

图 6-9　KYP、KYC 与 KYE 的三种指标应用场景

这里我们重点针对 KYC 和 KYE 的主题展开讨论。

1）KYC：客户指标体系设计方案。

在设计 KYC 指标体系的时候，业务方首先面临的问题是应该按照什么逻辑划分 KYC 指标，以及这些北极星指标应该由哪些过程指标来承载，从而更好地指导业务团队落地精细化运营策略。

针对这个问题，我们最终通过脱胎于互联网的 AAARRR 体系来进行客群和运营体系的划分，并在每个核心旅程阶段定义出关键的运营目标与北极星指标，如图 6-10 所示。同时，在每一个北极星指标下，都有对应的拆解指标，又叫“可执行指标”。这样拆解的目的是帮助业务团队将一个看似模糊或者不可运营的指标，逐渐拆解为明确、可干预、可运营的状态，让业务团队所做的每一份客户运营工作都可被量化。

在企业管理中，顶层指标往往难以直接被业务人员影响或改变。以收入阶段的 AUM（资产管理规模）为例，这是一个关键的北极星指标。然而，业务人员很难在日常运营中对这个指标产生显著的影响。为了解决这个问题，我们可以将这个指标分解为一系列可执行的子指标，使业务人员能够更好地干预和优化。

旅程阶段	感知 Awareness	获客 Acquisition	活跃 Activation	留存 Retain	收入 Revenue	传播 Refer
目标	提升证券公司的知名度和美誉度，扩大对财富管理业务用户群的影响	提升渠道流量转化效率，降低获客成本，做大财富管理客户数及有效户规模	提高客户在自有平台、企业微信等终端的活跃度，为后续业务开展奠定基础	提高客户对平台各项业务的参与度，召回销户客户，提升客户平台留存和黏性	引导客户入金，为客户提供优质资产配置服务，帮助客户实现资产保值增值	提高老客户的传播意愿，优化传播路径，提升客户传播率
运营场景	品牌宣传 营销推广	互联网开户断点优化 新客有效户激活 存客低效户激活	新客成长体系设计企业微信引流SOP	权限促开通 投顾服务促签约 销户潜客挖掘	资产达标促入金 资产到期服务承接	存客 MGM 拉新 存客闪耀时刻促分享
北极星指标	财富管理净收入行业排名 证券公司评级	开户客户数 有效客户数	MAU	客户留存率	AUM	受邀人数
拆解指标	证券公司评级	留资客户数 开户成功率 单位获客成本	本月新增用户数 本月留存用户数 本月回流用户数	权限开通客户数 服务签约客户数 销户预警人数	银证转入金额 资产到期金额 产品资产金额	分享用户数 分享次数
分析维度	营业部	时间、获客渠道、营业部、事业部等	时间、渠道、页面、操作系统、版本等	时间、渠道、投顾、业务线、产品、账户类型等	时间、渠道、业务线、收入类型（佣金、息差等）等	时间、渠道

图 6-10　基于 AAARRR 以客户旅程为主线的 KYC 指标体系设计方案

如图 6-11 所示，AUM 反映了公司资产管理业务的规模，是一个综合性的指标，包括公募基金、私募基金、固收、股票等业务。由于 AUM 的构成复杂，业务人员很难直接改变它。因此，我们需要将 AUM 分解为更具体的可执行指标，以便业务人员有针对性地优化运营策略。

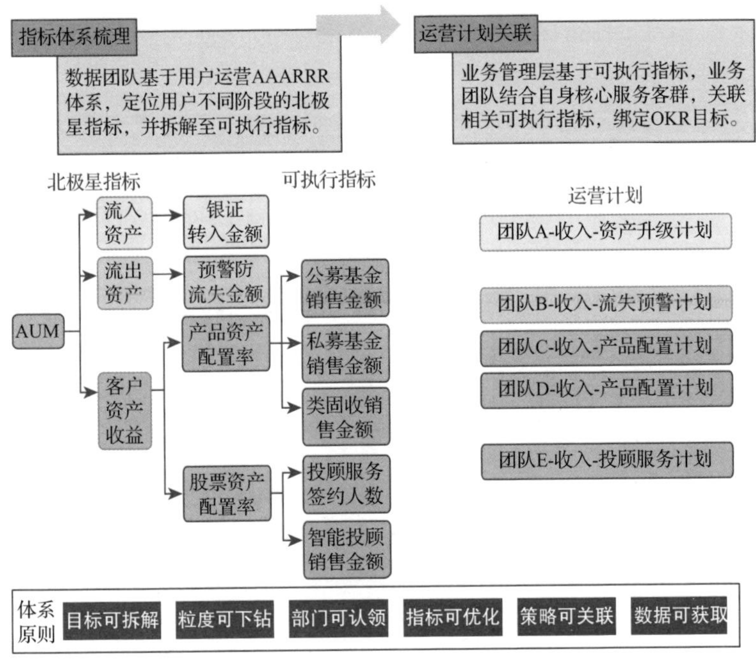

图 6-11　从战略指标解码到部门经营计划的拆解

比如 AUM 经过逐级拆解后，可能会细分到以下几个具体战术级指标：

- 公募基金销售金额：这是一个可执行的指标，业务人员可以通过各类实盘赛活动、高潜人群挖掘等手段提高这个指标。

- 投顾服务签约人数：投顾服务是财富管理业务的重要组成部分，业务人员可以通过基于客户实时行为的精准定向营销提高投顾服务签约人数。

通过将 AUM 分解为这些可执行指标，业务人员更加明确他们在日常运营中可以如何优化业务。此外，这些指标还可以与运营团队的计划进行关联，以实现更精确的运营活动贡献度归因分析。

同时，在指标体系设计与拆解过程中，我们需要遵从以下 6 个设计理念：

- 目标可拆解：确保指标可以被分解为更具体的子指标，以便业务人员操作和优化。
- 粒度可下钻：允许从高层次的指标向下钻取到更详细的子指标，以揭示业务细节。
- 部门可认领：确保各个部门可以认领并负责相应的子指标，从而增强责任意识。
- 指标可优化：确保业务人员可以通过改进运营策略来优化指标。
- 策略可关联：使运营计划与分解后的指标相结合，以实现更精确的运营活动贡献度归因分析。
- 数据可获取：确保所需的数据可以方便地获取，以便业务人员对指标进行分析和优化。

2）KYE：客户指标体系设计方案。

在设计 KYE 指标体系的时候，我们主要从基本信息、员工技能、员工展业能力、绩效考核与员工评价这五个方面进行指标体系设计，并拆解出 15 个子项，如图 6-12 所示。

在完成指标体系设计之后，我们深入探讨了员工生命周期中不同阶段与 KYE 指标相关的应用场景。例如：在员工入职阶段，我们思考了哪些指标可以有效衡量培训成果，以确保新员工快速融入团队；在员工成长阶段，我们探讨了哪些指标可以评估员工业务能力与绩效表现，以便于发现潜力人员并加以培养；在员工可能流失的阶段，我们研究了哪些指标可以预测员工流失概率，从而提前采取措施降低流失率。如图 6-13 所示，我们从员工招聘、入职、成长、稳定和流失的生命周期入手，设计了每个环节最重要的量化评估指标。

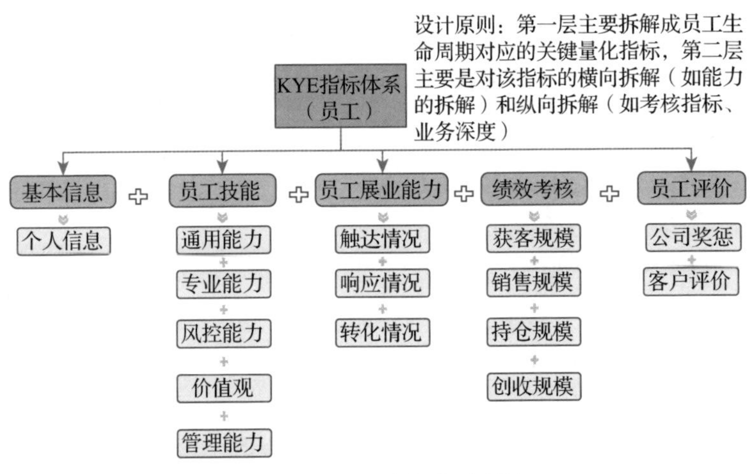

图 6-12　KYE 指标体系设计

员工生命周期	招聘	入职	成长	稳定		流失
经营管理环节	招募	培训	晋级考核	展业服务		挽留
数据应用场景	潜在优质增员识别	个性化培训体系	绩效过程考核	商机精准推送	服务权益精准推送	流失概率预测
指标支持	• 年龄 • 工作年限	• 培训次数 • 培训时长 • 培训课程丰富度 • 能力评估 • ……	• 出勤情况 • 话务情况 • 质检情况 • 展业情况 • ……	• 客户关系 • 商机处理效率 • 商机转化效率 • 商机偏好	• 客户满意度 • 投诉情况	• 出勤变化趋势 • 业绩变化趋势 • 潜在流失原因 • ……

图 6-13　围绕员工全生命周期的指标体系支持

KYE 指标体系的设计思路与 KYC 指标体系相似，都是从实体（客户或员工）的生命周期和旅程出发。这种设计方法有利于与后续的运营服务场景紧密结合。例如，KYC 指标体系设计完成后，运营人员可以根据可执行指标进行策略设计和活动优化。同样，KYE 指标体系设计完成后，客户经理主管或人力资源部门可以针对不同类型的员工（如新入职员工、绩效优秀或不佳的员工、潜力高或低的员工、易流失的员工）制订个性化的培养和辅导计划。

总之，一个优秀的指标体系并非空中楼阁，而是要与客户、员工或产品的生命周期深度融合，并具备可被业务或管理人员干预的特性。只有这样，指标体系才能在实际运营中发挥重要作用，为企业创造价值。

（3）做开发

图 6-14 主要展示了整个指标底层数据开发的链路。具体而言，我们基于该金融机构的数仓主题模型构建了标准化的指标数据集市，将 KYP、KYC、KYE 与 KYB 的指标原始数据进行了加工。同时，为了提升应用端的指标即席分析效率，我们将数仓中的 HDFS 格式数据同步到了指标平台的 Doris 数据库中，利用这个高性能 MPP 引擎来做指标计算的加速。这样一来，就形成了数据源、数据湖仓和数据应用的三层架构。

（4）建平台

该金融机构统一指标平台以深度连接原有数据仓库的主题模型（DWS 层）和数据湖为基础。这一连接方式使指标平台能够充分利用这些模型，进行原子、派生和衍生指标的构建。

这一定位使该金融机构的指标平台能够在向上发展的过程中，通过 API 和数据推送的方式，灵活地支持各类指标消费场景。

总之，统一指标平台通过深度连接数据仓库和数据湖，构建了丰富多样的 4K 指标体系，灵活地支持了各类业务场景。这不仅有助于提升该金融机构的业务运营效率，还有助于增强客户满意度和员工满意度，为其财富管理转型奠定了坚实的基础。

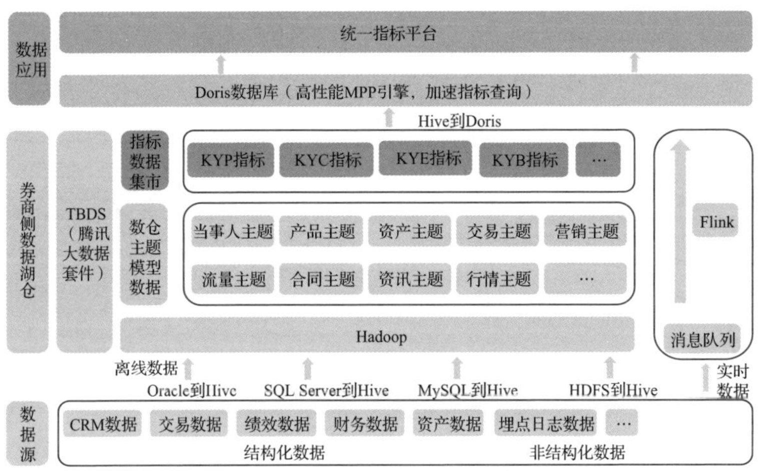

图 6-14　4K 主题指标数据开发链路

（5）链部门

依据该金融机构的组织架构、指标数据的实际运营情况，我们建立了指标委员会这样的虚拟组织，来统一分析和处理各部门角色对指标的需求。同时，建设指标体系运营机制，通过指标需求评审机制与指标开发管理流程实现指标体系的规范化和一致性，助力公司战略的逐级传导。

指标委员会通常隶属于数据治理委员会，包含两三个核心角色，如图 6-15 所示。在企业对多部门协同共用的指标进行管理时，尤其需要指标委员会。其组织定位、组织职能、工作范围、工作形式如下：

- 组织定位：跨职能的虚拟组织，指标体系的建设与管理的决策机构，确保指标质量满足公司各层级经营分析需求。

- 组织职能：对指标各变更需求进行确认，并负责在公司层级拉通指标信息。
- 工作范围：制定指标建设规范和定义；进行指标需求、发布、下线、删除等的审批确认，对外发布指标变更信息。
- 工作形式：指标标准周 / 月度共识会，指标需求审批流，周知信息发布（邮件）。

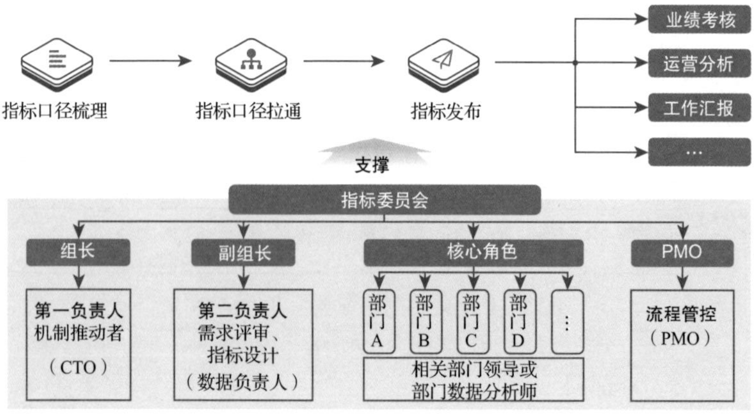

图 6-15　指标委员会的成员结构

指标委员会直接对管理层 / 经营分析会负责，接受相应指标可用性考核；指标平台负责人直接对指标委员会负责，接受对于指标平台上指标管理工作的相关考核。

（6）助决策

传统取数模式中，报表开发需要由懂 SQL 的数据分析师进行人工开发，开发周期长，业务人员难以自行进行数据挖掘。

数势指标平台通过统一口径指标的自助取数功能，支持该金融机构业务人员通过配置化自助提取指标，系统自动关联跨表指标，无须等待开发排期。

取数提效成果：获取指标结果的时间平均每人每周减少 10 小时；新增派生、衍生指标时效从 3 天缩短到 5 分钟。

如图 6-16 所示，在指标平台的 DIY 取数功能中，把需要的维度和指标拖曳到操作框里，并设置一些过滤条件，就可以快速实现报表开发和生成了。并且过程中支持跨表的指标自动关联，可以大大减少数据开发人员重复加工中间表的过程。

图 6-16　指标平台自助取数功能支持报表快速生成

3. 核心产出与价值

（1）指标应用层面

- 梳理并设计了财富管理客户服务体系框架，该框架旨在为客户提供全方位、一站式的服务，满足客户在财富管理方面的各种需求。
- 完成了多个业务应用场景的设计及上线。
- 提供了一套完整的工具体系，使管理者能够掌握业务全局，进行有效管理。同时，也为一线员工提供了便捷的工具，使他们能够更好地了解客户需求，提供匹配的服务，进一步提升客户满意度。

（2）指标基座层面

- 进行了深入的调研，涵盖了多个业务系统及数据仓库。通过调研，形成了存量指标字典，为后续的指标体系建设奠定了基础。
- 完成了 4K（KYC、KYE、KYP、KYB）指标体系的设计。这四大指标体系涵盖了企业的各个方面，为业务场景应用提供了坚实的支撑。
- 建立了指标流程管理机制，实现了指标生命周期的全面管理。这一机制保障了指标资产的健康度，使其能够持续为企业创造价值。
- 基于多个业务应用场景，梳理了 300 多个客户服务体系关键指标。这些指标确保了业务人员能够高效地精准洞察客户需求、匹配产品和赋能员工。

6.3.2 4K 指标体系在某头部证券机构的应用

1. 某头部证券机构的痛点

某头部证券机构与上一小节中提到的金融机构在指标全生命周期管理方面面临着相似的困境，主要遇到了以下 3 个核心痛点：

- 痛点一：指标与报表开发效率低。
- 痛点二：指标口径与权限管理难。
- 痛点三：原有分析工具门槛高，不灵活。

接下来让我们分别看一下每个痛点的实际情况。

痛点一：指标与报表开发效率低

- 需求沟通成本高：在该证券机构内部，业务部门经常需要定制化的指标和报表来支持其业务决策。然而，由于业务部门与技术部门之间往往缺乏有效的沟通渠道，导致需求理解上的偏差。例如，业务部门在描述一个复杂的有效客户数时，可能涉及多个数据源和计算逻辑，而这些细节在口头沟通中很容易遗漏或被误解，导致需要多次来回沟通和确认，大大提高了沟通成本。
- 指标开发成本高：由于缺乏统一的指标开发标准和工具，技术部门在开发新指标时往往需要在数据仓库里从零开始，手动编写代码，这不仅耗时耗力，而且容易出错。以计算某类客群的日均股票资产为例，开发者需要综合考虑客户维度、资产标的类型、资金账号类型、交易日历等多个维度，编写复杂的计算逻辑，这大大提高了指标开发的成本。
- 报表上线成本高：业务部门需要的报表往往需要从多张表中进行跨表关联以及聚合计算。报表开发完成后，还需要经过一系列的测试、审核和上线流程。这些流程往往涉及多个部门和团队，导致上线周期冗长，甚至可能错过重要的业务时机。

痛点二：指标口径与权限管理难

- 指标口径来源不清晰。在证券机构中，指标的定义和计算口径往往因部门而异，导致同样的指标在不同部门之间可能存在差异。这种口径的不一致性不仅影响了数据的可比性，也给业务决策带来了困扰。例如，同样是计算某类客群的资产，A 部门和 B 部门可能采用不同的计算方法和口径，导致两个部门之间的数据无法直接对比。从业务部门的视角来看，一个指标出现多个口径是正常的，但是明确口径来源和进行差异化命名，否则根本无法进行分辨。

- 缺乏纳管所有指标的统一平台。由于缺乏一个统一的指标平台，各个部门和团队各自为政，导致指标管理混乱。有些指标可能重复开发，有些指标则可能因为开发人员的离职而失传。如果指标的开发口径都仅记录在数据工程师的“脑子里”，则不仅会造成资源浪费，也会给日常指标体系的运维与管理带来困难。
- 指标权限混乱。在数据使用方面，由于缺乏统一的权限管理机制，技术人员需要在不同的数据消费端一次次地重复配置指标权限，没有一个统一的地方可以看到并配置指标的行列权限。

痛点三：原有工具门槛高，不灵活

- 自助 BI 工具使用门槛高。虽然该金融机构原有的自助 BI 工具具有一定的数据分析和可视化功能，但由于其操作复杂、学习成本高，很多业务人员无法充分利用这些工具。例如，一些业务人员只具备基本的 Excel 操作经验，面对复杂的自助 BI 工具时感到无从下手。
- 固化报表不可修改。一些现有报表工具生成的报表是固化的，一旦生成就不能进行修改或定制。这限制了用户的灵活性和个性化需求。例如，一个用户希望根据自己的需求调整报表的数据列，但由于报表工具的限制而无法实现。
- 不能创建个人报表。个人报表是用户根据自己的工作习惯和需求定制的个性化报表。然而，一些现有的工具可能不支持创建个人报表，或者创建过程非常烦琐，这限制了用户的工作效率。例如，一个用户希望创建一个包含自己所关注目标客群的基金申购与持仓情况，但由于工具的限制而无法实现。

2. 指标平台建设过程

（1）指标平台整体架构

图 6-17 给出了指标平台在该证券机构整体数据架构内的定位。一方面，指标平台向下深度连接数据仓库与各类主题模型，实现在指标平台上对公司级的原子和派生指标进行标准化的定义与加工；另一方面，指标被统一管理起来之后，可以向上通过 API 或数据推送的形式灵活支持经营分析卡片或其他 BI 类系统，实现指标资产的复用与经营分析提效。

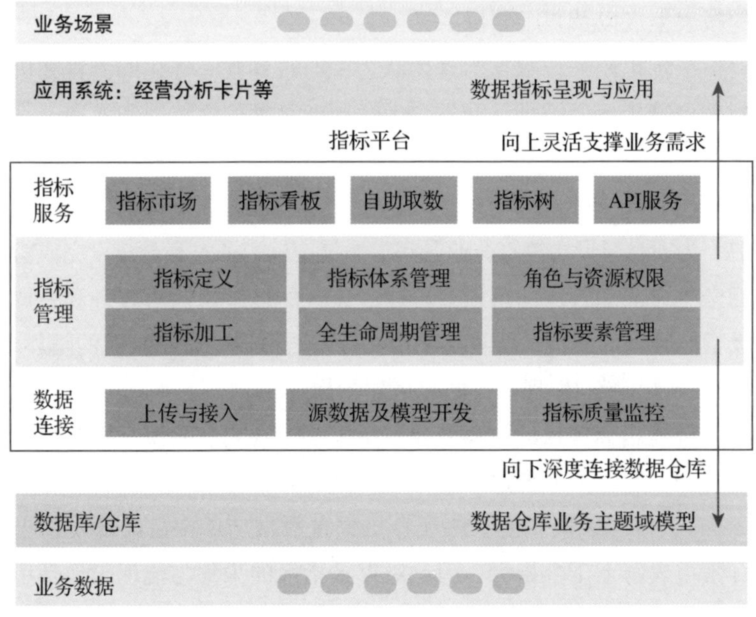

图 6-17　指标平台在该证券机构整体数据架构内的定位

（2）指标平台建设“三步走”规划

为更好地帮助该证券机构实现围绕指标的管理、加工与应用提效，我们设计了搭体系、建平台、定机制三步走的建设思路。每个环节的重点如下：

一搭体系。以业务为中心，围绕4K核心理念，梳理指标体系，实现指标体系的全面覆盖。具体而言，一方面要确保每个指标都符合该金融机构内的分级分类习惯，另一方面也要明确每个指标的命名规范和元信息管理规范。

二建平台。以大数据产品团队为中心，通过搭建指标平台，实现指标从定义、开发到应用的全生命周期管理，实现指标高效的低代码开发与应用。该平台一方面可以支持技术人员更好地进行指标开发与上下线管理，另一方面可以赋能业务人员进行快速的报表生成以及归因分析。

三定机制。以数据治理团队为中心，建立一体化的流程和机制来保障指标的需求、开发、生命周期管理的规范性和效率，确保指标的一致性。

图6-18是上述“三步走”的规划示意图，我们以搭体系为起点，为项目建设构筑符合业务需求的指南针，通过平台建设完成指标全生命周期管理的落地，再通过完善的运维机制形成一套公司级指标管理的规范，持续优化指标体系，形成一套正反馈的闭环。

（3）围绕4K理念，四步搭建指标体系

搭建指标体系的过程主要包括采集、规划、共识、拆解与命名四个步骤，接下来我们对每个步骤进行详细介绍。

1）指标采集。由于该证券机构在数据仓库中已经开发了上百张报表与上千个指标，因此对存量指标的采集与梳理工作是项目前期比较重要的一环。指标采集主要是指通过编排访谈计划，对相关业务部门进行调研，了解发展战略与业务情况，并了解指标的应用场景，为后续指标体系建设做准备。

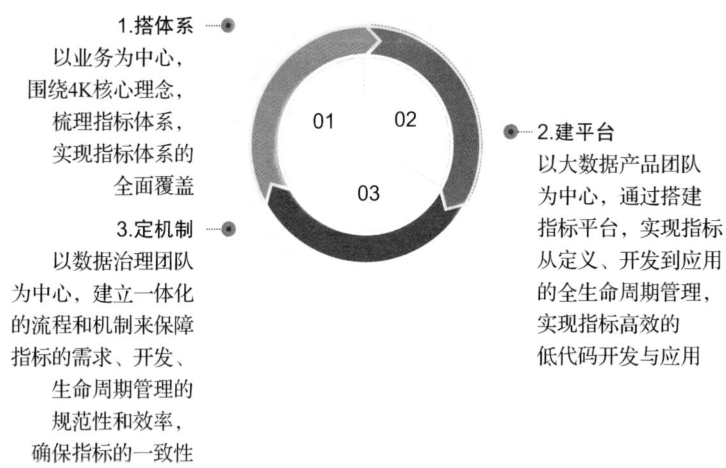

图 6-18　指标平台建设“三步走”规划

其中，访谈阶段的问题清单模板如表 6-1 所示，主要包含业务团队与数据团队的 OKR、指标应用场景、现存指标体系、指标服务功能现状与指标开发现状等五个方向。访谈的主要目的是了解该证券机构原有数据仓库中的报表与指标现状。

表 6-1　指标访谈清单模板

序号	分类	问题模块	问题类型	主题	问题	调研对象
1	指标	OKR/目标	规划	OKR	2022 年度与指标建设相关的 OKR 制定情况。	数据团队
2	指标	OKR/目标	规划		在达成该目标的过程中，你对数势的期待是什么？	数据团队
3	指标	OKR/目标	现状		OKR 与指标挂钩情况，这些指标如何获取，在哪里可以看到？	数据团队 & 业务团队 & 研发团队

（续）

序号	分类	问题模块	问题类型	主题	问题	调研对象
4	指标	指标应用	现状	应用场景	目前有哪些部门、哪些角色在使用指标？（如客群发展的运营、分析师等，可按照部门角色分类梳理）	数据团队 & 业务团队 & 研发团队
5	指标	指标应用	现状	应用场景	各角色在哪些场景下使用指标？（如客群发展的运营可能在月度汇报、策略分析、效果复盘等场景用指标）	数据团队 & 业务团队 & 研发团队
6	指标	指标应用	现状	应用场景	不同场景下，分别看哪些指标？（如客群发展的运营可能在月度汇报中关注当月新增用户数）	数据团队 & 业务团队 & 研发团队
7	指标	指标应用	现状	应用场景	各角色通过哪些载体 / 工具看指标或者用指标？（如 Excel、定制化数据产品、BI 工具等）	数据团队 & 业务团队 & 研发团队
8	指标	指标应用	现状	应用场景	从指标需求提出到可以使用指标，整个过程的大致流程是什么样的？	数据团队 & 业务团队 & 研发团队
9	指标	指标应用	痛点	应用场景	在使用指标过程中有哪些核心的痛点？（例如指标不全面、提数流程排期长、工具不好用、指标重复等）	数据团队 & 业务团队 & 研发团队
10	指标	指标应用	需求	指标体系	各部门 / 角色对指标体系有哪些需求？当前在梳理一些体系吗？可否交流一下？	数据团队 & 业务团队 & 研发团队
11	指标	指标工具	现状	产品功能	当前有哪些工具支持用户看指标数据或者用指标数据？	数据团队 & 业务团队
12	指标	指标工具	现状	产品功能	各个工具的指标服务模块大概有多少人在用？主要解决什么问题？	数据团队 & 业务团队
13	指标	指标工具	现状	产品功能	各个工具的指标服务模块大概有些什么指标？大概有多少个？	数据团队 & 业务团队
14	指标	指标工具	现状	产品功能	各个工具的指标服务模块是怎么实现的（如自研、外采）？	数据团队 & 业务团队
15	指标	指标工具	痛点	产品功能	各个工具的指标服务模块还有哪些核心的用户诉求 / 痛点没有满足？为什么满足不了？	数据团队 & 业务团队

（续）

序号	分类	问题模块	问题类型	主题	问题	调研对象
16	指标	指标数据	现状	开发管理	当前已经开发了多少指标？它们是什么类型（比如用户、交易等）？	数据团队
17	指标	指标数据	现状		已经开发的指标是如何规范、管理的？有哪些规范、流程机制？	数据团队
18	指标	指标数据	现状		指标数据团队大概有几类角色，分别有多少人？他们承接哪些工作（如需求对接、指标开发等）	数据团队
19	指标	指标数据	痛点		当前在指标管理、指标规范、指标开发上有哪些核心痛点？	数据团队
20	指标	指标数据	需求		指标数据规范，管理、需求覆盖度、服务上有哪些核心需求？	数据团队

在经历了一个多月的调研与沟通后，我们了解了指标的数据表来源，了解到各个部门的指标分布情况，也梳理了各个下游指标应用平台使用的主要报表及表中使用的关键指标、维度、时间周期、业务含义等信息，最终梳理并整合相关指标，形成指标初步范围。

报表梳理关键字段如表 6-2 所示。

表 6-2　报表梳理关键字段及其说明与样例

序号	关键字段	字段说明	字段样例
1	报表名称	报表的中文名称	App 活跃用户分析月报
2	报表 ID	填写报表的 ID，即唯一标识，如果是 Excel 等形式的报表，则无须填写	as5sde6980
3	报表消费形式	所填指标的展现方式，包含大数据门户、运营管理后台、邮件、Excel 等	大数据门户
4	报表消费部门	消费报表的部门，如运营中心、客服中心等	×× 军团

（续）

序号	关键字段	字段说明	字段样例
5	应用场景类型	指标的应用场景，包含“定期汇报类（日报、周报、月报）”“运营分析类（分析洞察、活动监控、复盘等）”“其他”	定期汇报类
6	查找路径	各报表平台中的一级菜单 / 二级菜单等	××/××/××
7	是否绩效考核报表	否，是	是
8	是否核心报表	否，是；若为领导层等关注的核心报表则填写是，其他填写否	是
9	研发负责人	该指标或报表开发人员	Tony
10	业务负责人	该指标需求收口人	Jack
11	数据对接人	开发此报表时需求的对接人（非必填）	Eddie
12	报表灵活度	仅查询，支持聚合分析（降低维度），支持下钻（增加维度），未知	支持下钻
13	报表时效	分钟级更新，小时级更新，日度更新（T+1），周度更新，月度更新，人工手动更新	日
14	主要问题或需求	若在梳理过程中发现问题或者新需求可以在此记录，非必填	
15	填表人	填表人员姓名	Eddie
16	备注	备注信息	

指标梳理关键字段如表 6-3 所示。

表 6-3　指标梳理关键字段及其说明与示例

序号	关键字段	字段说明	字段样例
1	报表名称	报表的中文名称	App 活跃用户分析月报
2	报表 ID	报表 ID	as5sde6980
3	指标名称	填写规范的指标名称	当月活跃用户数
4	指标含义	填写指标的业务含义、计算逻辑、口径细节	某个自然月内启动过应用的用户数
5	统计周期	日、周、月等	月度

（续）

序号	关键字段	字段说明	字段样例
6	支持维度	所填指标在该报表中统计的维度	战区、营业部、资产等级、用户生命周期、风险偏好
7	填表人	填表人员姓名	Eddie
8	备注	备注信息	

2）指标规划。在完成存量报表与指标采集后，我们进行了初步的清洗与去重，并结合该证券机构的重点运营场景、战略目标以及 4K 指标体系建设方法论，帮助其完成了初版的 4K 指标体系的规划。该规划主要由 L1、L2、L3 三级架构组成，图 6-19 为部分指标体系的示例。

在 L1 级层面，我们结合 4K 指标体系的设计理念进行了 KYP、KYC、KYB 与 KYE 的拆分。以 KYC 主题中的促基金产品代销场景为例，L1 级内的留存主题可以拆分为几种不同类型的客户行为，如交易行为、持仓状态或流失倾向。其中 L2 级的客户交易主题又可以分为申购类、赎回类的 L3 级指标。

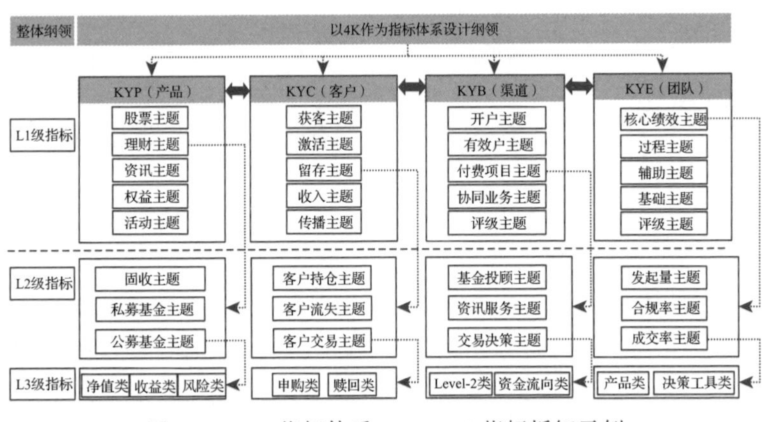

图 6-19　4K 指标体系 L1-L2-L3 指标拆解示例

3）指标共识。基于已经初步确定的指标范围，我们和该证券机构的相关业务方共同确认指标细节，包含但不限于指标名称、指标业务含义、维度、统计周期。当指标需求出现跨业务部门的分歧，无法达成共识时，由指标评审工作组负责召集相关方，通过指标标准共识会形式进行指标需求确认，并通过沟通日志的形式进行归档留底。

4）指标拆解与命名。为了对指标进行标准化管理，将已经达成共识的指标，按照指标生成规则划分为原子指标、派生指标和衍生指标（前文已经介绍过，这里不再赘述）。然后再拆解复合原始指标，通过打散相关构成要素，精简指标数量，最终形成指标体系。

图 6-20 是针对金融行业原子、派生和衍生指标的一个拆解示例。

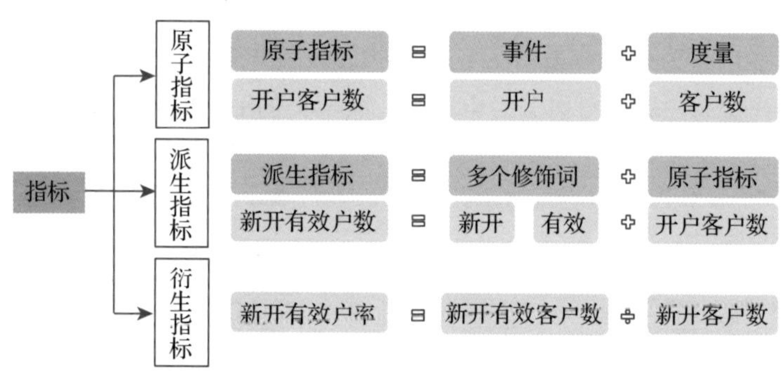

图 6-20　原子、派生与衍生指标在金融行业的拆解示例

与指标拆解同步相关的还有一个很重要的环节就是对指标进行标准化命名，下面以一个示例来说明。

如图 6-21 所示，指标有 3 种常见的标准化命名形式，它们本质上都是时间修饰词、业务修饰词与原子指标的合理组装，具体选择企业可以根据自己的使用偏好决定。以基金代销场景的

KYC 指标为例。申购客户数是一个描述最小业务单元的度量形式，而公募基金、私募基金、固收等产品类型可以定义为业务修饰词。而时间修饰词主要是像本月至今、本年至今、近 30 个交易日这样的时间区间描述。我们可以将这三种元素组装起来形成对应的标准化指标命名，比如“本年基金申购客户数”“近 30 个交易日私募基金持仓客户数”“本月新增高净值客户数”等。

命名方式

①“时间修饰词”“业务修饰词”“原子指标”	②“时间修饰词”_“业务修饰词”_“原子指标”	③“原子指标”_“时间修饰词”_“业务修饰词”
修饰词在前，原子指标名称在后，修饰词之间及修饰词与原子指标名称之间无连接符	修饰词在前，原子指标名称在后，修饰词之间及修饰词与原子指标名称之间用下划线连接	原子指标名称在前，修饰词在后，修饰词之间及修饰词与原子指标名称之间用下划线连接

命名原则

- □ 以“符合业务用语习惯，不产生歧义”为原则
- □ 若有时间周期修饰词，时间周期修饰词在最前面
- □ 若有多个修饰词，修饰词统计范围更细的在后面

案例说明

派生指标构成方式	示例（命名方式①）	示例（命名方式②）	示例（命名方式③）
业务修饰词 + 原子指标	有效客户数	有效 _ 客户数	客户数 _ 有效
时间修饰词 + 原子指标	本年申购客户数	本年 _ 申购客户数	申购客户数 _ 本年
时间修饰词 + 业务修饰词 + 原子指标	本年基金申购客户数	本年 _ 基金 _ 申购客户数	申购客户数 _ 本年 _ 基金
业务修饰词 1+ 业务修饰词 2+ 原子指标	新开高净值客户数	新开 _ 高净值 _ 客户数	客户数 _ 新开 _ 高净值

图 6-21　指标标准化命名方式与示例

（4）构建统一指标平台

梳理并确定 4K 指标体系之后，我们与该证券机构的产研团队确定了整个指标平台在原有数据架构中的定位与使命。指标平台向下深度连接数据仓库的主题模型（DWS 层），并基于这些模型进行原子、派生、衍生指标构建，向上通过 API 灵活支持该证券机构经营分析卡片系统进行指标多维展示。而指标平台本身主要包含数据集成连接、指标全生命周期管理与指标服务三大模块。

在本次项目中，可以面向该证券机构技术与业务团队提供的

包括但不限于以下功能：

- 低代码指标开发提效：通过可视化低代码方式，提供指标线上定义、测算、发布和管理，以及权限配置能力。
- 预警和归因助决策：支持指标预警规则的定义和触发，支持指标的多维度、多层次归因分析。
- 统一 API 服务下游数据应用：支持数据 API 功能，支持该证券机构的经营分析卡片系统灵活调用指标平台的数据。
- 低门槛自助化指标分析：支持业务用户根据需求实现多维度、深层次的指标分析，满足日常的指标分析工作，提升指标分析的灵活度和易用性。
- 严格清晰的权限管理：支持指标及数据的权限管理，在保证数据安全的前提下，满足该证券机构的权限管理需求。
- 系统高度可扩展：提供源代码和清晰注释，支持该证券机构内部二次开发、本地编译打包、容器化部署，对接该证券机构的用户认证系统和配置中心等。

3. 确定指标治理机制

当体系落地且平台上线后，我们还帮助该证券机构梳理了公司内的指标管理流程机制。这个机制的核心目标是通过合理的流程与模式，解决在指标生命周期管理各个阶段所遇到的问题。指标生命周期管理包括新增、变更、下线 / 启用三大阶段，覆盖需求梳理、指标开发、指标注册、指标上线、元信息变更、指标下线、指标启用、指标删除全流程，如图 6-22 所示。在整个生命周期管理环节，通过需求评审工作组、模型设计评审工作组层层把控，确保指标从生产到应用全链路的规范化管理。

以新增指标需求子流程为例，具体流程及协助团队和角色详见图 6-23。我们可以把新增指标需求拆解为需求梳理、指标开发、指标注册和指标上线四个环节，其中会涉及 5 个角色的配合：数据产品经理主要负责需求梳理、元信息录入和指标配置等工作；数据开发工程师主导在数据仓库层面进行指标模型设计与开发；业务人员主要负责需求提出、自助取数及可视化配置；下游应用系统研发人员主要负责利用指标的 API 开发各类丰富的 BI 组件；数据 BP 主导元信息评审。

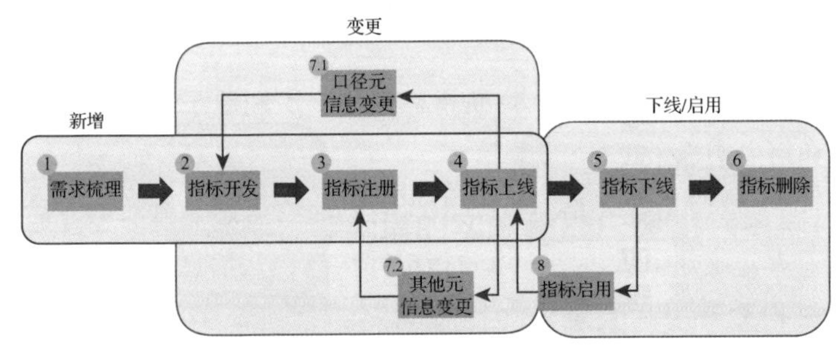

图 6-22　指标全生命周期管理示意

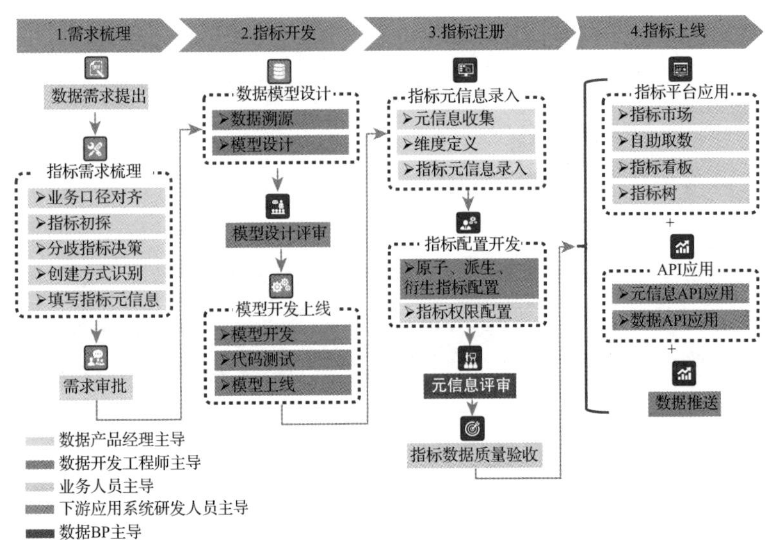

图 6-23　新增指标需求子流程

以图 6-23 中的需求梳理阶段为例，其细化流程如下：

1）业务口径对齐：由数据产品经理牵头、业务团队协助，识别并丰富需在指标平台管理的维度、统计周期、指标，明确指标业务口径。

2）指标初探：由数据产品经理牵头、业务团队协助，判断平台、维度、统计周期、指标平台指标是否满足需求。

3）分歧指标决策：评估对于指标重点业务团队之间是否存在分歧，如存在，协调解决分歧。

4）创建方式识别：判断指标类型，识别原子指标、派生指标和衍生指标。

5）填写指标元信息：基于已经明确的信息，由数据产品经理牵头、业务团队协助，填写指标元信息，元信息模板可在指标平台下载。

4. 用 4K 指标体系解决业务痛点

解决痛点一：指标与报表开发效率低

当指标平台上线后，我们可以通过一个例子展示如何提升技术团队的指标开发效率。以图 6-24 为例，假设我们要开发“线上新客的股票资产”这一指标，原来我们需要在数据仓库里通过人工写 SQL 的形式加工这一指标，若对底表不熟悉，可能需要花费 4 个小时以上的时间。但将客户的资产原子指标、渠道维度、生命周期维度、持仓标的维度和日期维度在指标平台进行统一注册后，我们便可以通过“搭积木”的形式进行指标开发了。

在图 6-24 中，“资产金额”是一个原子指标，而“线上新客”是一个 KYC 客户维度的修饰词。“股票”是一个 KYP 产品维度的修饰词。我们将这两个修饰词与原子指标拼接后，便可以得到“线上新客的股票资产”这一派生指标。而当我们在平台内通过拖曳完成“线上新客的股票资产”/“持有股票资产的线上新客数”的计算后，便可以得到一个新的衍生指标，叫“线上新客的人均股票资产”。这样便迅速实现了指标的派生和衍生，整体配置时间不会超过 5 分钟。

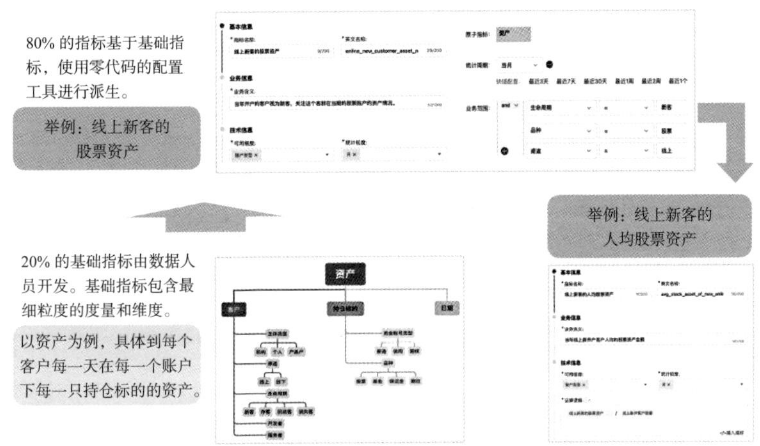

图 6-24　通过指标平台快速实现指标的派生与衍生

解决痛点二：指标口径与权限管理难

指标平台上线后，在客户的指标市场内，业务人员或技术人员不仅可以通过产品界面清晰地看到每个指标的分类与含义（见图 6-25），而且可以查看每个指标的血缘关系（见图 6-26），从而能够方便地进行定期的数据资产评估。指标管理后台可以针对每个指标进行查看权限与使用权限的严格管控。

图 6-26 展示了从“财富管理指标”这个数据模型到“代销金融产品销量”原子指标，以及最终“最近 1 个月北京分公司产品销量”派生指标的完整指标血缘映射关系，让公司内每一个业务人员或技术人员都能清晰地了解到每一个指标的上下游关系。

图 6-25　指标市场清晰呈现每个指标的分类与含义

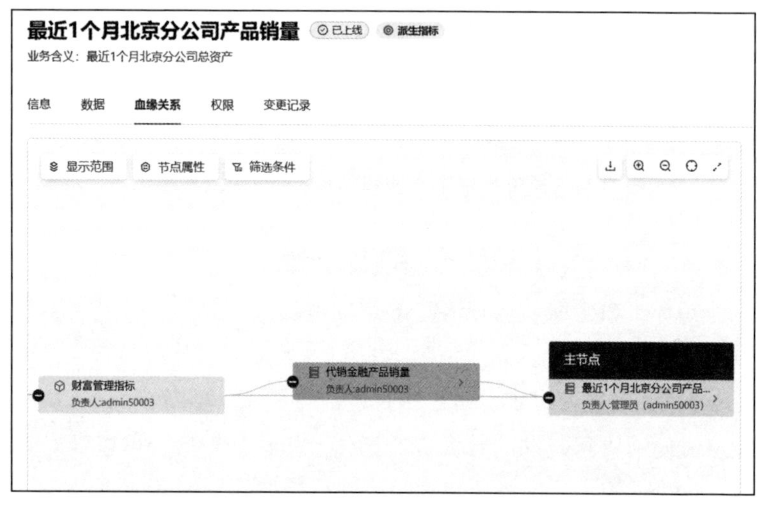

图 6-26　将原子指标与派生、衍生指标的血缘关系清晰呈现

如图 6-27 所示，指标平台支持对指标进行行列权限的严格管控，满足金融机构对于数据安全与权限的要求，使企业内不同角色的员工只能看到自己有权限的指标数据。

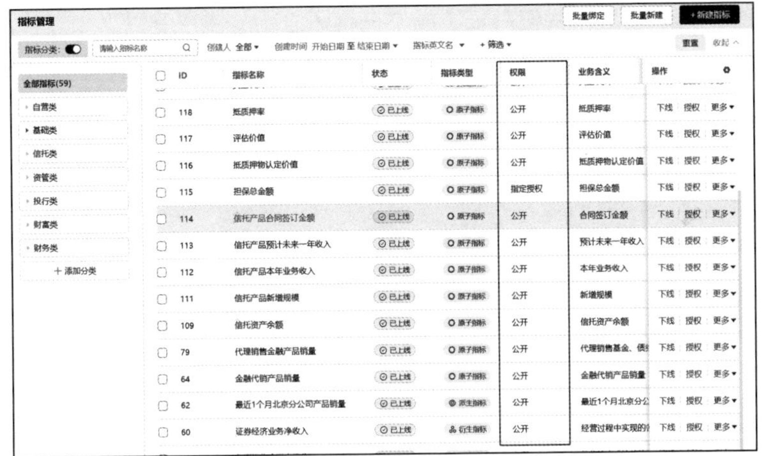

图 6-27　指标平台支持对指标进行行列权限的严格管控

解决痛点三：原有工具门槛高，不灵活

虽然该证券机构原有的自助 BI 工具具有一定的数据分析和可视化功能，但其操作复杂、学习成本高，导致很多业务人员无法充分利用。举例而言，BI 工具的产品逻辑更多是针对数据表里的字段进行聚合和过滤，大部分业务人员对于这种偏技术的产品配置无从下手。

在指标平台上线后，我们通过 API 的形式与该证券机构原有的指标卡片系统（BI 展示工具）进行了对接，这样一来，使用者在卡片系统里看到的就是中文的“可用指标”与“可选维度”，而不再是英文的字段。这种方式下，业务人员可以快速实现指标卡片以及前端可视化效果的配置，实现高效、灵活的自助分析，如图 6-28 所示。

5. 核心产出与价值

在帮助该证券机构将指标设计、平台建设与治理机制三步走的方案落地后，我们对核心成果进行了总结，主要有以下 3 点：

（1）业务运营效率提升 300%：灵活的数据场景分析与自助取数服务

提升数据在场景分析上的灵活性，自助取数服务让业务人员的数据等待时间每人每周减少 10 小时。通过自助取数服务，业务人员可以自行获取所需数据，降低了对 IT 部门重复数据开发的需求。这样一来，数据获取周期缩短，业务部门可以更快地拿到所需数据，提高工作效率。

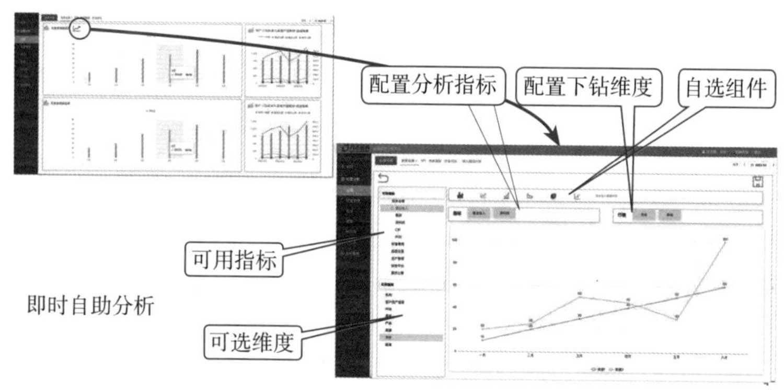

图 6-28　通过指标取数 API 与卡片系统形成调用关系，提升即席分析效率

（2）数字基建成熟度提升 40%：完善数据模型与指标体系

- 上线 400 多个指标：通过构建全面的数据模型，将 4K 业务领域的关键指标与数据模型相结合，为企业决策提供有力支持，确保指标的一致性和准确性。
- 构建 50 多个 DWS 模型：针对不同业务场景，构建 50 多个 DWS 模型，以增强数据分析和应用的针对性。

（3）研发需求满足及时率提升 30%：优化需求管理与复用策略

- 通过指标拆解，实现 40% 原子指标和要素组合复用：将复杂的需求拆解为简单的原子指标，提高指标复用率，降低研发成本。

- 全部指标复用率超 80%：通过“积木式”的指标开发能力，使企业内部研发资源得到充分利用，提高指标复用率。

图 6-29 从业务运营效率、数字基建成熟度和研发需求满足及时率三个角度总结了指标平台对于该证券机构的核心价值。

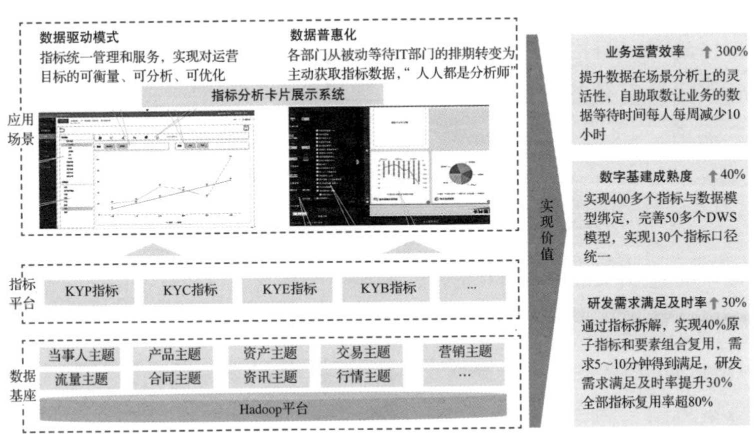

图 6-29　该证券机构整体方案架构与核心价值总结

6.4　金融业 4K 指标体系总结与应用展望

最后，我们总结一下 4K 指标体系的核心价值并展望这一体系将如何引领金融行业的发展。

1. 核心价值总结

KYC 指标对于金融机构来说至关重要，它不仅关乎合规、风控和反洗钱场景，更是提升个性化服务和增强客户满意度的关键。通过深入的数据分析和智能化的客户画像建立，金融机构能够为客户提供更加精准的产品推荐和风险评估。

KYE 指标帮助金融机构优化人才管理和提升整体运营效率。了解员工的能力、潜力和需求，不仅有利于高效人才梯队的构建，还能激发员工动力，为客户提供更高质量的服务。

KYP 指标使金融机构得以准确评估自身提供的产品线和服务质量。深刻洞察产品的市场表现和客户接受度，能为修正策略、创新产品功能和设计以及持续提升价值提供有力指导。

KYB 指标集中于分析和优化线上渠道与线下分支机构的运营水平。有效的渠道管理能够显著提升服务范围、效率和渠道盈利能力。

2. 应用展望

金融科技的革命性发展，使得 4K 指标体系的应用前景愈发广泛。随着大数据、人工智能以及大模型技术的不断进步，针对 4K 指标的联动分析、高阶归因以及精准预测等场景的可落地性越来越高，为金融行业带来了前所未有的机遇。

首先，人工智能技术的引入使得 4K 指标体系的应用更具智能化。通过机器学习、深度学习等算法，金融机构可以对 4K 指标进行高效处理和分析，挖掘出潜在的关联性和规律。人工智能技术还可以实现对业务场景的模拟、仿真与预测，为金融机构提供更为精准的决策依据，助其降低风险，提高盈利能力。

其次，大模型技术为 4K 指标体系的应用带来了更高的灵活性和广泛性。大模型技术可以处理更为复杂的金融模型和算法，实现对 4K 指标的高阶归因分析。这有助于金融机构深入挖掘业务背后的因果关系，进一步优化资源配置，提高运营效率。

最后，通过大数据、人工智能和大模型技术的结合，金融机构可以对市场、客户、竞争对手等关键因素进行实时监测和预测，以在瞬息万变的市场环境中迅速作出响应，抢占发展先机。

第 7 章 CHAPTER

制造业的全链路指标控制塔

当前，制造企业面临着日益复杂的市场环境和日益激烈的竞争态势。为了保持竞争力，制造企业需要实现数字化管理，以更好地监控、分析和优化其运营过程。全链路指标控制塔作为一种集成的数字化管理工具，为制造企业提供了实时、全面的运营视图，帮助企业管理层做出明智的决策，优化业务流程，并推动企业的创新发展。

全链路指标控制塔是一个综合性的系统，它收集、分析和展示企业各个业务环节的关键指标数据。通过对这些数据的监控和分析，企业可以实时了解生产过程、质量控制、供应链管理等方面的情况，快速发现问题和潜在的机会，并及时采取行动。

本章将深入探讨全链路指标控制塔及其对制造企业数字化管理的重要意义。

7.1 全链路指标控制塔的概念和特点

7.1.1 全链路指标控制塔的定义和范围

全链路指标控制塔（Full Link Metrics Control Tower，FLMCT）是一种用于制造企业数字化管理的工具和系统。它通过收集、整合和分析制造过程中的各种数据，为企业提供全面的绩效视图和决策支持。它的范围涵盖了从原材料采购到产品制造、质量控制、物流配送等整个制造链路的各个环节。

全链路指标控制塔的核心在于数据的整合和分析。它将来自不同数据源（如 ERP、MES、SCM 等系统）的数据进行集成和清洗，然后利用数据分析和挖掘技术，提取出关键的绩效指标和洞察。这些指标可以包括生产效率、质量水平、成本控制、交期达成等，它们反映了制造企业的运营状况和绩效表现。

总的来说，全链路指标控制塔是制造企业实现数字化管理的重要支撑，它帮助企业从数据中获取价值，提升运营效率和决策水平，实现数字化管理转型。

7.1.2 全链路指标控制塔的关键特点和功能

全链路指标控制塔的关键特点和功能有数据整合、实时监控、数据分析、可视化展示、预警和报警、决策支持、协同工作以及持续改进等，如图 7-1 所示。

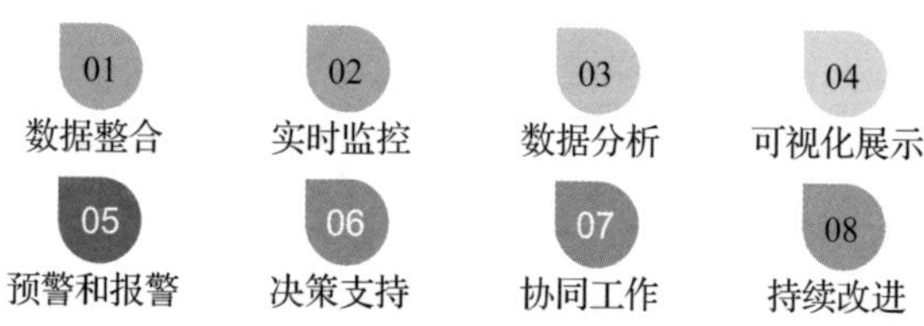

图 7-1　全链路指标控制塔的部分关键特点和功能

（1）数据整合

全链路指标控制塔能够整合来自不同数据源（如 ERP、MES、SCM 等系统）的数据，包括生产数据、质量数据、设备数据等。通过数据整合，企业可以获得全面、准确的制造数据视图，为后续的分析和决策提供支撑。

（2）实时监控

实时监控制造过程中的关键绩效指标，通过可视化的界面展示，帮助管理层及时了解企业的运营状况。实时监控功能可以帮助企业快速发现问题和异常，及时采取措施进行调整和优化。

（3）数据分析

基于对整合数据的深入分析，全链路指标控制塔能够提供各种分析报表和图表，帮助管理层了解制造过程中的关键绩效指标和趋势。数据分析功能可以支持企业进行质量控制、成本优化、生产效率提升等方面的决策。

（4）可视化展示

以直观的图表、图形等形式展示制造过程中的关键绩效指标和数据分析结果，帮助管理层快速理解和解读数据。可视化展示功能可以提高数据的可读性和可理解性，提高管理层的决策效率。

（5）预警和报警

全链路指标控制塔能够设置预警和报警机制，当关键绩效指标达到预设的阈值或出现异常情况时，及时向相关人员发送通知。预警和报警功能可以帮助企业提前发现问题，避免潜在的损失和风险。

（6）决策支持

基于对数据的分析和洞察，全链路指标控制塔能够为管理层提供决策支持，帮助他们优化生产计划、调整资源配置、改进质量控制等决策。决策支持功能可以提高管理层的决策水平和决策效率。

（7）协同工作

促进不同部门协同工作，共享数据和见解，提高整体运营效率。协同工作功能可以打破部门间的信息壁垒，促进团队合作和沟通。

（8）持续改进

通过对绩效指标的持续监测和分析，全链路指标控制塔能够推动制造企业持续改进，提升竞争力。持续改进功能可以帮助企业不断优化流程、降低成本、提高质量，以适应市场变化和客户需求。

7.1.3 全链路指标控制塔对制造企业的重要性

全链路指标控制塔对制造企业具有重要意义，它可以帮助企业实现数字化管理，促进企业的创新发展。制造企业应重视全链路指标控制塔的建设和应用，以适应数字化时代的挑战和机遇。全链路指标控制塔的具体作用如下。

（1）提升生产效率及产品质量

通过实时监控和数据分析，企业可以及时发现生产过程中的瓶颈和问题并采取措施进行优化。同时，全链路指标控制塔可以帮助企业进行质量控制，提高产品质量和客户满意度。

（2）降低成本和风险

通过对生产过程的精细化管理，企业可以降低生产成本和风险。例如，通过优化生产计划和资源配置，企业可以减少库存积压和浪费，提高资源利用率。

（3）增强跨部门协作和顶层管理能力

通过打破部门间的信息壁垒，促进团队合作和沟通。同时，全链路指标控制塔能够实时监控制造过程中的关键绩效指标，通过可视化的界面展示，帮助管理层及时了解企业的运营状况，做出管理决策。

（4）增强持续改进能力

通过实时可视化、数据分析及决策支持等功能，大幅增强企业的持续改进能力。全链路指标控制塔不仅能即时展示企业整体的运营状况，助力企业预防风险，还能够通过深度挖掘数据，提供库存预警、补货建议等决策依据，优化库存和运输成本。同时，物联网技术的应用能实时监控生产设备的状态，降低生产中断的风险。此外，它还有助于建立学习型组织，通过加强内部沟通，形成持续改进的文化氛围。

（5）增强数据驱动决策的能力

全链路指标控制塔具备实时数据整合功能，能够迅速收集、整合来自各个供应链环节的数据信息。这使企业能够实时了解生产、销售、库存等各个环节的情况，从而做出更加精准的决策。同时，利用先进的数据分析工具，可以对收集到的数据进行深度挖掘和分析。通过数据可视化、趋势预测等手段，企业能够发现隐藏在数据背后的规律和价值，洞察市场需求和消费者行为，进而制定出更加科学、合理的决策策略。此外，全链路指标控制塔还支持决策模拟和风险评估。通过模拟不同决策方案下的场景和结果，企业能够预测并评估各种可能的风险和收益，从而选择最优的决策方案。

总的来说，全链路指标控制塔利用实时数据整合、深度数据分析和决策模拟等功能，为企业提供了强大的数据支持，显著增强了企业在数据驱动决策方面的能力。这不仅有助于企业提高决策效率和准确性，还能够降低决策风险。

7.2 制造企业数字化管理的挑战和需求

7.2.1 制造企业数字化管理的现状和趋势

随着信息技术的不断发展，数字化管理已经成为制造企业提升竞争力和实现可持续发展的重要手段。下面来了解一下制造企业数字化管理的现状和趋势。

制造企业数字化管理的现状如下：

- 部分制造企业已经意识到数字化管理的重要性，并开始逐步引入相关技术和系统。
- 一些先进的制造企业已经采用了数字化的设计、生产和物流管理，提高了生产效率和产品质量。
- 仍有许多制造企业在数字化管理方面滞后，缺乏数字化战略规划和有效的执行。

制造企业数字化管理的趋势如下：

- 智能制造：利用物联网、人工智能和大数据等技术，实现生产过程的智能化和自动化，提高生产效率和产品质量。
- 数字化供应链：通过数字化技术，实现供应链的可视化和协同管理，提高供应链的效率和灵活性。
- 数据驱动决策：利用大数据和人工智能等技术，挖掘数据价值，为企业决策提供科学依据。
- 移动化办公：随着移动设备的普及，越来越多的制造企业开始采用移动化办公方式来提高工作效率和协作能力。
- 云计算应用：云计算技术可以为制造企业提供灵活、高效的计算资源，降低企业的 IT 成本。

总之，数字化管理是未来制造业的重要发展趋势。制造企业应积极引入数字化技术，提高生产效率、产品质量和企业竞争力，实现可持续发展。同时，企业还需要注重数据安全和隐私保护，确保数字化管理的安全可靠。

7.2.2　制造企业数字化管理面临的挑战

随着数字化技术的飞速发展，尤其是近年人工智能技术的迅速崛起，制造企业在数字化管理过程中面临着一系列挑战，大致包含以下几个方面。

（1）技术升级与应用落地

科技发展日新月异，制造企业需要不断引进先进的数字化技术，如 AI 算法、机器视觉、深度学习、工业机器人等，并将其应用于生产流程中，以提高生产效率和产品质量。然而，技术的选择、引入、调试和运维都是一系列复杂的工程问题，尤其对于大型、复杂的制造场景而言，技术落地难度较大。

（2）数据采集与分析

现代制造企业的运行产生大量实时且多维度的数据，如何构建有效的数据采集系统、实现设备互联和数据互联互通、形成完整的数据链路是巨大挑战。此外，如何运用 AI 和大数据技术对这些数据进行深度挖掘、分析和洞察，以驱动决策优化、预测维护、故障诊断等，也是亟须解决的问题。

（3）人力资源转型升级

企业不仅需要投入资源培训现有员工，使其掌握新的数字技能和知识，还需重新设计工作流程，促使员工从执行者转变为解决问题的决策者。同时，企业要建立鼓励创新、包容失败的文化氛围，以推动组织文化适应数字化转型带来的深刻变革。

（4）系统集成与协同

由于制造企业往往拥有众多的信息化系统，将各个系统进行无缝对接与深度融合，避免出现信息孤岛现象，形成统一、高效的数字化管理体系是一项艰巨的任务。同时，也需要考虑不同系统之间的兼容性、稳定性和安全性。

（5）信息安全与合规性

为防范数字化进程中可能产生的数据泄露、网络攻击等风险，企业必须强化信息安全防护体系，建立完善的数据安全策略和规范。此外，随着 GDPR 等法规的出台，数据合规使用和隐私保护成为全球范围内的重要议题，企业需遵守相关法律法规，确保合法合规地处理各类数据。

（6）投资效益评估与风险管理

企业在进行数字化改造和智能化升级的过程中，需要精算投入产出比，科学制定投资策略，明确项目实施的时间表和路线图，同时建立健全风险防控机制，以应对可能出现的技术瓶颈、资金压力、市场变化等诸多不确定性因素。

7.2.3 全链路指标控制塔如何应对挑战和满足需求

全链路指标控制塔构建了一种革新性的供应链智能管理体系，它如同企业的神经系统中枢，紧密联结起整个价值链上的各个节点，从源头的原料采购，经过复杂的生产制造过程，再到物流配送、终端销售以及售后服务等多个阶段，全方位捕捉和集成各类核心 KPI。这一集成式平台不仅实现了对整体运营状态的实时洞察、预警信号的即时发出，还为企业提供了强大的数据分析支撑和精细化管理决策依据，进而驱动企业运营效能的持续优化和升级。

在当今数字化与智能化浪潮的席卷下，全链路指标控制塔为制造企业面临的多重挑战提供了有力的解决方案，并积极促进企业达成多元化的战略目标。

1. 在应对技术挑战方面

（1）技术融合与集成应用

全链路指标控制塔运用先进的数据整合技术，接纳与整合物联网（IoT）设备产生的实时数据流、大数据挖掘得出的市场趋势和消费者行为洞察等多维度信息资源。通过统一的数据接入标准与 API 接口体系，实现新旧技术平台之间的无缝对接与协同工作，保证企业在引入新技术时既能充分利用现有资源，又能避免产生“信息孤岛”。

（2）数据聚合与质量管控

全链路指标控制塔建立起一套完善的端到端数据治理体系，汇集来自供应链上下游各个环节的原始杂乱数据，借助数据清洗、格式规范化、去重匹配等一系列手段，实现数据质量的全面提升。同时，依托数据仓库和数据湖架构，使结构化和非结构化数据得以安全、有序地存储和管理，为后续的智能分析奠定坚实基础。

（3）人才能力培育与组织文化重塑

全链路指标控制塔设计有友好的用户界面和丰富的交互体验，辅以直观的可视化图表与智能辅助功能，大大降低了操作门槛，各级员工无须具备深厚的技术背景也能轻松驾驭，从而加快企业人才队伍由传统模式向数字化、智能化方向转型的步伐，推动组织文化的革新与优化。

（4）系统互联互通与集成生态建设

全链路指标控制塔作为企业信息化生态的核心枢纽，具备卓越的系统集成能力和广泛的兼容性，能够无缝衔接企业内部的 ERP（企业资源规划）、MES（制造执行系统）、WMS（仓库管理系统）等各类信息系统，同时还支持跨企业、跨行业的信息交换与协同合作，构筑起开放、包容、高效的供应链协同环境。

（5）信息安全防护与隐私保护

在强调数据价值的同时，全链路指标控制塔严格遵守国际及国内的相关法律法规，部署了一系列严密的信息安全策略和隐私保护措施，包括身份认证、权限管理、数据加密传输、操作审计等模块，以确保敏感信息在流转、存储和使用的全过程中得到妥善保护，保障企业及客户数据资产的安全可靠。

2. 在满足业务需求方面

（1）智慧决策与精益运营

全链路指标控制塔实时追踪并深度解析全链路中的各项关键性能指标，结合先进的AI算法和机器学习模型，形成动态的商业洞察报告和精准的优化建议。无论是库存水平的精细调控、产能利用率的提升，还是供应商表现的持续评估，都能实现基于数据驱动的敏捷决策，推动企业迈向精益运营。

（2）智能制造与精益生产

全链路指标控制塔实时监测生产设备的工作状态、物料流动速率、产线效率等关键生产参数，一旦识别出潜在故障风险或生产瓶颈，立即触发预警机制，推动实施预防性维护与生产流程再造，全力落实精益生产的理念，减少浪费。

（3）个性化定制与柔性生产能力提升

借助于全链路指标控制塔提供的实时市场需求反馈和详尽的生产能力分析报告，企业能够快速适应市场多元化、碎片化的消费需求，针对小批量、多品种的产品定制需求进行灵活生产调度和资源配置，塑造出一种兼具高效率与强适应性的新型生产模式。

（4）全生命周期价值创造

全链路指标控制塔通过对产品从构思设计、原料加工、成品制造、市场营销直至废弃回收等全生命周期数据的完整记录与深度挖掘，协助企业发现和释放产品潜在的价值空间，进而推动产品迭代创新、服务水平跃升以及资源利用最优化，实现在产品全生命周期内的最大价值创造。

综上所述，全链路指标控制塔以其强大且全面的功能特性，立足于制造业企业数字化转型的前沿，串联起产业链条的每一环，深度融合各种资源要素，赋能企业进行科学决策和高效运营。在应对挑战方面，它帮助企业渡过难关；在响应行业变革、满足客户需求、创造长期价值等方面，它展现出显著优势。这使它成为企业决胜未来的利器。

7.3　全链路指标控制塔的整体架构和模块

全链路指标控制塔的整体架构和模块可能会因实现和需求的不同而有所差异，但一般会包括图 7-2 所示的这些模块。

模块					
数据采集和集成模块	多源数据采集	数据格式转换	数据清洗和预处理	数据集成和同步	数据质量监控
数据存储和处理模块	数据存储	数据处理	数据缓存和加速	数据备份和恢复	
指标定义和计算模块	指标定义	指标计算和聚合	指标体系管理	指标计算监控和报警	
数据分析和可视化模块	数据分析工具	可视化界面和报表	数据交互和探索	分析结果共享和协作	
实时监控和报警模块	数据收集和展示	阈值设置和报警	报警通知方式	报警管理和日志	可视化监控
预测和优化模块	数据分析和建模	优化算法和建议	模拟和情景分析	反馈机制和持续改进	
决策支持和工作流模块	决策支持	工作流设计和管理	协同工作和沟通	决策记录和跟踪	绩效评估和反馈
系统管理和安全模块	系统运维管理	数据安全和保护	故障预警和恢复	合规性管理	备份和恢复

图 7-2　全链路指标控制塔的整体架构和模块

7.3.1　数据采集和集成模块

这个模块的主要功能是从各种数据源收集数据，并将其整合到全链路指标控制塔中。数据源可以包括传感器、设备、系统、数据库等。数据采集可以通过各种方式进行，如实时数据采集、定时抽取、事件驱动等。数据集成是将不同格式和来源的数据进行归一化处理，以便后续的分析和处理。该模块包括以下功能：

- 多源数据采集：支持从不同的数据源（如传感器、设备、系统、数据库等）实时或定时采集数据。
- 数据格式转换：将采集到的数据进行格式转换和标准化，以确保数据的一致性和可用性。
- 数据清洗和预处理：对采集的数据进行清洗和预处理，包括去除冗余数据、纠正数据错误、填充缺失值等。
- 数据集成和同步：将不同来源的数据进行集成和同步，以确保数据的完整性和一致性。
- 数据质量监控：实时监控数据的质量，包括数据的准确性、完整性、一致性等，及时发现数据异常和问题。

7.3.2 数据存储和处理模块

该模块用于存储和处理收集到的数据，可能包括数据仓库、数据湖、数据处理引擎等。在数据存储方面，根据数据的特性和需求选择合适的技术和架构，以确保数据的可靠性、安全性和高效访问。数据处理方面，对数据进行清洗、转换、预处理和计算，以便后续进行指标计算和分析。该模块包括以下功能：

- 数据存储：采用合适的数据库或数据存储技术将采集到的数据进行存储，以确保数据的安全性和可靠性。
- 数据处理：支持实时和批量的数据处理，包括数据过滤、聚合、计算等操作，以生成指标所需的中间结果或基础数据。
- 数据缓存和加速：采用缓存机制和数据加速技术，提高数据的访问速度和响应性能。

- 数据备份和恢复：定期进行数据备份以防止数据丢失，提供数据恢复功能以确保数据的可恢复性。

7.3.3 指标定义和计算模块

这个模块用于定义和计算指标和指标体系。这里的指标包括生产效率、质量、设备利用率、能源消耗等各种与业务相关的指标。在计算方面，根据定义的指标公式和规则，对存储的原始数据进行计算，生成可用于监控和分析的指标结果。该模块包括以下功能：

- 指标定义：支持用户定义各种指标，包括业务指标、性能指标、质量指标等，并设置指标的计算规则和公式。
- 指标计算和聚合：根据定义的指标和计算规则，对存储的原始数据进行计算和聚合，生成指标的结果。
- 指标体系管理：支持建立指标体系，包括指标之间的关系、层次结构等，以便进行综合分析和评估。
- 指标计算监控和报警：实时监控指标的计算过程和结果，当指标计算异常或超过阈值时，触发报警通知。

7.3.4 数据分析和可视化模块

该模块提供数据分析工具和可视化界面，以便用户对数据进行深入分析和可视化展示。分析工具可以包括统计分析、数据挖掘、机器学习等技术，用于发现数据中的模式、趋势和关系。可视化界面可以通过数据报表、图表、仪表盘等形式，将分析结果直观地展示给用户。该模块包括以下功能：

- 数据分析工具：提供各种数据分析工具，帮助用户发现数据中的模式、趋势和关系。
- 可视化界面和报表：支持多种可视化图表和报表，包括柱状图、折线图、饼图、仪表盘等，以便用户理解和分析数据。
- 数据交互和探索：提供数据交互和探索功能，使用户能够深入挖掘数据、筛选条件、下钻分析等，以获取更详细的信息。
- 分析结果共享和协作：支持用户将分析结果进行共享和协作，方便团队成员之间进行交流和讨论。

7.3.5　实时监控和报警模块

这个模块实时监测关键指标和参数，并在指标超过阈值或发生异常时触发报警通知。它可以实时收集和展示指标数据，提供实时的监控视图和报警通知功能，帮助用户及时察觉问题并采取行动。该模块包括以下功能：

- 数据收集和展示：实时收集和展示关键指标的数据，使用户能够实时了解业务的运行状况。
- 阈值设置和报警：用户可以设置指标的阈值，当指标超过或低于阈值时，系统会自动触发报警通知，提醒相关人员。
- 报警通知方式：支持多种报警通知方式，如邮件、短信、即时通信等，确保相关人员能够及时收到报警通知。
- 报警管理和日志：记录和管理所有的报警事件，包括报警的时间、内容、处理状态等，以便后续跟踪和分析。
- 可视化监控：提供直观的监控视图和图表，使用户可以实时监控指标的变化趋势和异常情况。

7.3.6　预测和优化模块

这个模块利用机器学习和数据分析技术进行预测与优化，以帮助企业做出更明智的决策。它包括以下功能：

- 数据分析和建模：运用数据挖掘、统计分析和机器学习算法建立预测模型，以预测未来的指标趋势。
- 优化算法和建议：基于预测结果和业务目标，提供优化建议和决策支持，帮助企业优化资源配置和提升运营效率。
- 模拟和情景分析：进行模拟和情景分析，评估不同决策方案的潜在影响和风险，为决策提供更多的参考信息。
- 反馈机制和持续改进：根据实际结果和反馈，不断优化预测模型和优化算法，以提高预测的准确性和优化效果。

7.3.7　决策支持和工作流模块

该模块提供决策支持工具和工作流管理功能，以帮助用户做出更明智的决策并跟踪和管理相关的工作流程。它包括以下功能：

- 决策支持：提供各种决策支持工具，如数据分析报告、可视化图表、决策树等，以帮助用户更好地理解数据和分析结果。
- 工作流设计和管理：支持用户设计和管理工作流，包括任务分配、流程审批、状态跟踪等，以确保决策的有效执行。
- 协同工作和沟通：提供团队协作和沟通的功能，如讨论论坛、文档共享、即时通信等，促进团队成员之间的合作和信息共享。
- 决策记录和跟踪：记录和跟踪所有的决策过程与结果，包括决策的依据、参与者、时间等，以便后续的审查和评估。
- 绩效评估和反馈：根据决策的结果与目标进行绩效评估和反馈，帮助用户不断改进决策过程和提升决策结果。

7.3.8 系统管理和安全模块

负责全链路指标控制塔的系统运维管理、数据安全和防护、故障预警和恢复、合规性管理、备份和恢复等方面。

（1）系统运维管理

- 监控和管理全链路监控系统的运行状态，包括硬件设备、软件系统以及网络基础设施的状态，确保系统的稳定性和可用性。
- 进行系统性能优化，通过实时分析系统资源的使用情况（如 CPU、内存、硬盘等），调整系统配置以适应业务负载的变化。
- 维护系统版本更新与升级，确保系统始终保持最新状态，支持最新的功能和已修复已知漏洞。

（2）数据安全和保护

- 数据完整性和保密性：通过加密技术保护数据在传输和存储过程中的安全，防止数据被非法获取或篡改。
- 访问控制和权限管理：对用户访问全链路数据进行严格的权限划分和审核，确保只有授权人员才能访问相应的数据和功能模块。
- 安全审计和日志管理：记录系统活动日志，进行安全事件追踪和分析，以便于追溯安全威胁源头，及时发现并处理安全问题。

（3）故障预警和恢复

实施实时的健康检查和异常检测，预警可能出现的系统故障，支持故障转移和容灾恢复机制，确保全链路监控服务的连续性。

（4）合规性管理

确保全链路监控系统遵循相关的法规和标准，例如在涉及数据隐私和安全时，遵循 GDPR、ISO 27001 等数据安全与隐私保护规定。

（5）备份和恢复

对关键数据和系统配置进行定期备份，确保在发生灾难性事件时能够迅速恢复服务，维持全链路监控业务的连续性。

通过以上功能的实现，全链路指标控制塔的系统管理和安全模块不仅确保了系统自身的稳定运行和数据安全，也为制造企业的数字化转型奠定了基石，保障了从原材料采购、生产制造到客户服务等全链条的顺畅运转和数据安全。

7.4 全链路指标控制塔的实施和推广策略

7.4.1 实施全链路指标控制塔的步骤和方法

实施全链路指标控制塔是一种用于监控、分析和优化业务流程的工具，它可以帮助企业更好地理解业务的运行状况，并及时采取措施来改进业务流程。实施全链路指标控制塔的步骤和方法如图 7-3 所示。

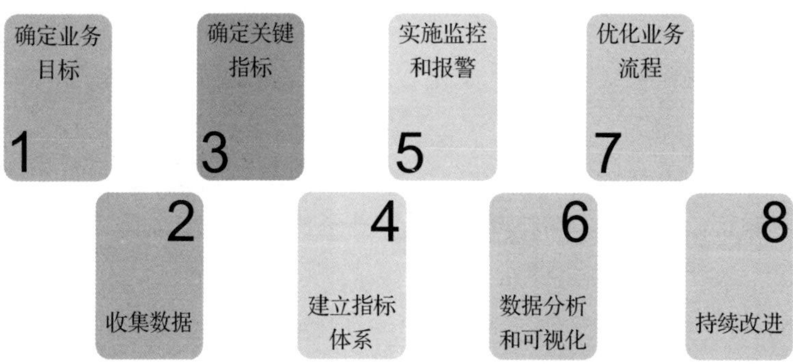

图 7-3　实施全链路指标控制塔的步骤和方法

（1）确定业务目标

首先，企业需要明确实施全链路指标控制塔的业务目标，这可能包括提高生产效率、降低成本、提高客户满意度等。

在确定业务目标时，企业需要考虑自身的业务特点、市场环境和竞争对手等因素。

为了确保业务目标的实现，企业需要将业务目标分解为具体的指标并制定相应的评估标准。

（2）收集数据

收集数据是实施全链路指标控制塔的重要基础。企业需要收集与业务流程相关的数据，包括业务指标、性能指标、质量指标等。这些数据可以来自不同的数据源，例如企业内部的数据库、第三方数据提供商等。

在收集数据时，企业需要确保数据的准确性、完整性和一致性。

为了提高数据的质量，企业需要对数据进行清洗和预处理，去除冗余数据和错误数据，并对数据进行标准化和归一化处理。

（3）确定关键指标

在收集数据之后，企业需要确定关键指标。关键指标是指对业务目标具有重要影响的指标，它们能够反映业务流程的关键方面。

在确定关键指标时，企业需要考虑业务目标、业务流程和数据特点等因素。

为了确保关键指标的有效性，企业需要对关键指标进行评估和验证，确保它们能够准确地反映业务流程的实际情况。

（4）建立指标体系

建立指标体系是实施全链路指标控制塔的重要步骤。指标体系将关键指标组织起来，并确定它们之间的关系。指标体系应该具有层次结构，以便企业更好地理解业务流程。

在建立指标体系时，企业需要考虑业务目标、业务流程和数据特点等因素。

为了确保指标体系的合理性，企业需要对指标体系进行评估和验证，确保它能够准确地反映业务流程的实际情况。

（5）实施监控和报警

实施监控和报警是实施全链路指标控制塔的关键步骤。企业需要实施监控和报警机制，以便及时发现业务流程中的问题。监控和报警机制应该能够实时监测关键指标，并在指标超过阈值时触发报警。

在实施监控和报警机制时，企业需要考虑监控频率、报警阈值和报警方式等因素。

为了确保监控和报警机制的有效性，企业需要对其进行评估和验证，确保它们能够及时发现业务流程中的问题。

（6）数据分析和可视化

数据分析和可视化是实施全链路指标控制塔的重要手段。企业需要对收集的数据进行分析和可视化，以便更好地理解业务流程。数据分析和可视化工具可以帮助企业发现数据中的模式、趋势和关系，并为决策提供支持。

在进行数据分析和可视化时，企业需要考虑数据的特点、分析目的和受众等因素。

为了确保数据分析和可视化的有效性，企业需要对数据分析和可视化工具进行评估与验证，确保它们能够满足分析需求。

（7）优化业务流程

优化业务流程是实施全链路指标控制塔的最终目的。企业需要根据数据分析和可视化的结果，采取措施来优化业务流程。优化业务流程的措施可能包括改进生产流程、优化供应链管理、提高客户服务质量等。

在优化业务流程时，企业需要考虑业务目标、业务流程和数据特点等因素。

为了确保优化措施的有效性，企业需要对优化措施进行评估和验证，确保它们能够改善业务流程的性能。

（8）持续改进

持续改进是实施全链路指标控制塔的重要保障。企业需要持续改进全链路指标控制塔，以适应业务的变化和发展。持续改进的措施可能包括更新数据、调整指标体系、优化监控和报警机制等。

在进行持续改进时，企业需要考虑业务目标、业务流程和数据特点等因素。

为了确保持续改进的有效性，企业需要对持续改进措施进行评估和验证，确保它们能够适应业务的变化和发展。

总之，实施全链路指标控制塔需要企业明确业务目标、收集数据、确定关键指标、建立指标体系、实施监控和报警、进行数据分析和可视化、优化业务流程，并持续改进。通过实施全链路指标控制塔，企业可以更好地理解业务流程，并及时采取措施来改进业务流程，从而提高企业的竞争力。

7.4.2 成功实施全链路指标控制塔的 8 个要素

要成功实施全链路指标控制塔，要注意 8 个要素，如图 7-4 所示。

1. 明确业务目标和需求

为了确保全链路指标控制塔的有效实施和成功运行，企业需要明确业务目标和需求。这一过程包括以下几个关键步骤：

1）业务目标的确定：企业需要仔细分析其业务模式、市场环境和战略方向，以确定明确的业务目标。这些目标可能涉及增加销售额、提高客户满意度、降低成本、优化运营效率等方面。

图 7-4　成功实施全链路指标控制塔的 8 个要素

2）需求的识别：在明确业务目标的基础上，企业需要深入了解其内部流程、系统和数据，以识别与业务目标相关的具体需求。这些需求可能包括数据采集、数据分析、指标监控、报警通知等方面。

3）利益相关者的参与：为了确保业务目标和需求的全面性、准确性，企业应邀请各个部门的利益相关者参与讨论，请他们提供意见。这有助于确保不同部门的需求得到充分考虑，促进跨部门的合作。

4）优先级的确定：在明确了业务目标和需求之后，企业需要根据其重要性、紧急程度和资源可用性等因素，确定各项需求的优先级。这有助于合理分配资源和确保关键需求得到优先满足。

5）定期审查和调整：业务目标和需求可能随着时间和环境的变化而发生变化。因此，企业需要定期审查和调整业务目标和需求，以适应新的业务形势和市场动态。

通过明确业务目标和需求，企业可以为全链路指标控制塔的实施提供清晰的指导，确保其与业务战略保持一致，并为企业的决策和优化提供有价值的信息支持。

2. 数据质量和完整性

数据质量和完整性包括以下几个方面：

- 数据采集：确保从各个源系统中采集的数据准确、完整，并符合数据标准和规范。采用自动化的数据采集工具和技术，减少人为错误和数据遗漏的可能性。
- 数据清洗和预处理：对采集到的数据进行清洗和预处理，包括去除重复数据、纠正数据格式、填充缺失值等。这有助于提高数据的质量和可用性。
- 数据验证和审核：建立数据验证和审核机制，确保数据的准确性和一致性。可以采用数据比对、数据审核、数据质量评估等方法。
- 数据标准化和归一化：对来自不同源系统的数据进行标准化和归一化处理，确保数据的可比性和一致性。定义统一的数据标准和命名规则，以便于数据的集成和分析。
- 数据监控和异常处理：实时监控数据的质量和完整性，及时发现数据异常和错误。建立异常处理机制，对数据异常进行跟踪和修复，确保数据的可靠性。
- 数据治理和流程优化：建立数据治理框架，包括数据质量管理、数据安全管理、数据访问控制等。通过优化数据流程和管理制度，提高数据的质量和完整性。

- 数据备份和恢复：定期进行数据备份，确保数据的安全性和可恢复性。建立数据恢复计划，以便在数据丢失或损坏时能够快速恢复数据。

通过注重数据质量和完整性，可以确保全链路指标控制塔所依赖的数据是准确、可靠和完整的。这有助于提供有价值的洞察和决策支持，提升业务运营的效果和效率。

3. 关键指标的选择和定义

关键指标的选择和定义包括以下几个方面：

- 理解业务目标：在选择和定义关键指标之前，深入理解业务目标是至关重要的。明确业务的核心目标、战略方向和关键业务流程，以便选择与之相关的指标。
- 确定关键绩效领域：根据业务目标，确定关键绩效领域。这些领域可能包括销售、市场营销、客户满意度、生产效率等。针对每个关键绩效领域，选择能够反映其绩效的关键指标。
- 指标的有效性和可衡量性：选择的关键指标应该是有效的，能够准确地反映业务绩效和状况。同时，这些指标应该是可衡量的，可以通过数据采集和分析来进行量化评估。
- 确定主要利益相关者的需求：考虑主要利益相关者的需求和关注点。他们可能是管理层、员工、客户或其他相关方。了解他们对业务绩效的期望，选择能够满足他们需求的关键指标。
- 优先级和重要性：根据指标对业务的影响程度和重要性，确定其优先级。选择那些对业务成功具有决定性影响的关键指标，以确保资源和精力的有效分配。

- 明确指标的定义和计算方法：为每个关键指标明确清晰的定义和计算方法。确保所有相关人员对指标的理解是一致的，避免歧义或误解。
- 可操作性和可追踪性：选择的关键指标应该是可操作的，可以通过实际行动和策略来影响和改善。同时，这些指标应该是可追踪的，能够进行定期监测和分析。
- 定期审查和调整：关键指标不是一成不变的，随着业务的变化和发展，定期审查和调整关键指标是必要的。确保指标的相关性和有效性，并根据需要进行更新和改进。

通过细致而全面的关键指标选择和定义过程，企业可以确保选择的指标与业务目标紧密相关，能够准确反映业务绩效，并为决策提供有价值的信息。这有助于提高业务的透明度、可预测性和绩效管理效果。

4. 系统集成和数据共享

系统集成和数据共享包括以下几个方面：

- 确定集成需求：明确需要集成的系统和数据源，了解它们之间的数据交互和依赖关系。确定数据共享的目标和需求，包括数据的格式、频率和用途。
- 选择合适的集成技术：根据集成需求，选择合适的集成技术和工具。这可能包括 ETL 工具、API、消息队列、数据仓库等。
- 建立数据连接：建立系统之间的物理或逻辑连接，确保数据能够在不同系统之间进行传输和共享。这可能涉及配置网络连接、设置访问权限、建立数据库连接等。
- 数据映射和转换：进行数据的映射和转换，以使不同系统之间的数据能够相互理解和匹配。这包括字段映射、数据类型转换、编码和解码等。

- 数据同步和更新：确定数据同步的策略和频率，以确保数据在不同系统之间保持一致和最新。可以采用实时同步、定时批量同步或基于事件触发的同步方式。
- 数据共享和访问控制：定义数据共享的规则和权限，确保只有授权的用户和系统能够访问和使用共享数据。实施适当的访问控制机制，如身份验证、授权和加密。
- 监控和故障排除：建立监控机制，实时监测系统集成和数据共享的运行情况。及时识别和解决可能出现的故障、数据丢失或不一致等问题。
- 性能优化和调整：定期评估系统集成和数据共享的性能，进行优化和调整。这可能包括提升数据传输速度、提高数据处理效率、调整数据存储策略等。

通过实现系统集成和数据共享，可以打破系统之间的孤岛，实现全链路指标的统一视图和分析。这有助于提供更全面、准确的数据支持，促进业务决策和运营优化。

5. 团队合作和沟通

团队合作和沟通包括以下几个方面：

- 建立跨职能团队：组建一个跨职能的团队，包括来自不同部门和专业领域的成员。这样可以确保全面考虑到各个方面的需求和利益，促进协作和沟通。
- 明确角色和责任：明确团队成员的角色和责任，确保每个人都清楚自己在项目中的职责和贡献。这有助于避免工作重叠和职责不清的情况。
- 定期沟通会议：定期组织团队会议，讨论项目进展、分享信息、解决问题和协调工作。这些会议可以是面对面的会议，也可以通过视频会议或在线协作工具进行。

- 建立沟通渠道：除了定期会议，还要建立多种沟通渠道，如即时通信工具、电子邮件、项目管理工具等，以便团队成员之间随时进行沟通和交流。
- 促进开放和透明的沟通：鼓励团队成员之间保持开放和透明的沟通。分享信息、意见和反馈，尊重彼此的观点，共同解决问题和做出决策。
- 确保信息流通：确保团队成员之间的信息流通顺畅，及时分享关键信息和更新。这有助于避免重复工作和信息不一致的情况。
- 解决冲突和问题：团队合作中难免会出现冲突和问题，建立有效的冲突解决机制，鼓励团队成员通过积极地沟通和合作来解决问题，避免冲突升级。
- 培养合作文化：营造一个合作和相互支持的文化氛围。鼓励团队成员相互帮助、分享经验和知识，共同成长和进步。

通过良好的团队合作和沟通，可以确保全链路指标控制塔的实施过程顺利进行。团队成员能够协同工作，充分发挥各自的专业优势，及时解决问题，提高项目的成功率和效果。

6. 技术和工具的选择

技术和工具的选择包括以下几个方面：

- 需求评估：在选择技术和工具之前，首先要对全链路指标控制塔的需求进行全面评估。这包括确定需要监测的关键指标、数据来源和类型、数据处理和分析的要求、用户的访问和可视化需求等。
- 技术栈适应性：考虑现有的技术栈和基础设施，选择与之兼容和集成的技术和工具。这样可以最大限度地利用现有的资源，降低集成和部署的复杂性。

- 数据采集和集成：选择合适的数据采集技术和工具，以确保能够从各种数据源中收集数据，并将其整合到全链路指标控制塔中。这可能包括使用 ETL 工具、API、日志收集器等。
- 数据存储和处理：根据数据量、数据类型和处理要求，选择适当的数据存储和处理技术。这可能涉及使用关系数据库、NoSQL 数据库、数据仓库、数据湖等，以及数据处理框架（如 Hadoop 或 Spark）。
- 数据分析和可视化：选择功能强大的数据分析和可视化工具，以便对全链路指标进行深入分析和可视化展示。这可能包括商业智能工具、数据分析平台、数据可视化库等。
- 监控和报警：为了实时监测全链路指标并及时响应异常情况，需要选择监控和报警工具。这些工具可以帮助识别指标的异常波动、阈值突破等，并通过邮件、短信或其他渠道及时通知相关人员。
- 自动化和配置管理：选择自动化和配置管理工具，以实现全链路指标控制塔的自动化部署、配置管理和版本控制。这可以提高效率，减少错误，并确保系统的可重复性和可维护性。
- 安全性和访问控制：考虑数据的安全性和访问控制，选择适当的安全工具和技术。这可能包括数据加密、用户认证和授权、网络安全措施等，以保护敏感数据的机密性、完整性和可用性。

在选择技术和工具时，需要综合考虑功能需求、性能要求、可扩展性、成本效益等因素。同时，要确保所选技术和工具能够相互集成和协同工作，以构建一个高效、可靠的全链路指标控制塔。

7. 持续改进和优化

持续改进和优化包括以下几个方面：

- 数据分析和反馈：定期收集和分析全链路指标数据，以了解系统的性能、效率和效果。通过数据分析，识别潜在的问题、瓶颈和优化的机会。
- 用户反馈和建议：积极收集用户的反馈和建议，了解他们在使用全链路指标控制塔的过程中遇到的问题、需求和期望。将用户的声音纳入改进和优化的决策过程中。
- 性能监控和评估：使用监控工具和指标来实时监测系统的性能和运行状况。定期进行性能评估，以确保系统的稳定性、可靠性和可扩展性。
- 迭代开发和测试：采用迭代开发的方法，不断改进和优化全链路指标控制塔的功能、界面和用户体验。进行充分的测试，以确保新改进、新功能的质量和稳定性。
- 合作和协同：促进跨部门的合作和协同，共同推动全链路指标控制塔的改进和优化。鼓励团队成员分享经验、知识和最佳实践，以促进学习和成长。
- 创新和实验：鼓励创新思维和实验，尝试新的技术、方法和策略，以不断提升全链路指标控制塔的性能和价值。
- 文档和知识管理：建立完善的文档和知识管理体系，记录改进和优化的过程、决策和结果。这有助于团队成员之间的知识传承和持续学习。

通过持续改进和优化，可以不断提升全链路指标控制塔的功能、性能和用户体验，使其更好地支持业务决策和运营管理。

8. 数据安全和隐私保护

数据安全和隐私保护包括以下几个方面：

- 数据加密：采用先进的加密技术对传输和存储的数据进行加密，确保数据在传输过程中不被窃取或篡改，以及在存储时的数据安全性。
- 用户认证和授权：实施严格的用户认证和授权机制，确保只有授权用户能够访问和操作全链路指标控制塔的数据。
- 数据隔离：根据数据的敏感程度和用途，对不同级别的数据进行隔离，限制对敏感数据的访问权限，以保护数据的隐私。
- 隐私政策和合规性：制定明确的隐私政策，告知用户数据的使用目的、范围和保护措施，并确保全链路指标控制塔的实施符合相关法律法规和行业标准。
- 安全审计和监控：定期进行安全审计，检测和防范潜在的安全威胁，并对系统进行监控，以及时发现并处理异常情况。
- 员工培训和意识提升：加强员工的数据安全和隐私保护意识培训，确保员工了解数据保护的重要性，遵守相关规定和操作流程。
- 第三方安全评估：定期邀请第三方安全机构对全链路指标控制塔进行安全评估，发现潜在的安全漏洞并及时修复。

通过以上措施的实施，可以有效保障全链路指标控制塔的数据安全和用户隐私，降低数据泄露和滥用的风险，提高用户对系统的信任度。

7.5 全链路指标控制塔在制造企业中的应用案例

7.5.1 M 集团的全链路指标控制塔实施

M 集团是一家专注于服务工具产业的连锁、品牌、制造、研发企业的平台。自 20 世纪 90 年代成立至今，该集团始终致力于向消费者、终端、经销商及制造商提供国际化品牌和专业化服务，打造一个多方参与的国际五金工具采销平台。在数字化新时代，M 集团希望重构产业链，实现“打通海内外，打通线上线下，打通城乡”三通，同时统一模式，统一品牌，统一产品，从而打造工具产业互联网平台，以赋能平台伙伴，降低成本，提高效益。

1. 实施挑战

在实现企业业务目标的过程中，进行集团的数字化建设是至关重要的。本项目要从生产数据到分析数据、应用数据，搭建集团的全链路指标控制塔，以充分发挥数据的价值。经过与客户的初步调研与沟通，我们发现项目建设过程中面临以下挑战。

（1）数据未闭环，存在断点

各项业务流程尚未完全实现系统化，全链路数据未闭环，断点较多，难以为高质量决策提供有力支撑。以 M 集团的 B 端客户信息录入与审批流程为例，该流程不完整，存在客户信息缺失、客户审核流程缺失的情况，导致录入客户销售数据时存在信息缺失与信息不准确的情况，出现一客户多账号的问题。当财务进行 B 端的返点费用计算时，由于无法依据系统数据准确计算，往往需要财务人员线下逐一对数据进行核对和修正，耗费大量的时间和精力。可能会出现以下问题：

- 数据准确性和完整性无法得到保障，可能导致决策失误；

- 依赖人工核对和修正数据，增加了出错的可能性，且效率低下；
- 数据不一致和缺失可能导致业务部门之间的沟通和协作出现问题；
- 难以实现对业务流程的全面监控和优化。

（2）数据孤岛

数据分散在各个体系中，相互独立，各部门之间的数据共享及流动性差，往往依赖人工线下整理数据并通过邮件等方式进行沟通。而且，业务系统内的数据质量不佳，可能存在数据缺失、错误、重复等问题，数据的准确性和完整性无法得到保障。这极大地限制了跨组织、跨业务的多方协同决策能力。可能会出现以下问题：

- 数据分散在不同部门，难以进行全局分析和决策；
- 数据共享困难，导致重复工作和效率低下；
- 数据质量问题可能导致决策基于不准确的信息；
- 跨部门合作和协同决策受到限制。

（3）数据一致性差

各部门的常用报表等数据主要依赖线下整理，而且整理人员不同，存在大量数据口径定义不一致、数据格式多样化等问题。例如，不同部门对同一指标的计算方式可能存在差异，导致数据之间的可比性较差。此外，数据格式的多样化也给数据整合和分析带来了困难。可能会出现以下问题：

- 数据口径不一致导致数据之间的可比性差，难以进行有效的比较和分析；
- 数据格式多样化增大了数据整合和分析的难度；
- 依赖线下整理数据可能导致数据的时效性和准确性问题；
- 数据不一致可能影响部门之间的沟通和协作。

（4）数据应用能力弱

行业的数字化程度较低，从业人员缺乏相应的数据素养，数据应用能力不高。他们可能缺乏对数据的理解和分析能力，无法从数据中提取有价值的信息，也难以将数据应用于业务决策和优化中。这限制了企业充分利用数据的潜力，无法实现数据驱动的业务增长和创新。可能会出现以下问题：

- 从业人员对数据的理解和分析能力有限，无法充分挖掘数据的价值；
- 数据应用能力弱限制了企业利用数据进行业务优化和创新的能力；
- 缺乏数据驱动的决策文化，可能导致决策的主观性和不准确性；
- 难以适应数字化时代的竞争和发展需求。

针对上述挑战，我们一致认为需要采取一系列措施来推动 M 集团的数字化建设，包括完善数据闭环、打破数据孤岛、提高数据一致性以及增强数据应用能力。通过建立有效的数据治理机制，加强数据质量管理，推动数据共享和协同，以及提升员工的数据素养，我们能够充分挖掘数据的价值，实现更精准的决策和业务增长。

2. 实施路径

为了顺利实现项目目标并有效应对上述挑战，我们的实施团队充分利用其在智能制造领域的丰富经验和深刻行业理解，采用了三步走的策略。

（1）梳理数据，构建数据资产

在这个阶段，实施团队深入了解了 M 集团的各个业务流程和数据需求，与关键人员进行紧密合作，以确保全面了解该集团的数据结构和数据流。在此基础上，我们利用先进的技术和工具构建一个全面的业务分析数据模型，该模型将提取和整合核心数据资产，涵盖关键业务领域和指标。这个数据模型将为后续的分析和决策提供坚实的基础。

为了确保数据的准确性和一致性，我们组织跨部门的工作坊和讨论，明确和统一指标的业务口径和计算方法。这一操作有助于消除数据的歧义和不一致性，确保数据的可靠性。同时，我们还制定明确的数据采集和报告流程，以实现对指标的及时更新和对指标准确性的监控。

在数据管理方面，我们利用先进的工具对这些统一指标进行集中、高效的管理，这包括数据的存储、处理、清洗和整合，以确保数据的质量和可用性。利用这些工具，我们能够更好地管理和监控指标，及时发现数据异常和问题，并采取相应的措施进行修复。

（2）统一指标口径

为了确保各业务部门对指标定义的认知一致，我们组织了一系列的培训和沟通活动，对指标定义、计算方法和业务口径进行详细解释，以确保每个相关人员都能够理解和应用统一的指标口径。此外，我们还提供实例和案例分析，帮助大家更好地理解指标的实际应用和影响。

为了进一步促进沟通和协作，我们建立了一个指标管理平台，使各个部门能够方便地访问和共享统一的指标信息。这个平台提供了实时的指标数据、计算方法和口径解释，以便大家快速获取所需的信息。通过这个平台，各部门之间的沟通更加高效，决策也更加协调。

（3）搭建经营分析平台

为了提升业务分析和决策效率，我们精心设计和开发了一个集团级的统一分析看板。这个看板提供灵活、自助、多维度的即时指标查询和分析功能，使业务人员和管理层能够快速获取所需的信息。通过数据的可视化展示和深入分析，他们能够更好地理解业务绩效，发现潜在的机会和问题，并做出更明智的决策。

在用户体验方面，我们注重平台的易用性和可扩展性。该平台提供简洁明了的界面和操作流程，使用户能够轻松上手并进行自主分析。同时，我们确保平台具有良好的扩展性，以适应 M 集团不断变化的业务需求。

通过上述措施的实施，我们的实施团队成功整合各系统，实现数据流程的标准化，对业务指标进行统一管理和应用。这一系列努力使企业的经营实现数字化与在线化监测，为企业的可持续发展提供有力支持。

同时，我们还搭建了 M 集团统一的分析报表系统，将业务分析范式在线化、普惠化，使更多的业务与管理人员能够轻松运用数据，准确了解其所负责业务的经营状况，及时发现问题并做出明智的决策。这一创新举措将进一步助力企业的发展，使其在竞争激烈的市场中脱颖而出，取得更大的成功。

具体的经营分析平台的系统架构及实施策略如图 7-5 所示。

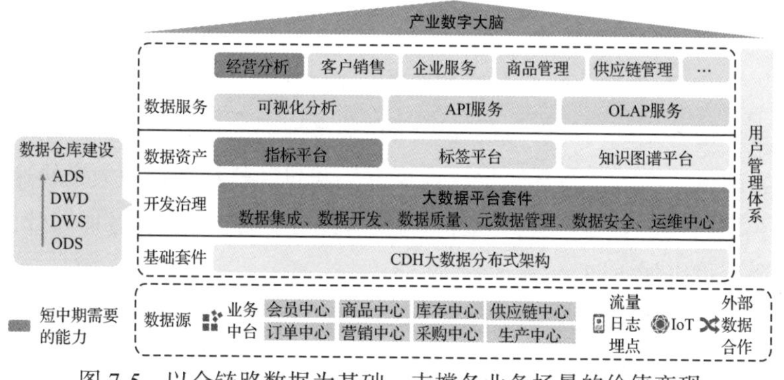

图 7-5　以全链路数据为基础，支撑各业务场景的价值变现

7.5.2　J 公司的数字化管理改进

J 公司是一家二十余年如一日专注于研究中式烹饪自动化的企业，发明了一系列的自动烹饪类小家电产品及新颖的其他家电产品，具有很强的研发实力。J 公司的产品在国内几个主要电商平台上的销量一直遥遥领先，使其成为行业领先品牌。但随着业务的蓬勃发展与家电行业竞争的白热化，J 公司亟须加强对生产的管理，并打通销售与生产的数据隔离，让数据互通，使协同更高效，从而应对复杂的市场变化与行业竞争。

1. 管理痛点

在生产运营管理中，J 公司面临着一系列的痛点和挑战，这些问题直接影响着公司的成本、效率和业绩。经过详细调研，以下是一部分生产管理痛点。

（1）生产进度管理方面

- 大量销售订单的涌入使生产线任务繁重，制订和执行生产计划变得异常复杂。企业需要精确地安排生产任务，协调各部门之间的工作，以确保按时完成订单。
- 实时监控每个订单的生产进度变得困难，可能会出现延误或缺货的情况。这可能导致客户不满，影响企业的声誉和市场份额。
- 由于部门之间的信息共享不及时，销售部门无法准确了解生产进度，导致其难以向客户提供准确的交付日期。这可能导致客户流失或订单取消。

（2）物料管理方面

- 以产定采的模式增加了制订物料采购计划和管理物料的难度。企业需要准确预测原材料和零部件的需求，以确保及时供应，同时避免库存积压。

- 回料的到货时间和质量对生产线排产以及销售订单的交付有直接影响。如果回料不能及时到达或质量不符合要求，可能导致生产延误或产品质量问题。
- 缺乏有效的物料跟踪和库存管理系统，可能导致物料短缺或库存积压。这可能导致生产线停工或资金占用，影响企业的运营效率。

（3）质量与工艺管理方面

- 不良品和废料的堆积会占用大量仓库空间，增加成本。此外，返工和报废过程会浪费时间和资源，降低生产效率。
- 较低的产品直通率意味着生产过程中存在质量问题，可能导致返工或报废。这会增加生产成本，并可能影响产品交付时间。
- 工艺的不稳定性会影响产品质量和生产效率，需要进行改进和优化。这可能需要投入大量的时间和资源进行研究和实验。

（4）设备与设施管理方面

- 统计设备效率的工作复杂且耗时，需要耗费大量的人力和时间。此外，随着设备使用年限的增加，故障率可能上升，导致生产中断。
- 设备的利用率不均衡，可能导致某些设备过度使用，而其他设备闲置。这可能影响生产计划的执行，并增加设备维护的成本。
- 设施的布局和规划不合理可能影响生产流程的顺畅性和效率。生产线的布局、物料的流动和工作区域的设计等问题可能导致物流不畅、生产效率低下。

为了解决这些管理痛点，企业需要采取一系列措施，例如：引入先进的生产计划和监控系统，加强跨部门的信息沟通和协调；优化物料采购和库存管理，建立有效的物料跟踪和库存控制系统；加强质量控制，改进工艺流程，提高产品直通率；定期维护和更新设备，合理安排设备使用，提高设备利用率；优化设施布局和规划，确保生产流程的顺畅性和高效性。

2. 实施过程

我们深入研究了上述痛点，并结合我们在智能制造领域的丰富经验以及对行业的深刻理解，提出了一套全面的解决方案。这套方案不仅涵盖管理层面的改进，还涉及技术层面的创新，旨在帮助 J 公司解决生产过程中的各种问题。

（1）生产进度管理方面

为了有效地管理生产进度，我们以数据仓库为基础，提取生产环境中各流程与设备的数据，并打通上下游销售计划、订单、采购订单等关联业务过程数据，实现各流程的数据联动。通过生产进度监控平台，我们可以实时监控生产进度，并在平台上实现对上下游的影响探查，及时了解物料回料情况以及对销售订单造成的影响。这一解决方案形成了具有全局视野的生产进度跟踪监控系统，能够帮助企业及时调整生产计划和资源分配，从而显著提高生产线的生产效率。

（2）物料管理方面

我们的解决方案涵盖准确预测原材料和零部件的需求、优化物料采购计划和管理、实时监控回料的到货时间和质量，以及实现有效的物料跟踪和库存管理等方面。通过使用先进的预测算法和数据分析工具，结合销售订单和生产计划，我们可以精确预测物料需求。同时，我们实施智能化的库存管理系统，实时跟踪物料的出入库情况，确保库存水平的合理性，以避免库存积压和短缺的问题。

（3）质量与工艺管理方面

我们通过实时监控和数据分析，及时发现质量问题并进行调整，同时优化工艺流程以提高生产效率和产品质量。我们部署传感器和监测设备，实时收集生产过程中的数据，并应用数据分析和机器学习算法，识别质量问题的趋势和模式。

（4）设备与设施管理方面

我们的解决方案旨在降低统计设备效率的复杂性和耗时量，提高设备的利用率，并优化设施的布局和规划。通过智能监控和预测性维护，我们可以减少设备故障和生产中断，提高生产的顺畅性和效率。

3. 实践价值

（1）更高效的多部门协同

通过将销售部门、生产部门和采购部门等多方的数据进行汇聚和联动，打破了生产过程中的信息断点。各相关方能及时掌握生产情况并根据其做出相应的策略调整。这一举措将提高企业整体效率，促进各部门之间的紧密合作。

多部门协同的实现依赖于信息的流通和共享。通过建立信息共享平台，销售部门可以实时了解客户需求和市场动态，及时调整销售策略；生产部门可以根据销售订单和采购原材料的情况，合理安排生产计划，提高生产效率；采购部门可以根据生产计划和库存情况，及时采购原材料，保证生产的连续性。这种多部门协同的工作模式将大大提高企业的市场响应速度和竞争力。

（2）更安全的生产过程和更高的生产效率

将J公司的各类工业设备与互联网相连，采集其在生产过程中的全量数据，并结合传感器节点的数据进行实时监控，构建起工业物联网时序数据架构。该架构以工作流数据为主线，综合采集生产设备、质检设备、物流设备的工作关键数据，通过数字化洞察，实现设备间的高效协同，确保产品的稳定生产和质量可控。

在安全方面，实时监控生产过程中的各种参数和数据，可以及时发现潜在的安全隐患，并采取相应的措施，避免事故的发生。在生产效率方面，通过设备间的高效协同，可以实现生产过程的自动化和智能化，从而减少人工干预，提高生产效率和产品质量。

（3）更敏捷的现场决策和更优的资源利用

借助数字化管理，实现了制造过程的可视化与透明化。通过对设备运行状态的实时监控，避免了不必要的停产问题，设备的综合效率得到显著提升。同时，对生产能耗的实时监控也有效避免了不必要的资源浪费，大幅降低了生产成本。

通过实时监控和数据分析，管理人员可以快速了解生产现场的情况，做出敏捷的决策，及时调整生产计划和资源配置，从而提高生产效率和资源利用率。此外，数字化管理还可以实现对生产过程的精细化管理，提高产品质量和降低成本。

（4）打造智慧工厂，增强企业创新力和竞争力

通过数字化转型的方式构建智慧工厂，实现精益生产线规划、智能分析生产数据、优化生产活动现场，实现生产流程的智能化和自主可控。这一举措将令生产效率大幅提升，生产成本不断降低，从而提高 J 公司的创新能力，巩固行业领先地位，并为企业发展注入源源不断的动力。

智慧工厂的建设将使 J 公司在生产过程中实现智能化、自动化和信息化，提高生产效率和产品质量，降低成本。同时，通过智能分析生产数据，J 公司可以更好地了解市场需求和产品趋势，及时调整产品结构和生产计划，提高自身的创新能力和市场竞争力。

7.6 推广全链路指标控制塔的策略和建议

对于制造企业而言，要在内部推行全链路指标控制塔这一管理模式，需要进行系统性的规划和执行一系列精细的策略。推广全链路指标控制塔的策略如图 7-6 所示。

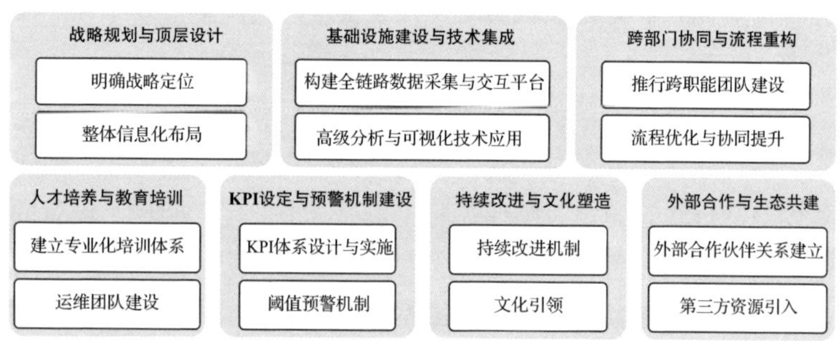

图 7-6　推广全链路指标控制塔的策略

7.6.1 战略规划与顶层设计

1. 明确战略定位

制订详尽的战略规划，将全链路指标控制塔作为制造企业提升供应链竞争力的核心工具，明确其在提升供应链透明度、效率、响应速度和柔性上的关键作用。这要求企业高层充分认识到全链路指标控制塔的价值所在，将其纳入企业战略发展规划，强调其在降低运营成本、提高服务水平、缩短产品上市时间等方面的积极作用。

2. 整体信息化布局

将全链路指标控制塔与企业的整体信息化战略紧密结合，打通从研发、采购、生产、物流、销售到售后服务的全价值链的数据通道。通过集成 ERP、MES、WMS、TMS 等多种信息系统，创建一个高度集成、互联互通的信息化环境，使全链路指标控制塔能实时获取并分析各种关键数据，从而实现供应链的全景透视和精准管理。

7.6.2　基础设施建设与技术集成

1. 构建全链路数据采集与交互平台

企业需搭建一套完善的数据采集和交换平台，确保从供应商到客户的全链条数据能够实时、完整、准确地汇集到全链路指标控制塔中。这意味着要改造和升级现有数据采集设备，规范数据标准，建立统一的数据接口，确保数据流动无阻，实现供应链的实时可视化。

2. 高级分析与可视化技术应用

引入先进的大数据分析和人工智能技术，利用机器学习算法、预测模型等，深度挖掘数据背后的价值。同时，开发高度定制化的可视化仪表板，将复杂的供应链数据转化为易于理解的图形进行展示，让各级管理人员能够实时掌握各项关键绩效指标（如库存周转率、准时交货率、供需平衡状态等），以便做出科学、敏捷的决策。

7.6.3　跨部门协同与流程重构

1. 推行跨职能团队建设

为了有效推广全链路指标控制塔，企业应当倡导跨部门、跨职能团队合作，鼓励所有业务单位积极参与并了解全链路指标控制塔的功能及其在供应链优化中的角色。这包括举办专题研讨会、工作坊等形式的活动，以增进沟通交流，促进全员对全链路指标控制塔理念的认同和接纳。

2. 流程优化与协同提升

根据全链路指标控制塔提供的深入洞察，企业应当重新审视并优化现有的业务流程，消除冗余环节，提升协同效率。例如，通过全链路指标控制塔发现瓶颈环节后，可以针对性地调整生产计划、库存策略或物流路径，以实现供应链各环节之间更紧密、更高效的协同联动。

7.6.4 人才培养与教育培训

1. 建立专业化培训体系

企业应制订详细的培训计划，围绕全链路指标控制塔的理念、使用方法以及相关的数据管理、分析技巧等内容开展定期培训。通过对员工进行有针对性的教育和培养，提高他们的数据素养和供应链管理能力，使其能够更好地运用全链路指标控制塔进行决策支持。

2. 运维团队建设

成立专门的供应链管理部门或团队，负责全链路指标控制塔的日常运维工作，包括数据监控、异常处理、系统优化等任务。该团队应由具备深厚供应链管理知识和信息技术背景的专业人员组成，以保障全链路指标控制塔的有效运转和持续优化。

7.6.5 KPI 设定与预警机制建设

1. KPI 设定

设计一套全面且具有前瞻性的供应链 KPI 指标体系，涵盖供应链的所有关键环节。这些指标应包括但不限于库存周转率、准时交货率、订单完成周期、物料供应稳定性，确保能够全面衡量和评价供应链的健康状况和运行效率。

2. 预警机制建设

建立一套完善的预警系统，预先设定各类关键 KPI 的阈值范围，一旦实际数值接近或超出预警阈值，系统自动发出预警信号，触发相应的应急响应机制，有助于企业预防潜在问题，快速调整策略，确保供应链稳定和可靠。

7.6.6　持续改进与文化塑造

1. 持续改进机制

采用 PDCA（计划 – 执行 – 检查 – 行动）循环等精益管理方法，持续推动全链路指标控制塔功能的完善和用户体验的提升。鼓励员工在实践中发现问题，提出改进建议，并将其纳入控制塔的优化进程中。

2. 文化引领

通过内部分享会、最佳实践案例等方式，宣传推广全链路指标控制塔的成功应用实例，树立数据驱动决策的榜样。同时，设立相应的激励机制，奖励那些在实施和优化全链路指标控制塔工作中表现突出的个人或团队，从而在企业内部逐渐形成重视数据、追求卓越的供应链管理文化。

7.6.7　外部合作与生态共建

1. 外部合作伙伴关系建立

积极拓展与供应链上下游合作伙伴的关系，签订数据共享协议，实现从供应商到客户的数据连通和共享，从而构建覆盖全链条的供应链可视化环境。这有助于企业与合作伙伴共同应对市场需求变化，提升整体供应链的响应速度和适应性。

2. 第三方资源引入

寻求与第三方解决方案提供商合作，引入业内领先的全链路指标控制塔技术和专业服务，帮助企业快速完成技术选型、方案设计和系统实施，缩短项日落地周期，确保全链路指标控制塔在企业内部的顺利推广和高效应用。

综上所述，借助多维度、全方位的策略组合，制造企业能够在全链路层面有效推广和应用全链路指标控制塔，进而在供应链管理实践中实现精细化、高效率和智能化的目标，助力企业在激烈的市场竞争中赢得优势。

7.7 全链路指标控制塔对制造企业数字化管理的重要意义

全链路指标控制塔对制造企业的数字化管理具有重要意义，具体体现在 6 个方面，如图 7-7 所示。

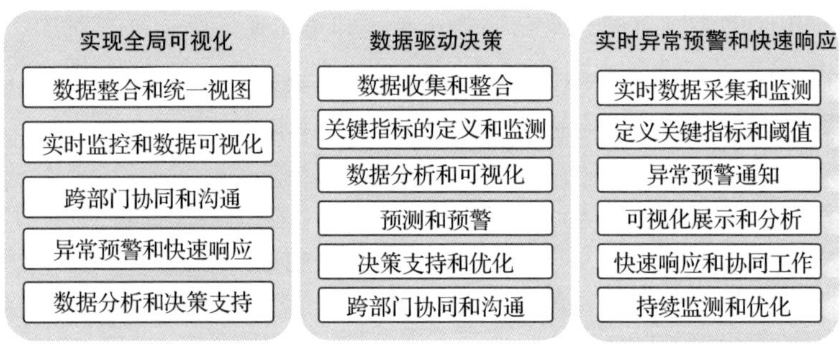

图 7-7　全链路指标控制塔对制造企业数字化管理的重要意义

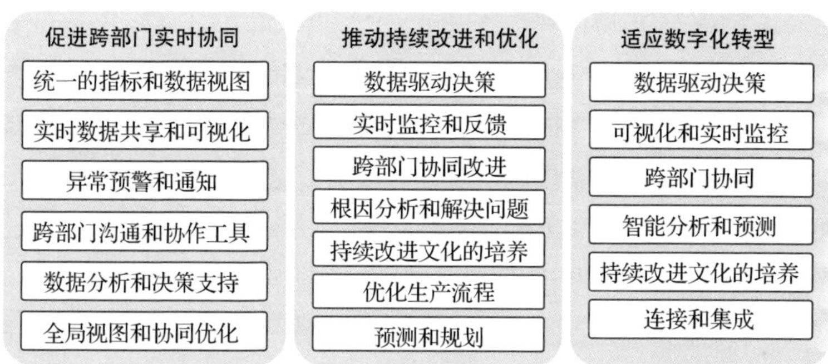

图 7-7　全链路指标控制塔对制造企业数字化管理的重要意义（续）

7.7.1　实现全局可视化

通过全链路指标控制塔，制造企业可以将各个环节的关键指标集中在一个平台上进行展示和监控。管理人员能够快速了解整个生产过程的状态，包括生产线的运行情况、设备的效率、库存水平等。这种全局可视化的能力有助于管理人员更好地掌握企业的整体运营情况，及时发现问题并做出决策。具体包括以下几个方面。

（1）数据整合和统一视图

全链路指标控制塔将来自不同系统和数据源的数据进行整合和关联，形成一个统一的视图。这样，企业可以在一个平台上查看和分析整个制造过程的关键指标和数据，包括生产线上的设备状态、生产进度、质量指标等。

（2）实时监控和数据可视化

通过实时数据采集和监控，全链路指标控制塔可以提供实时的制造过程数据。它以可视化的方式（如图表、图形、仪表板等）展示这些数据，使管理人员能够直观地了解生产线上的情况，包括设备的运行状态、生产效率、质量水平等。

（3）跨部门协同和沟通

全链路指标控制塔促进了制造企业各部门之间的协同和沟通。不同部门可以在同一个平台上共享关键指标和数据，了解彼此的工作情况和对整体制造过程的影响。这种协同和沟通有助于消除信息孤岛，提高工作效率。

（4）异常预警和快速响应

全链路指标控制塔可以设置预警机制，当制造过程中出现异常情况时，系统会及时发出警报。管理人员可以快速响应并采取相应的措施，减少生产延误和损失。

（5）数据分析和决策支持

全链路指标控制塔提供数据分析工具和功能，帮助制造企业分析生产数据，发现潜在的问题和优化机会。基于数据的决策支持可以帮助企业做出更明智的决策，优化生产流程，提高质量和效率。

通过实现全局可视化，全链路指标控制塔使制造企业能够全面了解生产过程的各个方面，及时发现问题，快速做出决策，并促进跨部门的协同工作。

7.7.2 数据驱动决策

全链路指标控制塔基于数据分析和挖掘，为管理人员提供了更准确、及时的信息。通过对数据的深入分析，企业可以发现生产过程中的瓶颈、优化的潜力以及市场变化的趋势。这些数据驱动的决策可以帮助企业做出更明智的战略规划和运营调整，提高生产效率，降低成本，从而增强企业的竞争力。具体包括以下几个方面。

（1）数据收集和整合

全链路指标控制塔从包括生产设备、传感器、企业系统等各种数据源收集数据，它将这些数据进行整合和清洗，确保数据的准确性和一致性。

（2）关键指标的定义和监测

企业可以根据业务需求定义关键指标，如生产效率、设备利用率、质量指标等。全链路指标控制塔实时监测这些关键指标，并将其集中展示在一个界面上，使管理人员能够快速了解业务的绩效。

（3）数据分析和可视化

全链路指标控制塔利用数据分析工具和技术，对收集的数据进行分析和处理。它可以提供各种可视化图表、报表和仪表板，以直观的方式展示数据的趋势、异常情况和关键洞察力。

（4）预测和预警

基于历史数据和分析模型，全链路指标控制塔可以进行预测和预警。它可以预测未来的业务趋势、设备故障、生产延误等，提前警示管理人员，以便他们采取相应的措施。

（5）决策支持和优化

通过对数据的分析和洞察，全链路指标控制塔为管理人员提供决策支持。它可以帮助识别改进的机会、优化生产流程、降低成本、提高质量等。管理人员可以根据数据驱动的决策进行调整和优化，以实现更好的业务绩效。

（6）跨部门协同和沟通

全链路指标控制塔促进了跨部门的协同和沟通。不同部门可以共享关键指标和数据，更好地理解彼此的工作和影响。这有助于协调各部门的行动，推动整体业务目标的实现。

7.7.3　实时异常预警和快速响应

全链路指标控制塔可以设置预警机制，当关键指标偏离正常范围时，系统会及时发出警报。这有助于企业快速响应异常情况，采取纠正措施，减少生产延误和损失。通过实时的异常监测和快速响应，企业可以提高生产的稳定性和可靠性。具体包括以下几个方面。

（1）实时数据采集和监测

全链路指标控制塔可以从各种数据源实时采集数据，并持续监测这些数据，以捕捉任何异常情况的发生。

（2）定义关键指标和阈值

企业可以定义关键指标和相应的阈值，这些指标可以是生产效率、设备状态、质量指标等。一旦指标超过或低于设定的阈值，全链路指标控制塔会触发异常预警。

（3）异常预警通知

当异常情况被检测到，全链路指标控制塔会及时向相关人员发送预警通知。这些通知可以通过电子邮件、短信、移动应用等方式发送，以确保相关人员能够及时获取。

（4）可视化展示和分析

全链路指标控制塔提供可视化的界面和工具，将异常情况以直观的方式展示出来。管理人员可以通过图表、图形和仪表板等快速了解异常的影响范围、严重程度以及可能的原因。

（5）快速响应和协同工作

一旦收到异常预警，相关人员可以通过全链路指标控制塔进行快速响应。他们可以查看详细的异常信息，分析数据，查找根本原因，并采取相应的纠正措施。全链路指标控制塔促进了跨部门的协同工作，确保问题能够得到及时解决。

（6）持续监测和优化

在解决异常情况后，全链路指标控制塔会继续监测指标，以确保问题得到彻底解决，并评估纠正措施的效果。通过对数据的分析，企业可以不断优化生产过程，防止类似异常的再次发生。

通过实时异常预警和快速响应，全链路指标控制塔帮助制造企业及时发现问题，迅速采取行动，缩短生产中断时间，提高生产效率，并确保产品质量。这有助于企业提高生产灵活性，降低成本，并在激烈的市场竞争中保持竞争力。

7.7.4 促进跨部门实时协同

全链路指标控制塔促进了制造企业各部门之间的协同工作。不同部门可以共享关键指标和数据，更好地理解彼此的工作和需求。这种跨部门的协同有助于消除信息孤岛，提高工作效率，减少沟通成本，并促进团队合作。具体包括以下几个方面。

（1）统一的指标和数据视图

全链路指标控制塔提供一个统一的平台，使不同部门能够在同一个数据视图下进行协作。各部门可以访问和共享关键指标和数据，了解整个制造过程的实时情况。

（2）实时数据共享和可视化展示

通过实时数据共享和可视化展示，全链路指标控制塔使各部门能够实时了解生产线上的情况。他们可以看到设备的运行状态、生产进度、质量指标等，从而更好地协调工作。

（3）异常预警和通知

当制造过程中出现异常情况时，全链路指标控制塔会及时发出预警通知。这些通知可以同时发送给相关部门的人员，使他们能够快速响应并协同解决问题。

（4）跨部门沟通和协作工具

全链路指标控制塔提供跨部门沟通和协作的工具，如即时消息、讨论论坛、任务分配等。各部门可以在平台上实时沟通，分享信息，协调行动，从而提高工作效率。

（5）数据分析和决策支持

全链路指标控制塔提供数据分析工具和功能，帮助各部门分析生产数据，发现问题和优化机会。基于数据的决策支持有助于部门之间达成共识，共同推动改进和优化措施的实施。

（6）全局视图和协同优化

通过全链路指标控制塔，各部门可以获得全局视图，了解自己的工作对整个制造过程的影响。这有助于促进部门之间的协同优化，共同追求整体业务目标的实现。

通过实时跨部门协同，全链路指标控制塔使制造企业各部门能够更好地协调工作、快速响应问题、共享信息和数据，这有助于增强企业的竞争力和敏捷性。

7.7.5 推动持续改进和优化

全链路指标控制塔支持持续改进和优化的文化。通过对指标的跟踪和分析，企业可以不断评估生产过程的效果，识别改进的机会，并实施优化措施。这种持续改进的循环有助于推动企业不断进步，提升产品质量和生产效率。具体包括以下几个方面。

（1）数据驱动决策

全链路指标控制塔收集和分析大量的关键指标数据，为制造企业提供了数据驱动的决策支持。通过对数据的深入分析，企业可以发现问题的根源，识别优化的机会，并制定相应的改进措施。

（2）实时监控和反馈

实时监控和反馈是全链路指标控制塔的重要功能之一。它可以实时监测生产过程中的各项指标，及时发现异常情况并向相关人员提供反馈。这种实时性使企业能够快速响应问题，采取纠正措施，从而避免问题进一步扩大。

（3）跨部门协同改进

全链路指标控制塔促进了跨部门的协同工作和沟通。不同部门可以在同一个平台上共享数据，交流信息，并共同参与改进过程。这种协同工作有助于消除部门之间的信息孤岛，促进团队合作，推动整体的改进和优化。

（4）根因分析和解决问题

通过对数据的分析和可视化展示，全链路指标控制塔帮助企业进行根因分析，找到问题的根本原因。这使企业能够有针对性地制定解决方案，避免问题再次发生，并不断优化生产过程。

（5）持续改进文化的培养

全链路指标控制塔的使用培养了制造企业的持续改进文化。通过实时监测和数据分析，企业能够不断识别和解决问题，推动持续改进的循环。这种文化的形成有助于员工积极参与改进工作，提高工作效率和质量。

（6）优化生产流程

基于对生产数据的分析，全链路指标控制塔可以帮助制造企业发现生产流程中的瓶颈和低效环节。通过优化这些环节，企业可以提高生产效率，降低成本，并提升产品质量。

（7）预测和规划

利用历史数据和趋势分析，全链路指标控制塔可以进行预测和规划。企业可以预测生产需求、设备维护需求等，提前做好准备工作，避免生产中断和延误。

通过推动持续改进和优化，全链路指标控制塔使制造企业能够不断提高生产效率、质量和客户满意度。

7.7.6　适应数字化转型

全链路指标控制塔是制造企业数字化管理的重要组成部分，它为企业提供了一个数字化平台，使其能够更好地利用各种数字技术和工具，实现生产过程的数字化、自动化和智能化。适应数字化转型有助于企业提升创新能力，提高生产灵活性，并在竞争激烈的市场中保持领先地位。具体包括以下几个方面。

（1）数据驱动决策

全链路指标控制塔收集和分析大量的生产数据，为企业提供实时的洞察力和决策支持。在数字化转型中，数据成为企业的重要资产，通过对数据的深入分析，企业可以更好地了解生产过程，优化运营，并做出更明智的决策。

（2）可视化和实时监控

全链路指标控制塔以可视化的方式展示关键指标和数据，使企业能够实时监控生产过程。这种实时性和可视化的特点有助于企业快速识别问题和异常情况，并及时采取行动。在数字化转型中，实时的数据监控和反馈对于快速响应市场变化、提高生产效率至关重要。

（3）跨部门协同

全链路指标控制塔促进了不同部门之间的协同工作和信息共享。它提供了一个统一的平台，使生产、质量、维护等部门能够更好地协作，共同解决问题和优化生产过程。数字化转型强调打破部门壁垒，实现端到端的业务流程优化，全链路指标控制塔为此提供了支持。

（4）智能分析和预测

利用大数据和人工智能技术，全链路指标控制塔可以进行智能分析和预测。它能够识别趋势，预测潜在问题，并提供预警和建议。这有助于企业提前做出调整和优化，提高生产的灵活性和响应能力，满足数字化转型的需求。

（5）持续改进文化的培养

全链路指标控制塔推动了持续改进的文化在企业内部的形成。通过实时监测和数据分析，企业能够不断识别和解决问题，推动持续改进的循环。这种文化的培养有助于员工积极参与数字化转型，不断寻求创新和优化的机会。

（6）连接和集成

全链路指标控制塔可以与其他数字化系统和工具进行连接和集成，实现数据的无缝流转和共享。它可以与企业资源规划（ERP）系统、制造执行系统（MES）、质量管理系统等集成，形成数字化生态系统。这种连接和集成能力有助于企业实现全面的数字化转型。

通过适应数字化转型，全链路指标控制塔使制造企业能够更好地利用数据，实现跨部门协同，提高生产效率和质量，并培养持续改进的文化。它为企业提供了一个数字化平台，支持企业在数字化时代保持竞争力并实现可持续发展。

综上所述，全链路指标控制塔对于制造企业的数字化管理有重要意义。它在全局可视化、数据驱动决策、实时异常预警和快速响应、跨部门协同、持续改进和优化以及适应数字化转型等方面具有优势，有助于企业提高生产效率，降低成本，提升质量，并增强竞争力。

7.8　全链路指标控制塔在制造领域的应用前景

全链路指标控制塔在制造领域的应用前景非常广阔。随着科技的不断进步和制造业的数字化转型，全链路指标控制塔将进一步发展和演进。

（1）智能化和自动化

未来的全链路指标控制塔将更加智能化，可以利用人工智能和机器学习技术自动识别和分析数据中的模式和趋势，提供更准确的预测和建议。自动化技术的应用将使全链路指标控制塔能够自动执行一些常规任务和决策，提高生产效率和准确性。

（2）增强的可视化和用户体验

为了更好地帮助用户理解和分析数据，全链路指标控制塔将提供更加强大的可视化功能。通过使用虚拟现实、增强现实等技术，用户可以身临其境地查看生产过程和指标，更好地进行决策和干预。

（3）跨平台和移动性

随着移动设备的普及，全链路指标控制塔将逐渐向移动端迁移，用户将可以通过手机或平板电脑随时随地访问和监控关键指标，及时获取重要信息并进行决策，这将提高工作的灵活性和便捷性。

（4）行业特定解决方案

不同行业的制造过程和需求存在差异，未来的全链路指标控制塔将针对特定行业提供定制化的解决方案。这样可以更好地满足不同行业的独特需求，提高全链路指标控制塔的适用性和实用性。

（5）与物联网和工业互联网的融合

随着物联网技术的发展，更多的设备和传感器将连接到全链路指标控制塔上。这将提供更广泛的数据来源，使全链路指标控制塔能够更好地监控和优化整个制造生态系统。同时，与工业互联网的融合将促进供应链的协同和智能化。

（6）安全和隐私保护

随着数据的重要性不断增加，全链路指标控制塔将更加注重数据的安全和隐私保护。强大的安全机制将被应用，以确保数据的机密性、完整性和可用性。

总之，未来全链路指标控制塔在制造领域将更加智能化、可视化、移动化，并与其他技术和系统进行融合。它将成为制造企业实现数字化转型和提高竞争力的重要工具，为制造业的发展带来新的机遇和挑战。

第 8 章 CHAPTER

指标平台赋能连锁加盟业态数字化经营

连锁加盟作为中国经济体系中的关键组成部分，在推动消费需求、确保人民生活水平方面扮演着至关重要的角色。品牌连锁的迅捷市场拓展，不仅能够高效整合社会资源，还能够显著提高生产效益，并促进社会就业率的提升。

同时，连锁加盟作为一种现代企业管理模式，对中国企业科学管理体系的构建和数字化转型起到显著的示范作用。它向中国企业展示了如何借助科技手段，特别是数字化技术，来优化管理流程和提升运营效率。

本章以国内领先的连锁加盟品牌——绝味食品为例，探讨数据指标平台对连锁加盟品牌的价值，涵盖指标平台需求、目标、建设过程、平台能力，以及它给业务带来的价值等方面，为连锁加盟品牌提供参考。

8.1 指标平台为连锁加盟企业赋能

在当前精细化运营和人工智能等新技术迅速发展的大环境下，连锁加盟品牌必须摒弃过去粗放式的“跑马圈地”策略，转而构建以数据智能为核心的经营分析与决策能力。这种转变，不仅是对品牌内部管理和市场策略的深度优化，还是实现从传统经营向数字化跃迁的必经之路。

因此，对于连锁加盟品牌而言，深化数据分析，加强智能化经营，利用大数据、人工智能等现代科技手段，不断提升决策的精准度和运营的效率，是其保持持续竞争力的关键。这要求连锁加盟品牌不断创新，并积极适应新的市场环境，以确保其在激烈的市场竞争中保持领先地位。

8.1.1 连锁加盟业务特点

连锁加盟业务是一种既面向消费者（2C）又面向商业客户（2B）的商业模式。在这一模式中，连锁品牌需要平衡两方面的需求。

- 面向终端顾客的需求：连锁品牌必须不断优化顾客体验，确保产品和服务的质量与创新，以满足最终消费者的期望。
- 面向加盟商的需求：品牌的成功与加盟商的业绩紧密相连。因此，品牌需要投入资源来培养和提升加盟商的经营能力，这是品牌发展的关键。

在数字化建设方面，连锁加盟品牌需要做到以下几点。

- 触达终端顾客：通过数字化手段，如移动应用、社交媒体和在线平台，直接与消费者互动，以便收集反馈并快速响应市场变化。
- 顾及加盟商需求：开发和提供数字化工具和系统，以优化供应链管理、库存控制、加盟商培训和内部沟通。这包括实现对单店经营数据的预测和分析，以加快一线数据的获取并迅速做出决策，从而提升整体经营效率。

随着连锁加盟品牌的发展，多渠道、多区域、多加盟商的模式变得越来越普遍。这种模式的多样化和复杂化要求品牌必须建立统一的指标体系和自主的业务分析能力，以确保指标的一致性和普惠化使用。

标准化与一致性是连锁加盟品牌的核心要求。数字化解决方案需要支持品牌的标准化策略，同时提供足够的灵活性以适应不同地域的市场差异。

由于连锁加盟企业的店铺通常分布在不同的地理位置，数字化解决方案必须具备远程管理和操作的能力，确保所有位置的数据指标一致、数据同步和传输安全。

加盟商虽然在一定程度上独立运营，但他们需要与总部保持紧密的合作关系，遵守品牌的指导方针。数字化工具应该促进这种合作关系，使加盟商能够轻松接入总部的资源和数据，同时保留一定的操作自由度。

综上所述，连锁加盟品牌在数字化转型的过程中需要综合考虑消费者和加盟商的需求，通过数字化手段提升经营效率，同时保持品牌的统一性和灵活性。

8.1.2　连锁加盟业态数字化需求

近年来，随着技术的发展和市场环境的变化，连锁加盟品牌的数字化目标和需求也发生了一些新的变化，具体需求如下。

- 提高运营效率：通过数字化工具和系统优化供应链管理、库存控制、员工培训和内部沟通，减少成本和提升运营效率。

- 增强顾客体验：利用数字技术提供个性化服务，包括通过数据分析了解顾客偏好、提供定制化推荐、优化顾客购买路径等，以提高顾客满意度和忠诚度。
- 扩大市场份额和增强品牌竞争力：通过数字营销和社交媒体提升品牌知名度，使用电子商务平台扩大销售渠道，以增强市场竞争力。
- 数据驱动的决策制定：集中和分析来自各个触点的大量数据，以支持更准确和高效的决策制定过程。
- 提升数字化技能和文化：培养企业内部的数字化思维和技能，促进创新文化的形成，以适应快速变化的市场需求。

总之，中国食品加盟企业的发展和竞争重点与数字化需求紧密相连，数字化不仅是企业提升竞争力、优化顾客体验和提高运营效率的工具，也是企业实现长期可持续发展的关键。随着技术的进步和市场环境的变化，这些重点和需求还会继续演化。

8.1.3 连锁加盟品牌的数字化建设痛点

1. 各个部门的痛点

先来看一个故事。一家拥有 600 多家门店的连锁加盟品牌，在对多家新店进行财务核算时，发现其营收数据与单店投资回报数据差距较大，于是准备进行一次深度的复盘。

首先，收集门店的营业收入、利润、成本、订单等数据，然后，将这些数据与总部标准的单点模型数据对比，发现差距项，定位到问题后进行优化。预计 3 天时间能完成。

可是，在进行第一项数据收集的时候就遇到很大的困难，光取数就耗费 7 天，导致整个复盘项目整整花费了半个月的时间。

原来，门店有不少经营数据使用人工统计，并没有通过订单、运营等系统，导致无法从系统取数。更困难的是门店的数据与总部的数据不统一，统计口径不一致，以至于要重新梳理数据指标，拉取更多的数据，线下数据导入系统，再进行统计，其中包含了不少人工操作。

看到这里，是不是已经感受到了财务人员的痛苦？数到用时方恨少，这样的痛苦不仅存在于财务部门，各个部门也都存在。

- 大单品销量可观，但财务口径下很多头部商品不挣钱，甚至出现亏损，让人束手无策，不知从何优化。
- 同样一支商品在不同销售渠道销售的盈利情况各不相同，渠道商品选品缺少决策依据。
- 为商品销售不断调整运营和营销策略，每月关账时才发现商品财务账面出现亏损。
- 面对 O2O 平台的日常运营优化，缺少明确的决策依据，不知道如何更有效地分配资源和调整策略。

这些问题凸显了在日益复杂的商业环境中，企业对精准数据分析和财务决策支持的迫切需求。

2. 各个角色的痛点

在数字化进程中，不同角色面临的挑战和痛点可以概括如下。

1. 企业管理者

期望：通过数字化提升运营效率、市场响应速度和竞争力，实现成本优化和收入增长，以及提高市场敏锐度和创新能力。

挑战：

- 决策效率低：依赖碎片化报表，数据整合耗时，导致决策过程缓慢。
- 管理口径不一致：管理层与业务团队目标沟通确认过程烦琐，影响决策的准确性和执行效率。

2. 业务人员

期望：通过数字化实现高效的经营数据管理和报告流程，提高数据准确性和可靠性，支持精准的业务分析和预测。

挑战：

- 技术支持不足：缺乏 IT 或数据分析师的及时支持，影响业务流程和决策。
- 业务指标体系缺失：难以统一口径，导致业务协作效率低下。
- 数据问题定位难：数据质量问题影响业务决策的准确性。

3. 大数据相关技术人员

期望：运用先进技术如大数据分析、人工智能、大模型等，有效支持企业决策，优化运营流程，提升客户体验。

挑战：

- 技术选型和集成复杂性：面临系统集成的难题，影响项目进度和效果。
- 数据质量完整性：数据质量问题可能导致分析结果不准确。
- 跨部门协作障碍：信息孤岛现象影响跨部门合作效率。
- 技术更新和维护成本：持续的技术更新带来维护成本压力。
- 需求响应困难：数据工程师资源有限，难以满足日益增长的数据需求，导致交付时间长，业务满意度低。
- 分析灵活性与性能平衡：在复杂的技术方案和业务需求中寻找平衡点，避免过度消耗资源。

为了应对这些挑战，企业需要采取综合措施，包括优化数据管理流程、建立统一的业务指标体系、加强跨部门沟通协作、提升数据质量和分析能力以及加大技术和人才投入，以确保数字化转型的顺利进行。

8.1.4　连锁加盟品牌需要的指标平台

总的来看，数据不统一、数据不全面、系统复杂、业务数据多样等问题的关键在于指标体系的缺失。

指标体系可以映射业务经营逻辑，将北极星指标拆解为可落地的业务过程指标，形成战略到执行的闭环，从而帮助业务决策。

针对连锁加盟业务的独特性，考虑到人群的复杂需求和数字化特点，连锁加盟品牌更需要一套以“全链路指标化”理念设计的指标平台。

这样一个以“全链路指标化”为核心理念设计的指标平台（见图 8-1），能够覆盖指标管理的全生命周期，提供全面的管理与应用能力。它能有效解决指标定义不一致和数据响应缓慢的常见问题，并拥有四大独特优势，即更高效的指标管理、更友好的用户体验、更强大的查询性能及更智能的指标应用，能够满足多样化业务场景和不同用户群体的需求。

向上，指标平台能灵活支撑业务需求，通过指标 API 统一服务应用系统，实现“一处定义，全局使用”的目标，并提供简单、易用的功能，让业务部门能够自主配置和使用指标，达到业务自助服务的效果。

向下，指标平台可驱动数据仓库建设，以面向业务应用的指标体系，牵引数据仓库模型建设，增强业务部门对数据仓库价值的感知，帮助技术的有效实施。

具体来说，“全链路指标化”指标平台的特点如下。

- 业务导向的指标体系：推动企业数据基础架构的建设，助力数字化技术的实际应用。
- 统一的指标标准：建立一致的业务衡量标准，加强总部与加盟商之间的合作，为各类评估提供可靠依据，提升经营决策的效率。

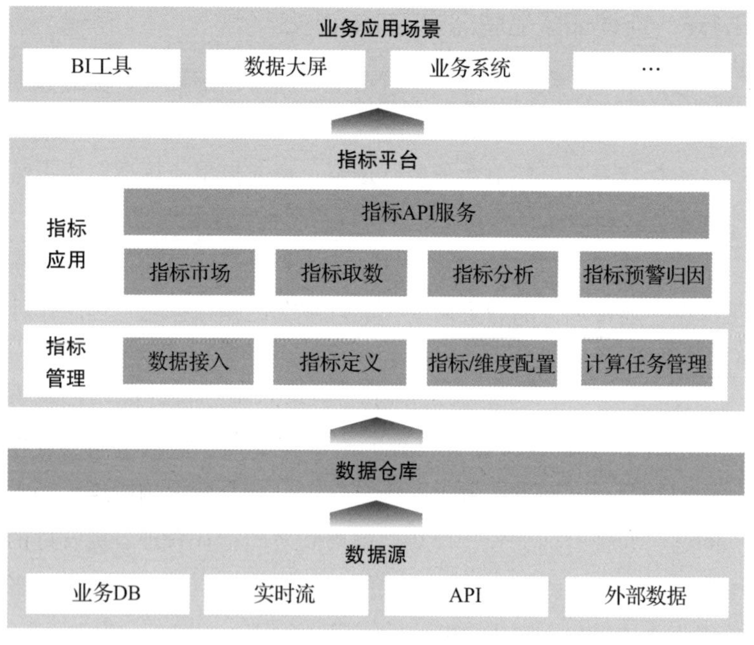

图 8-1 “全链路指标化”的指标平台示意

- 灵活的指标系统：提高指标制定的效率，并支持业务人员通过自助服务及时满足数据需求，用户体验友好。
- 兼容扩展的平台：与多个业务系统对接，集中处理各类业务数据，通过统一加工避免信息孤岛现象。
- 智能的指标应用：支持智能预警和归因分析，与大数据模型整合，提升用户交互体验。
- 强大的查询性能：为指标加工和应用场景构建专用的指标计算引擎。
- 高效的指标管理：通过模块化的指标组装和统一的 API 服务，简化数据流程。

通过构建和维护这样一个指标平台，连锁加盟品牌能够真正实现数据驱动的管理模式，最大化地利用数字化技术在加盟商管理中的优势，促进企业的长期发展。

8.2　连锁加盟业指标平台案例分析

8.2.1　案例背景

在国内加盟领域，绝味食品可以说是当之无愧的王者之一。作为国内领先的现代化休闲卤制食品品牌，从一根鸭脖开始，发展到 2022 年营业收入达 66 亿元，拥有超 15 000 家终端门店、22 个生产基地和 3 000 余家加盟商，在卤味赛道中遥遥领先。绝味采取“一个市场、一个生产基地、一条配送链”的生产经营模式，业务范围覆盖包括北京、上海、广东、湖南等 31 个省级市场。

绝味食品的连锁加盟体系也是业内的标杆之一,十几年的发展历程锻造了绝味食品三项核心竞争力：连锁门店管理能力、加盟商能力和数字化能力。据悉，近半数加盟商与绝味食品的合作时间超过 10 年，合作年限在 5 年以上的加盟商在营收上贡献巨大。绝味食品与加盟商之间已然成为命运共同体。

随着疫情后市场的逐步回暖，绝味食品的连锁加盟业务进入了高速增长期。面对复杂多变的营销环境，如何有效加强总部与加盟商的业务协作，已成为增长过程中必须解决的问题。相应地，绝味食品的数字化项目建设目标也围绕这一需求展开，而数据指标平台建设是其中的关键。

8.2.2　指标平台的建设需求和目标

1. 数字化项目建设背景

战略层面，连锁加盟体系的运营管理已成为公司主营业务之一，需要将区域运营、市场部、财务部的核心指标进行统一管理，实现销售、费用、库存等核心指标数据准确可用。

业务层面，面对庞大连锁加盟规模带来的运营效率挑战，需要以营销协作场景为试点，探索总部与加盟商的新运营模式。

技术层面，随着加盟业务的规模扩张和数据分析需求的增长，数据分析团队积压了大量需求，影响了加盟商运营的积极性，需要面向加盟商和各业务部门提供统一的自助查询和分析工具。

2. 数据分析面临的挑战

基于这样的需求背景，绝味食品在数据分析方面面临两方面的突出挑战。

第一，运营孤岛带来指标孤岛，指标口径不统一。

绝味食品的数据分析团队负责根据加盟商、供应链、产品、营销等业务部门的需求提供报表开发、取数等服务，需要用到大量指标。但各个业务部门是按照自己的业务口径来提出需求、定义指标，形成了“指标孤岛”，这导致在需要横向拉通的分析场景中，指标口径无法对齐，无法快速提供准确、可用的数据。同时，指标的混乱导致数据分析团队需要花费大量精力来对齐口径，应对业务部门对指标数据准确性的质疑，降低了工作效率，不利于精细化管理。

第二，数据分析团队需要面向不同数据应用进行重复开发。

由于缺乏对指标数据的统一管理和服务，指标数据资产无法沉淀和复用，业务部门也无法进行自助分析。数据分析团队需要基于各业务部门需求分别进行数据开发，存在大量重复开发工作，无法高效满足业务部门的用数需求，数据价值无法彰显。

3. 数据指标平台的建设目标

2023 年，绝味食品启动了数据指标管理平台项目，旨在从集团层面进行指标口径对齐和标准化管理，以数据指标管理平台（以下简称“指标平台”）管理各部门的数据指标，消除数据孤岛，实现无缝运营。在此基础上，分阶段逐渐完成全集团场景的指标体系搭建，促进数据价值落地。

第一，实现指标标准沉淀。通过规范整理各系统内的“指标孤岛”，保证其逻辑和口径清晰，数据规范，版本迭代可管控，线上线下指标可统一对齐。

第二，高效指标查询能力。通过指标平台以秒级即时查询能力支持高效查询、探查，让区域活动销售和市场投入费用等海量数据即查即得，商品组合、指标无代码化自由拼接，减少应用层大量的膨胀开发。

第三，统一 API 服务能力。指标平台以统一 API 的方式提供各类应用和共通的数据接口，提高数据在全渠道的复用性。

第四，赋能用户。在分析师经验沉淀的基础上，进一步赋能业务和市场团队，搭建全集团场景的指标体系，从而实现数据驱动的决策和运营优化。

8.2.3 指标平台的建设思路和技术架构

1. 全链路指标平台的建设思路

综合考量技术成熟度、先进性、场景理解和产品功能覆盖度等因素，并经过深度 POC 的验证，绝味食品选择与数势科技合作，共同建设“全链路指标化”的指标平台，如图 8-2 所示。

整体思路是：整个项目以指标为牵引，从加盟商、区域运营、市场部和财务部营销协同的业务场景切入，通过统一核心指标、搭建协作平台、制定运营策略来实现业务的高效协作。

- 全链路指标化提效。此策略不仅高效管理并积累指标资产，还确保了版本的可追溯性。它允许非技术业务人员轻松对齐指标口径并利用关键指标，显著提高了指标的实用性和效率。

- 强大的查询性能。在百亿级单表数据和多表关联的情况下，能够在1s内迅速呈现结果，满足了业务高速发展的需求。
- 轻量化易集成。平台底层兼容各类主流大数据处理及OLAP引擎，云环境友好，运维灵活，实现无缝集成。通过统一的API，可以轻松对接BI工具、企业微信及其他内部应用，同时支持与标签平台的联动，让统一的指标赋能及孵化各类应用。
- 指标体系及口径标准沉淀，落地集团指标资产的标准化沉淀流程。从外卖业务场景出发，解决了分散在美团、饿了么等第三方平台的指标孤岛问题，形成了可向其他业务线和集团扩展的标准操作流程（SOP）。

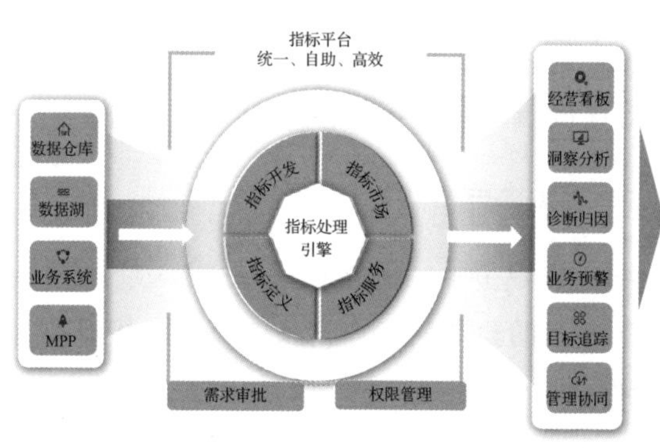

图 8-2　绝味食品数字指标平台的建设思路

2. 非侵入式系统架构

绝味食品采用了一种非侵入式系统架构设计，实现了与各种部署环境及上下游系统的友好对接，确保了高效且灵活的集成能力，如图 8-3 所示。

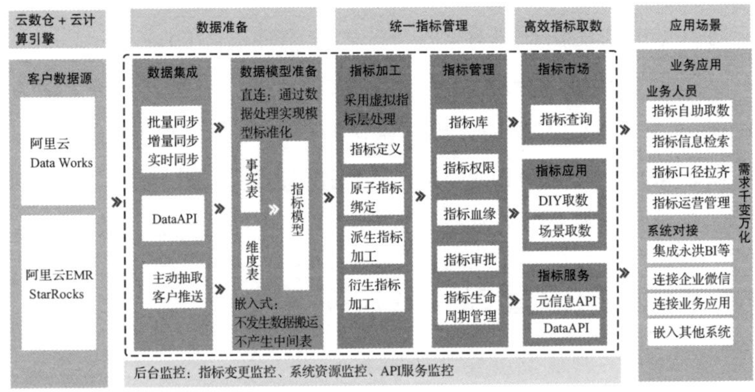

图 8-3　绝味食品指标平台的技术架构

第一，整体框架、云环境友好，支持云服务器部署。平台采用 Nginx 负载均衡，基于网关转发，统一服务注册中心 Nacos。整体均采用业界主流组件，并具备对信创环境的兼容性。

第二，运维管理能力。平台内置了全面的运维管理能力，覆盖数据运维（指标变更记录、维度变更记录、数据服务使用记录）、系统监控（搭载 Prometheus，对各节点基于 CPU、内存、网络 IO 等资源监控）、服务监控（接口被调用次数、接口响应时间等），确保系统的稳定运行。

第三，服务层。服务均通过 Kubernetes 进行统一管理，主体有 3 个：指标服务（指标平台 HM、指标计算优化 HME、审批流）、公共服务（权限服务、认知服务）、大数据服务（元数据、任务管理），确保了平台的灵活性和扩展性。

第四，数据层。数据层设计兼容主流的数据处理引擎，采用中间件 Redis、数据库 MySQL、OLAP 引擎 StarRocks。同时支持阿里云、腾讯云等环境 EMR StarRocks 等部署方案。引擎支持准实时架构的数仓数据，即时数据同步更新，可对接数仓 15 分钟级的数据批次，同时具备友好的实时升级能力，对于 Kafka 等实时数据能力能快速兼容。

第五，集成架构。无侵入式架构设计，上游支持与 DataWorks、WeData、TBDS、私有数仓的数据打通，通过推送方式实现数据集成。下游 API 可对接主流 BI 及各类数据应用，如永洪 BI、企业微信等，横向支持联通标签平台，加速赋能各级应用。

8.2.4 指标平台建设的 5 个阶段

指标平台的建设过程包括如下 5 个阶段。

阶段 1：平台部署

由于指标平台产品功能较好地覆盖了项目需求，平台部署环节主要基于标准产品进行部署，减少了定制开发工作。系统部署采用云端部署，一键出包、一键部署。Kubernetes 部署平台服务，无缝适配阿里云 RDS、EMR。

阶段 2：数据接入

数据接入环节，指标平台需要接入云数仓和计算引擎层的数据。为了更好地适配指标平台，保证指标取数的效率和性能，数据架构师和数据开发人员对数仓层做了一定的诊断和优化。

阶段 3：功能验证

完成数据接入后，对指标取数、指标 API 等功能进行测试验证，打通 BI、企业微信等各种形态的应用产品，实现开放的自助式服务，并与 BI 等数据应用系统进行联调。

阶段 4：指标梳理和场景打造

数据开发团队、业务团队共同进行指标体系梳理，并将指标注册到指标平台中，实现最终上线使用。指标资产梳理从加盟商场景出发，以统一的数据口径定义了加盟商经营指标，通过内外部赋能，将统一指标开放给加盟商使用，做到实时销售和 T+1 的门店指标数据的可查、可用，支持加盟商门店经营数据的开放共享，并逐步向其他业务场景积累，形成集团级指标资产，并沉淀 SOP，实现持续迭代。

更重要的是，在数据指标全流程管理方面，绝味食品采用了数势“指标梳理六步法”，从现状入手，逐步将指标进行完善，形成指标体系，规范落入数仓开发，最终提供面向具体场景的应用，如图 8-4 所示。

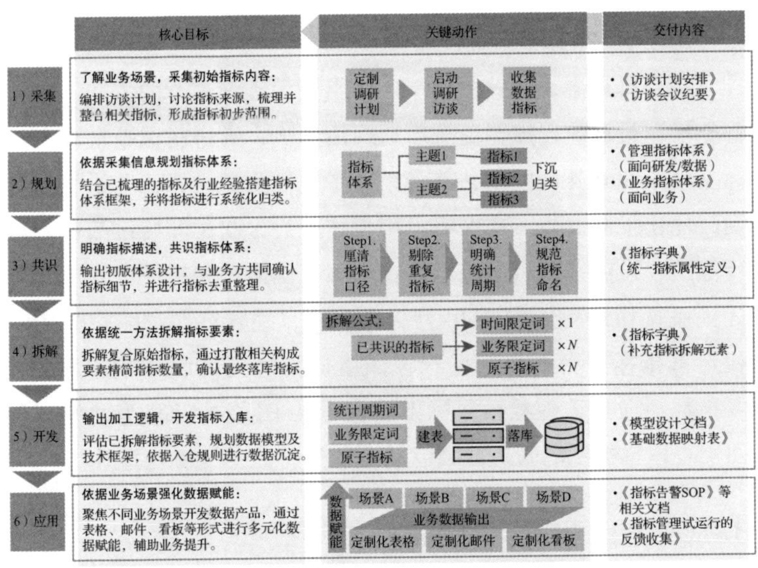

图 8-4　绝味食品指标梳理和场景打造

1）采集：了解业务场景，采集初始指标内容，编排访谈计划，讨论指标来源，梳理并整合相关指标，形成指标初步范围。

2）规划：依据采集信息规划指标体系，结合已梳理的指标及行业经验搭建指标体系框架，并将指标进行系统化归类。

3）共识：明确指标描述，共识指标体系，输出初版体系设计，与业务方共同确认指标细节，并进行指标去重整理。

4）拆解：依据统一方法拆解指标要素，拆解复合原始指标，通过打散相关构成要素精简指标数量，确认最终落库指标。

5）开发：输出加工逻辑，开发指标入库，评估已拆解指标要素，规划数据模型及技术框架，依据入仓规则进行数据沉淀。

6）应用：依据业务场景强化数据赋能，聚焦不同业务场景开发数据产品，通过表格、邮件、看板等形式进行多元化数据赋能，辅助业务提升。

阶段 5：指标平台推广

平台推广上，绝味食品采用由点到面逐渐推行的方式，保障业务平顺过渡。以加盟商慧店通应用为例，通过指标平台作为指标基座赋能到外部应用，首月以华中地区为试点，稳定了访问速度，优化了并发数，在保障了用户体验后，次月开始逐渐扩大运行范围。目前，慧店通应用已在全国范围内顺利推广和使用，指标接口日均访问量达到 40 万次。此外，绝味还在对内积极推广和丰富指标平台的使用场景，如指标推送到高层 BI 移动看板，以指标树应用监控经营目标以及存量的 BI 指标迁移等动作，全面实现以指标化的管理方式驱动业务经营。

8.2.5 指标平台的 9 项能力

指标平台拥有 9 项能力，如图 8-5 所示。

1. 指标市场

绝味食品借助指标平台构建了一个全面的指标市场（见图 8-6），使得指标信息清晰可见，为总部业务人员提供了快速了解和检索指标信息的便利，避免了信息传递不畅造成的误解，为业务人员提供了更加友好的使用体验。

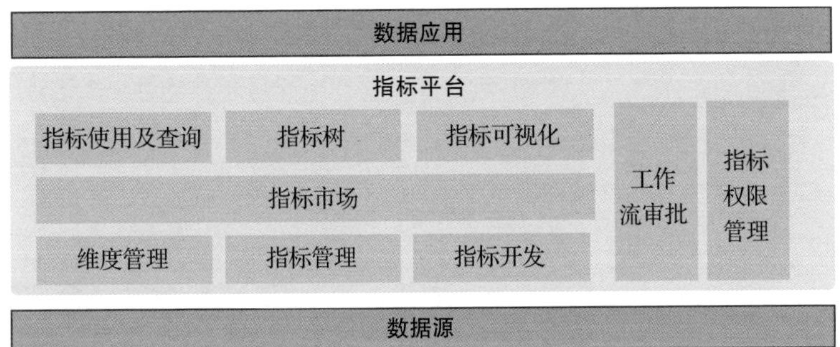

图 8-5　指标平台的 9 项能力

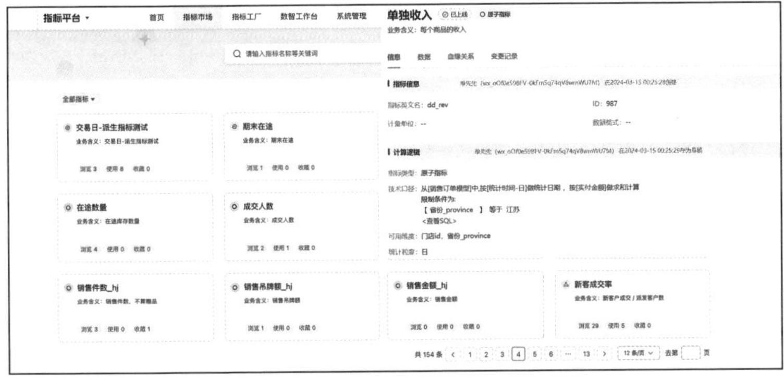

图 8-6　绝味食品指标市场示意

指标市场不仅可以清晰地展示指标信息，还能够提供数据追溯功能，包括版本变更记录、指标血缘以及指标关联信息等。这使团队间能够快速对齐，更好地协作和合作。

2. 指标管理

指标管理模块是对所有类型指标的定义与管理，主要包含指标检索、指标列表、指标的创建与维度等，如图 8-7 所示。

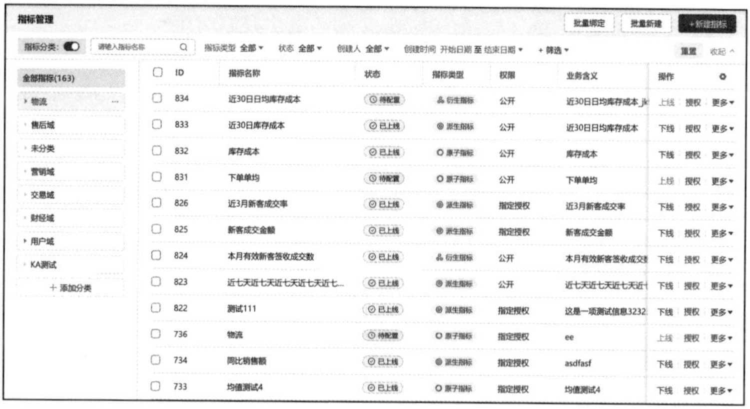

指标管理 批量绑定 批量新建 +新建指标

指标分类： 请输入指标名称 指标类型 全部 状态 全部 创建人 全部 创建时间 开始日期 至 结束日期 + 筛选 重置 收起

全部指标(163)
物流
售后域
未分类
营销域
交易域
财经域
用户域
KA测试
+ 添加分类

ID	指标名称	状态	指标类型	权限	业务含义	操作
834	近30日日均库存成本	待配置	衍生指标	公开	近30日日均库存成本_jk	上线 授权 更多
833	近30日库存成本	已上线	派生指标	公开	近30日日均库存成本	下线 授权 更多
832	库存成本	已上线	原子指标	公开	库存成本	下线 授权 更多
831	下单单均	待配置	原子指标	公开	下单单均	上线 授权 更多
826	近3月新客成交率	已上线	派生指标	指定授权	近3月新客成交率	下线 授权 更多
825	新客成交金额	已上线	派生指标	指定授权	新客成交金额	下线 授权 更多
824	本月有效新客签收成交数	已上线	衍生指标	公开	本月有效新客签收成交	下线 授权 更多
823	近七天近七天近七天近七天近七...	已上线	派生指标	公开	近七天近七天近七天近	下线 授权 更多
822	测试111	已上线	派生指标	指定授权	这是一项测试信息3232	下线 授权 更多
736	物流	待配置	原子指标	指定授权	ee	上线 授权 更多
734	同比销售额	已上线	派生指标	指定授权	asdfasf	下线 授权 更多
733	均值测试4	已上线	原子指标	指定授权	均值测试4	下线 授权 更多

图 8-7　指标管理列表页示意

指标包含原子指标、派生指标和衍生指标，通过原子、派生和衍生指标差异化的管理，显著提高了指标的复用性并降低了管理的复杂程度。同时，将这一管理机制与指标数据进行快速映射和开发，以便与在 DataWorks 上构建的指标数据模型相衔接。这一流程无须重新构建，即使是来自多个来源的数据表中的同一指标也能够实现统一管理，从而实现了指标的管、用一体。

指标管理能够让指标的生命周期管理更加规范，包括创建、上线、变更、下架等状态的管理。结合精细化的权限管理，能够更加合规地管控指标的使用与变更。

3. 维度管理

为了满足更广泛的数据需求，提高 IT 人员的数据开发效率，绝味食品利用维度管理来对数仓模型中的维度进行映射和定义，以支持指标的取数服务。

维度管理模块是所有维度的定义与管理，主要包含维度检索、维度列表、维度的创建与维护等，通过增、删、改相关分组主题以及主题层级结构，获得更加多样化的数据，如图 8-8 所示。

图 8-8　维度管理列页表示意

4. 指标树

围绕着北极星指标，多视角、多层级拆解，就会得到多个关联指标，形成指标间的树状结构。通过指标树的方式沉淀指标间的关系，为指标的拆解、问题定位挖掘、指标持续监控，提供全景化和体系化的能力。这种方法为进一步的指标探查和数据核对提供便捷入口，如图 8-9 所示。当业务人员发现指标数据异常时，可以依据指标树的指标关系顺藤摸瓜，轻松地探查更根本的异常数据，从而有针对性地解决问题。

5. 指标权限管理

为确保指标的合规使用，指标平台支持细致到单个指标级别的权限管理，以完善对指标数据和口径信息的控制，如图 8-10 所示。

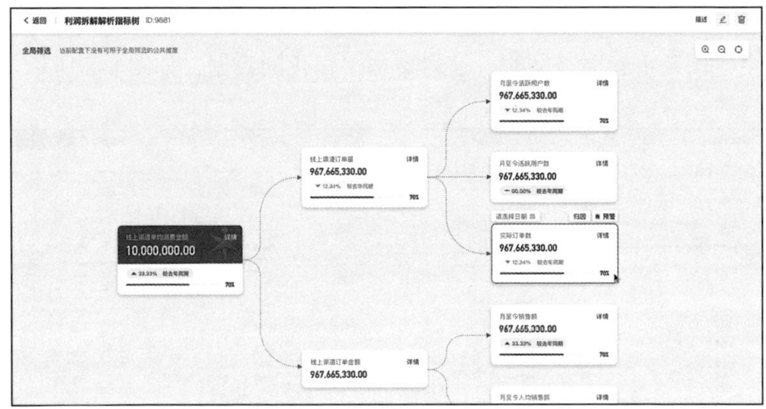

图 8-9　指标树示意

图 8-10　指标权限管理示意

指标权限可以按照查看权限和使用权限分别配置，也可以按用户和角色进行配置，甚至通过勾选批量操作。

通过指标名称、指标类型、查看权限类型和使用权限类型、指标树等信息，对指标进行查询和过滤。此外，还可以对指标进行使用权限和查看权限的配置操作，以及批量操作，使权限管理更加灵活和高效。

6. 工作流审批

绝味食品将指标全生命周期管理的工作机制集成到产品中，通过指标管理系统，根据公司独特的业务特性，量身定制审批流程和关键控制点，如图 8-11 所示。定制化工作流审批方式不仅极大地提升了业务需求的满足度，而且确保了指标应用的标准化和规范化，从而在保障产品质量的同时，还提高了运营效率和市场竞争力。

图 8-11　工作流审批示意

7. 指标开发

指标开发是按照指标定义快速配置和开发的过程，如图 8-12 所示。在实际业务支持工作中，IT 人员常常需要面向不同数据应用进行重复开发，为提升指标开发效率，绝味食品采用了两种方式。

- 指标的分类开发及高复用性。采用原子指标、衍生指标和派生指标等不同指标的快捷开发模式，在提高标准管控的同时，加快开发效率。
- 实现指标的开发生命周期管理及指标多套逻辑对比。通过查看当前指标已配置的加工逻辑，以及对加工逻辑进行上线、下线、删除操作和查看加工逻辑变更记录，兼容多套加工逻辑的使用并提供横向的数据校验，保证开发指标口径的一致性。

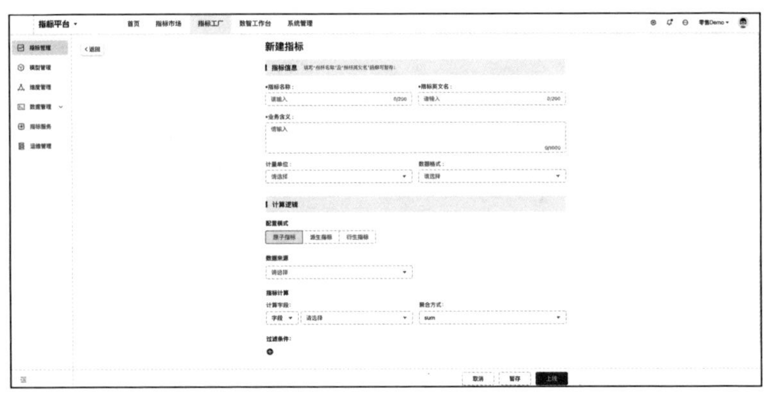

图 8-12　指标开发功能示意

8. 指标使用及查询

为了让经营看板、自主分析更便捷、高效，进行面向看数、取数、用数的不同具体场景，绝味食品将企业的指标规范化，提供高效能的指标使用和查询服务，如图 8-13 所示。

- 灵活取数。支持通过拖拽指标、维度和配置筛选条件来进行自助取数，指标化使用支持基于标准口径自由演化时间粒度及维度限定范围（包括不可加指标）。百亿量级数据跨表查询 300ms 内即时可得。相比传统多维引擎，面向历史数据、交叉分析灵活友好，性能提升 30 倍。

- 强大多维引擎 HME 支持的指标查询。自动兼容跨表、跨模型的指标拼接取数，不受预设 cube 或宽表的宽度限制。自动进行多指标间维度对齐，无须人工干预。
- 周期查询及场景保存。支持将当前取数逻辑保存为取数任务以及将当前取数结果下载为本地表格，并预设场景的取数模式。

图 8-13　指标取数功能示意

9. 指标可视化

建立指标平台的终极目的是获得商业见解，可视化图表能力能直观地展示业务的数据表现，为管理者进行商业决策提供数据支持，如图 8-14 所示。

- 构建统一管理指标下多样图表搭建能力。基于统一管理的指标进行 KPI 卡片、柱状图、饼图、折线趋势图、雷达图、气泡图、帕累托图等可视化图表控件，满足快速探查的场景搭建需求。
- 可视化看板能嵌入 BI 平台或看板小程序，方便管理者预览数据。看数的同时，还能提供图表内所用指标的口径信息，便于团队间沟通。

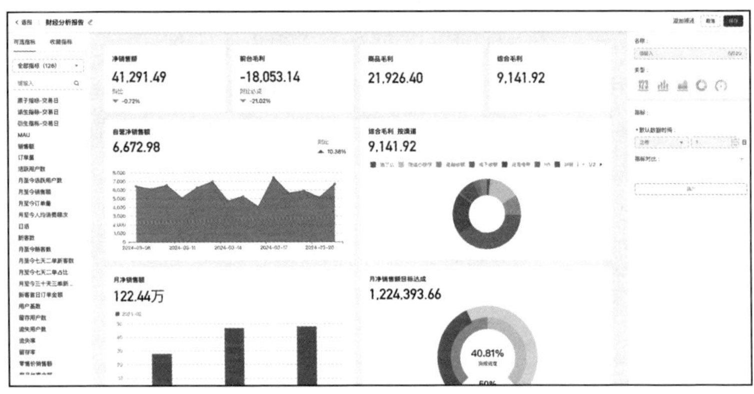

图 8-14　可视化看板功能示意

8.3　指标平台的 4 个业务价值

指标平台上线后，绝味食品成功消除了集团各系统内的“指标孤岛”，对齐了业务口径、权责分配，降低了沟通成本。同时，保证了指标逻辑、口径清晰以及数据规范，实现指标标准沉淀。面对庞大连锁加盟规模，总部与加盟商之间的沟通更加高效，数据核对更加准确。

目前，绝味食品的指标平台已经注册管理了 400 多个指标，支撑了 BI 移动端、高层看板、加盟商日常经营分析等应用场景。

1. 赋能总部与加盟商的数据沟通

在建设指标平台的过程中，绝味食品也在同步推进一系列数据应用的建设。指标平台提供的指标 API 服务能力，能够将指标管理好之后快速地对接到外部数据应用，这对于满足管理层、业务部门以及加盟商的数据需求至关重要。面向加盟商的数据应用“慧店通”是其中一个典型应用。通过“指标平台 + 慧店通”的模式，极大提升了财务人员与门店对账的效率和准确度。

考虑到绝味食品的加盟商需要进行日常或月度的财务对账和费用结算。过去，门店的实收金额由加盟商从各个系统中导出，然后发送给总部财务人员。每到对账的时刻，总部财务人员要看成千上万份财务资料，沟通协作成本巨大，仅资料收集就需要三四天。加上结算数据的处理过程对加盟商来说缺乏透明度，导致他们经常需要对特定数据进行查询和复核，造成大量重复工作。

如今，这项工作已全部线上化、自动化。

首先，绝味食品对实收金额这一核心指标进行了拆解，统一了实收金额的构成标准，即遵循了加盟商门店的业绩标准，也使业务和财务口径统一，避免数据统计方式不统一造成数据偏差，影响决策判断，如图 8-15 所示。

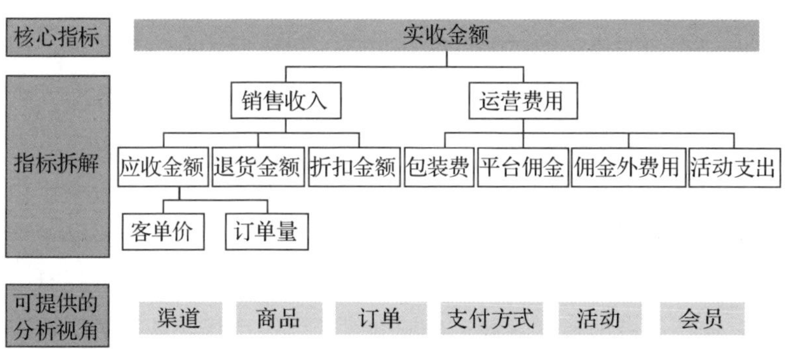

图 8-15　绝味食品加盟商关键指标拆解示例

其次，通过指标平台的 API 服务提供给前端应用，加盟商可以在小程序端自助查看当日的经营数据明细和结算结果。“慧店通”应用面向 3000 多个加盟商提供数据服务，支持 200 ～ 500

的用户并发数，相关数据可以做到按小时级别更新。

指标平台与“慧店通”打通后，加盟商和绝味加盟管理部、财务彻底告别了人工对账的历史，总部人员通过指标平台配置口径统一的业务指标，加盟商通过小程序、进销存等平台就可以快速查询门店的业绩，甚至外卖经营业绩也能一站式查询，从而真正意义上实现了从数据到指标再到应用的全链条服务。

最后，指标平台还与永洪 BI 进行 API 打通，总部管理者通过 BI 看板或者小程序就能及时查看各业务、各门店、各区域的经营状态，使得万店管理也能轻松在手。

通过这种方式，不仅提高了数据的可访问性和透明度，还通过实时数据支持加强了加盟商的经营决策能力，体现了数据分析在提升业务运营效率和加强合作伙伴关系中的核心价值。

2. 赋能业务灵活自助分析

绝味食品的指标平台为其数据团队开辟了一个统一的指标处理和管理通道，通过整合指标市场、指标应用和指标服务，极大地提高了集团管理层的决策支持能力和业务团队的自助分析效率。

以往市场部在处理大量临时组合商品的需求时，不得不依赖数据分析师手动编写 SQL 语句来完成数据查询，从而获取关键指标，如区域请货满足率、营销投资回报率等。这一过程耗时三天。现在，借助指标管理平台的强大功能，市场团队能够通过简单的“拖曳点选”操作，仅用约 9 分钟便可实现关键指标的即时获取和调整，显著提升了效率，实现了集团总部、区域及加盟商在统一的语义体系下进行高效经营。

平台支持的业务应用场景广泛，包括自助式数据提取、指标信息检索、指标运营管理，以及与 BI、Excel 等常用分析工具的对接，还能通过 API 与其他数据应用集成。在指标加工方面，平台允许数据和业务团队基于已定义和注册的原子指标，以低代码方式配置派生指标和衍生指标，从而进行灵活的自助分析。相比传统的主题开发中间表方式，这种方法不仅提升了数据开发的效率，也更加用户友好，同时为数据资产的系统化管理和沉淀提供了强大支持。

此外，指标市场还根据业务需求将指标进行了主题分类，如营销、供应链、外卖等，并详细梳理了各指标的应用场景，提高了指标的业务可读性。业务团队成员登录平台后，可以根据相应的授权，更便捷地根据业务主题进行指标搜索和查询，大幅优化了工作流程和效率。

3. 不断提升数据响应效率

指标平台提供的统一指标服务显著提升了 IT 团队对数据需求的响应速度，实现了数据管理的高效率和灵活性。

通过采用现成的指标，能够满足 60% 的业务需求。这种做法允许指标的一次性定义和随处复用，使得 IT 团队从原本需花费 3 天时间响应的需求缩减至仅需 9 分钟。

此外，对于 30% 的使用场景，通过低代码的方式配置新指标可以有效应对。业务或 IT 团队可以利用直观的可视化配置工具，将需求响应时间从 3 天大幅缩减至 3 小时。

对于剩余的 10% 的特定应用场景，虽然需要准备新的数据源，但一旦完成初次开发和准备工作，后续的需求就能快速满足。

4. 指标平台未来预期

未来，绝味食品将依托指标平台进一步开展全集团场景的指标体系设计和各业务域关键指标梳理，不断提升数据获取效率及管理水平，助力集团总部、区域、加盟商在统一指标体系下高效经营。

指标平台还将指标以统一 API 的方式提供给各类应用和系统，提高全渠道数据的复用，实现指标可管理、可使用、可授权，助力数据团队摆脱不同终端重复开发、各系统内数据使用参差不齐的局面，助力数据应用快速发布和迭代。

具体来说，绝味数仓体系的整体梳理和数据开发标准化落地。比如，指标产品合作共创，基于绝味食品的深度使用场景快速完善产品迭代，支持绝味实现指标平台和 BI 平台以及其他应用的全场景的打造，赋能绝味数据技术和数据业务层面的双轮驱动。期待未来为行业带来更多的优秀实践。

8.4 案例复盘与点评

在 2023 年，绝味食品数据指标平台项目作为优秀案例收录进“爱分析 2023 指标平台白皮书”，而服务商数势科技也荣获“2023 爱分析数据智能优秀厂商”。如今，绝味食品的数据指标平台已成果显著，绝味食品的先进管理理念与企业文化也对项目的成功起到至关重要的作用。

绝味食品的管理层对连锁加盟业务有深刻的理解，这决定了他们要采用积木式的指标平台，而非传统的报表式数据平台。这一决策满足了灵活调整目标、多样化的场景组合需求，并确保了管理与执行的一体化，使得指标的关系和组合能够根据业务需求随时进行调整。

另外，绝味食品的管理者乐于放权的文化基因，在推动数字化指标的普惠化方面起着至关重要的作用。普惠化指的是让所有相关利益方，无论是高层管理者还是基层员工，都能够访问和利用数字化指标来指导他们的决策。让“听得见炮声的人”决策，让业务团队进行灵活的自助分析，赋予了员工使用和分析数据的权限和工具，从而提高了整个组织的数据素养。当然，这对数据指标平台也提出了更高的要求。

值得一提的是，绝味食品的指标平台的建设已经是目前行业内顶级技术架构方案，百亿级海量数据验证，确保高并发及系统稳定，支持最高等级数据安全。平台良好的连接能力与扩展能力支撑绝味食品海量数据的生产、查询和使用，进而才能支撑绝味食品大规模的业务决策。

对于指标平台，绝味食品的信息化负责人如是说：“我对我们的指标平台极具信心，它让我们数字化转型更加深入，让各项数字化系统发挥整合效应，我们能够更高效、准确地监控和分析关键业务指标，管理层能够迅速做出决策，响应市场变化。我们期待指标系统持续发挥价值，推动企业的持续增长和创新发展。也希望我们的案例能为连锁加盟行业乃至整个零售业的数字化转型提供新的思路和解决方案。”

|第 9 章| CHAPTER

数据民主化：人人用数，数利人人

在数字化浪潮的推动下，数据民主化已成为企业战略转型的关键议题。数据民主化，简而言之，是让企业中的每个成员都能够自由访问、理解和利用数据，从而做出更加明智的决策。这一理念背后，是对数据作为新时代生产要素的深刻认识，以及对数据潜力无限释放的期待。

本章将深入探讨数据民主化的概念、价值及在现代企业中的应用实践，为读者提供一个全面的视角，让读者理解数据民主化的重要性，并探索如何在自己的企业中实现这一转型，以释放数据的潜力，推动企业的持续成长和创新。

9.1 什么是数据民主化

在信息技术飞速发展的今天，数据已成为企业最重要的生产资源之一。美国著名的大数据和人工智能专家伯纳德·马尔（Bernard Marr）在其多部关于大数据的著作中提出了数据民主化的概念，他认为："数据民主化意味着企业用户能够根据需要访问数据，并且没有守门员在数据入口处造成取数、用数瓶颈。其目的是让企业内的用户在所需的时刻、所需的场景能便捷地使用数据来做出决策，并且不存在获取或理解上的障碍。"马尔所描述的数据民主化，可以被理解为一种理想状态，在这种状态下，组织中的每个人都能无障碍地访问需要的数据，并基于数据做出决策，而无须担心技术壁垒或理解上的障碍。这一理念的核心在于促进信息的自由流通和利用，以此作为推动决策和创新的基石。

然而，在实际操作中，许多企业在数字化转型的过程中遇到了重重困难。其一，组织内部的数据孤岛问题，即信息流通受限于各个部门或团队之间的壁垒，严重阻碍了信息的共享和高效利用。其二，数据质量和准确性问题则影响了决策的有效性，导致企业在快速变化的市场环境中无法做出及时响应。技术和工具的不匹配使得数据分析和应用的能力受到限制，员工的数据素养不足则制约了企业内部参与数据消费的意愿度和规模。更重要的是，随着数据量的爆炸性增长，数据安全和合规性问题变得日益突出。

马尔的定义强调了数据民主化的两个关键元素：无障碍的数据访问和数据理解。这不仅是技术上的转变，还是文化和管理上的转变。要实现数据民主化，组织需要在技术、流程和文化上进行深刻的转变。它要求组织拥抱开放的数据文化，投资于员工的数据教育，创造一个数据驱动的决策环境。同时，还需要确立明确的数据治理体系，以确保数据的质量、安全性和合规性。

数据民主化对于企业来说不再是可有可无的附加选项，而是成为企业发展战略的核心组成部分。只有真正实现数据的自由流通和智能利用，企业才能在数字经济时代保持竞争力，实现可持续发展。因此，理解数据民主化的核心价值，解决数字化转型过程中遇到的挑战，成为每一个追求成功的组织必须面对的课题。

9.2 数字化转型时代集团型企业的痛点

在数字化转型的浪潮中，集团型消费品牌企业面临的最大挑战是如何将庞大而复杂的数据资产转化为决策的依据和行动的指南。正如前文我们所讨论的那样，数据已成为企业转型升级的关键生产资源，然而如何高效地挖掘并应用这些数据，是许多企业亟须应对的挑战。

第一，数据孤岛问题。大型集团往往拥有庞大的业务体系，不同业务单元和部门在信息系统和数据管理上的分散化，造成了信息流通和共享的阻碍。这种隔阂导致数据的价值无法得到充分发挥，从而影响到整个集团的运营效率和决策质量。

第二，数据质量和准确性问题。集团型企业在多年的运营过程中积累了大量的数据，但这些数据的准确性、时效性和完整性常常受到质疑。错误或过时的数据可能会导致错误的决策，甚至可能带来重大的经营风险。技术和工具的不匹配也是一个常见的痛点。随着新技术的不断涌现，老旧的数据分析工具已经无法满足快速变化的业务需求。而新工具的引入和老旧系统的升级改造又涉及巨大的成本和时间投入，使得数据分析和应用的能力受限。员工的数据素养同样是一个不容忽视的问题。

第三，数据的生产、消费和反馈问题。对企业而言，数字化转型的关键要素在于激励更广泛的企业成员参与数据的生产、消费和反馈过程，以此增强数据作为基本生产资料在企业价值创造中的核心作用。为解决这一问题，数据民主化的概念应运而生，并已受到学术界和产业界的推崇。数据民主化的前提是每一个员工都能够理解和利用数据，但现实情况是，许多员工尚缺乏必要的数据分析能力和意识。如何提升全员的数据素养，成为推进数字化转型的关键一环。

第四，数据安全和合规问题。在数据量爆发式增长的今天，如何确保数据的安全和隐私，如何遵守国家和地区不断更新的法律法规，都是集团型企业在推进数字化转型时必须解决的问题。

这些痛点不仅影响到品牌的日常运营，还关系到品牌的长远发展。在市场竞争日益激烈的今天，能否有效解决这些问题，将直接决定一个品牌能否在数字化转型的浪潮中抓住机遇，实现新"增长曲线"的发展。

9.3　数据民主化的理念和价值

9.3.1　数据消费的发展趋势

数势科技在服务大量消费品和零售行业客户的过程中，发现这类企业在不同阶段的数据消费往往经历了以下几个范式演变：粗犷式、集中式或分散式和民主式（见图 9-1）。

所谓数据消费，可以被理解为用户从企业的数据生态系统中查阅、获取、解读、分析和应用数据的过程。这一过程不仅仅涉及数据的查看和下载，更关键的是用户如何将数据转化为洞察、知识和行动。

在粗犷式数据消费阶段中，组织结构相对传统，是自顶向下的层级结构，上层做出决策，每层分解，然后基层去执行。在此阶段，企业能够利用的数据表现为小规模、小数据分析，分析可靠性不稳定，不灵活，通常在个人层面闭环。在这种结构下，如果决策清晰并且正确，在决策的时候对执行的路径也做了比较清晰的定义，那么在一个相对稳定的环境中无疑具备更高的执行效率。但是在外部市场环境多变的当下，为了适应变化，企业的组织结构可能也需要进行一定的变化，从多层层级结构变得更为扁平。

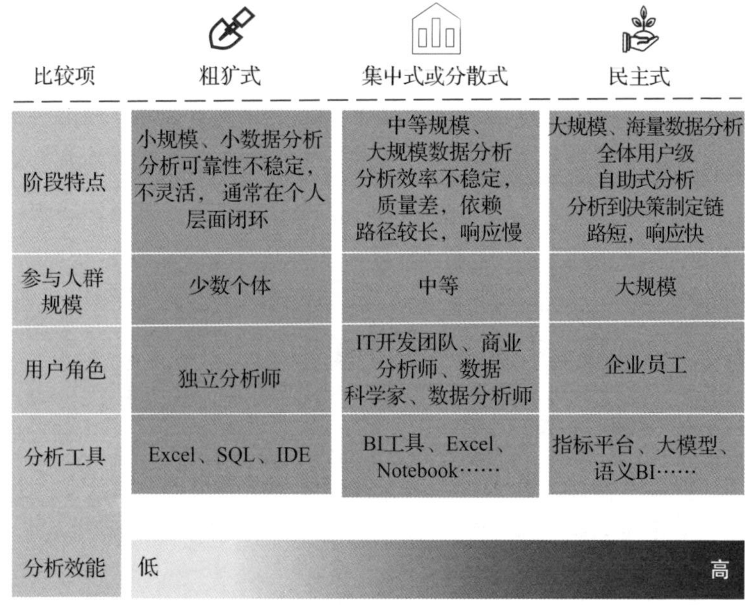

比较项	粗犷式	集中式或分散式	民主式
阶段特点	小规模、小数据分析 分析可靠性不稳定，不灵活，通常在个人层面闭环	中等规模、大规模数据分析 分析效率不稳定，质量差，依赖路径较长，响应慢	大规模、海量数据分析 全体用户级 自助式分析 分析到决策制定链路短，响应快
参与人群规模	少数个体	中等	大规模
用户角色	独立分析师	IT开发团队、商业分析师、数据科学家、数据分析师	企业员工
分析工具	Excel、SQL、IDE	BI工具、Excel、Notebook……	指标平台、大模型、语义BI……
分析效能	低		高

图 9-1　数据消费的发展趋势

随着业务的不断发展，企业的数据消费逐渐过渡到集中式或分散式。所谓集中式，是指企业在集团内设置中心化的数据分析团队来支持全业务部门的数据分析需求；而所谓分散式，则是指将具备数据分析能力的小团队分散设置在不同的业务部门下来集中承接当前业务部门内的数据分析需求。在这个阶段，数据在企业制定决策过程中的重要性逐步提升，表现为企业开始利用中等到大规模数据分析来解决业务问题。企业的目标可以被组成的单元理解，然后组织单元会根据企业目标确定自己的目标，组织成员也会根据目标确定个体目标。但这个数据消费范式下，往往也因为分析能力和分析需求的发展不平衡，表现出分析效率不稳定、质量差、依赖路径较长、响应慢等问题。

面向未来，正如伯纳德·马尔所提出的那样，我们认为下一阶段的数据消费将朝着“民主式”迈进。“民主式”是数据消费的民主化，其表现为企业充分释放数据消费的能力，进入大规模、海量的数据驱动决策制定阶段。企业内部的全体用户自助式参与分析过程，使得分析到决策制定链路大幅缩短，响应速度大幅提升。我们同时认为，这类先进的数据消费范式将在数字化前沿阵地的企业形成新的趋势，而消费品和零售行业（正是此类前沿阵地的代表）即将在不远的将来迎来一股数据民主化的转型浪潮。

9.3.2　数据民主化的理念

数据民主化乍听起来像是一个形而上学的宏大概念，并且由于与“数据”结合在一起，又被赋予了技术的神秘面纱。然而事实上，数据民主化的实践不仅仅是一个技术上的转变，更是一种文化和管理的革新。企业在追求“数据驱动”的过程中，面临的挑战不仅包括如何整合和利用组织各处的数据（数据源、数据表、数据模型、指标、标签、报表等形式的数据），还包括如何将数据融入组织文化中，使其能够被广泛地使用。成功的数据民主化要求企业不仅赋予数据专家利用数据工作的能力，而且赋予每一个员工利用数据工作的能力，而不论他们对数据的熟悉程度如何。这一转变可以通过构建所谓的数据民主化来实现，其好处包括提高敏捷性和加快在组织各级的数据驱动决策制定等。

就像伯纳德·马尔在他的文章中所传递的那样，数据民主化涉及组织文化、操作模式、员工能力和政策法规的全面变革。其目标是确保数据的可访问性和可理解性，使所有人都能自由地获取、理解和利用数据，推动更精准的决策（见图 9-2）。在技术层面，云计算和大数据技术栈的进步为非技术用户提供了强大的数据分析能力，降低了数据存储和处理的成本；指标平台这种帮助构建企业“数据语义”的自助式工具也会大大提升用户取数、用数的便捷性和意愿。在组织层面，企业需要认识到跨部门合作的价值，并建立起健全的数据共享机制。在文化层面，企业领导层需要重视员工的数据素养，通过教育和培训提高全员对数据的理解和运用能力。

数据民主化的内涵

数据民主化是一种数据文化理念的转变，旨在使数据变得容易访问、理解和使用，以便组织中的所有成员都能够有效地利用数据来驱动决策和创新。

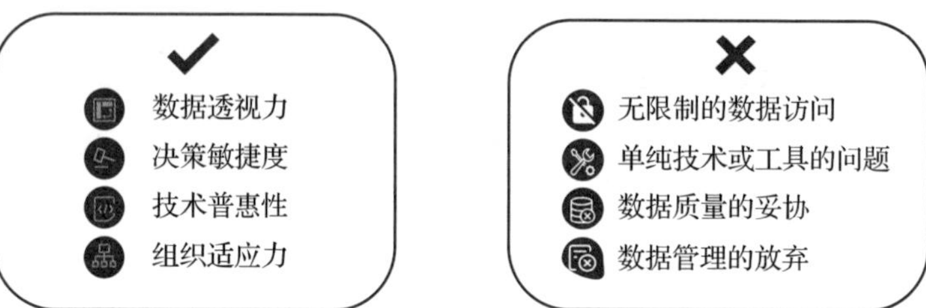

图 9-2　数据民主化的内涵

值得注意的是，数据民主化所面临的挑战也不容忽视。数据的隔离、所有权的不明确、数据质量、完整性与安全性的保障，以及数据科学家的短缺等都是推动数据民主化进程中需要解决的难题。成功实现数据民主化的策略包括提供培训和支持、建立明确的数据使用和管理指导方针、为员工提供数据分析工具，以及鼓励跨部门的协作和知识共享。这样，数据民主化就能将数据的力量真正地放在那些最能利用它的人手中，赋予他们以数据为支撑做出决策的能力，从而为组织带来益处。

综上所述，数据民主化是一项企业战略级的转型，是一场企业文化和管理方式的变革，是技术加持下企业用数据驱动经营的新范式，是企业“数据权利”逐步下放到企业员工的民主化。带来的改变是将数据从高技能数据专家（个别）的专属领域推广到企业员工（全体），让他们都能利用数据进行日常工作决策和行动指导，使得数据成为推动组织内部创新和外部合作的真正生产资源。

9.4　某快消品企业的数据民主化实践之路

9.4.1　组织结构、技术和工具、文化层面的挑战

企业 A 是全球最大的快速消费品（简称“快消品”）公司之一，其数字化转型起步早、发展快，早在 20 世纪 90 年代就开始了基于 SAP ERP 的业务流程数字化改造。历经多年深耕，目前已经开始由“集中式”向“民主式”数据消费范式转型。

但在探索数据民主化实践之路时，企业 A（像大多数企业一样）不可避免地遇到一系列挑战，这些挑战来自组织结构、技术和工具、文化层面等。并且，这些挑战既有来自企业 A 自身独特个性的，又有来自行业转型的共性的。而能否跨越鸿沟、应对挑战则是检验企业变革决心与能力的试金石。

1. 来自组织结构的挑战

从组织结构的角度来看，企业 A 由于是跨国商业实体集团，在漫长的发展过程中形成了其独特的组织结构，如图 9-3 所示。

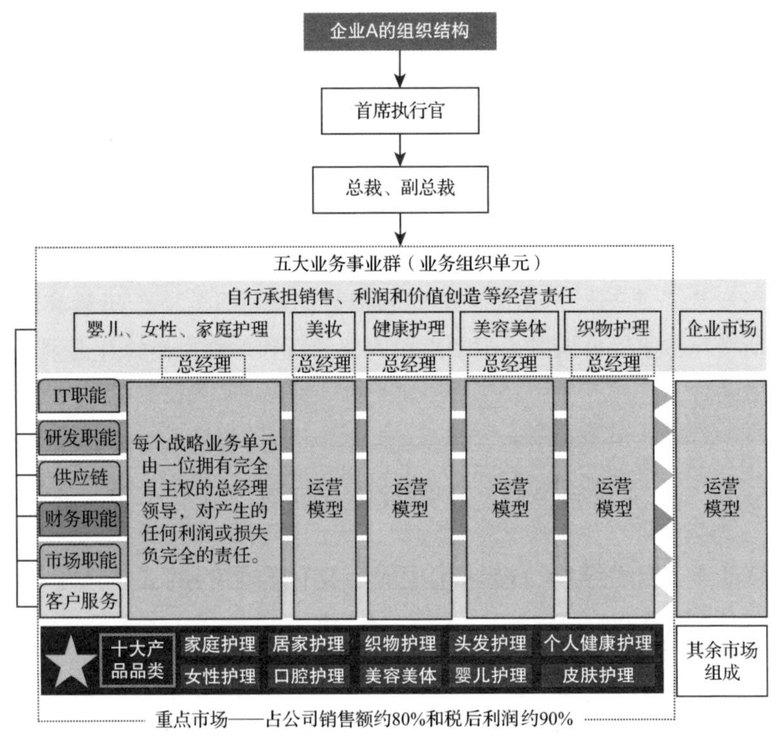

图 9-3　企业 A 的组织结构

具体来说，企业 A 在数据民主化的转型中面临着业务组织单元和职能部门的双重壁垒问题。在其独特的多维矩阵式组织结构中，围绕消费品品类形成了五大基于产业的业务组织单元，这些业务组织单元负责经营其重点核心（超过 80%）的全球业务。在每个重点市场，在五大业务组织单元之间开展规模化的市场服务和能力建设，包括客户服务、运输、仓储、物流和对外代表企业进行合作等职能。而负责大数据基础建设和数据分析职能的中心化 IT&DA 团队（隶属于职能部门）则需要支持 5 个业务组织单元在各个业务领域的数据管理和应用。

每个业务组织单元都由独立的总经理领导，拥有相对独立的销售、利润、现金、价值创造的自治权和责任，而数据在每个业务组织单元的日常经营中扮演着越来越重要的角色。

我们认识到，受组织结构本身复杂性的影响，企业 A 在管理和使用数据资产的过程中面临着多项挑战。

（1）数据孤岛

由于每个业务组织单元都有相对独立的运营模型，企业已经存在数据孤岛的问题，即数据在各个业务组织单元之间共享和流动受限。因为跨部门共享与整合数据变得极为困难，所以限制了跨部门或部门间有效决策的能力。

（2）数据一致性

各业务组织单元管理其数据的方式存在差异，包括数据定义不一致和数据格式多样化等问题，这增加了数据整合的难度。

（3）数据透明度

各业务组织单元根据自己的偏好积累数据，既包括外部采购数据，又包括经营活动中沉淀的数据。对其他业务组织单元而言，这些数据存在信息不对称和不透明的问题。例如，在需要进行全范围分析时，分散和多源的数据难以按统一标准汇总和标准化，经常导致经营分析的效率低下和延误，以及数据不一致的问题。此外，确保数据访问的合规性和安全性也是一大挑战。

（4）数据利用能力

不同业务组织单元在数据分析和利用能力上可能存在差异。一些业务组织单元拥有独立的数据分析人员，可以减轻数据分析压力，而其他业务组织单元则缺乏此类角色和能力，导致数据利用能力在公司内部的业务组织单元之间不均衡，显著制约了业务的发展。公司需要持续提升员工的数据素养和分析工具的使用能力，以充分利用数据推动业务发展。

（5）KPI 和业绩的衡量重点

在业务组织单元和职能部门之间复杂交错的组织结构中，确保业务部门在制定关键绩效指标（KPI）和业绩目标时，能够从公司的统一视角出发，制定出可复用的指标口径是一个巨大挑战。这些指标应该能够被其他业务组织单元在相似场景下参考或复用，以快速得出数据结论，并为下一步业务决策提供准确的指导。

2. 来自技术和工具的挑战

从技术的角度来看，企业 A 面临数据体系庞杂、指标口径混乱、数据孤岛现象严重、平台工具适配度低等一系列问题。

具体来说，企业 A 在内部设有独立中心化的数据分析团队，这个团队归属于企业大数据平台团队，共同帮助维护企业 A 的各个业务组织单元在经营分析过程中沉淀下来的上千张业务报表、上万个业务运营指标，而这些数据指标 / 看板的背后则是需要完成好每天上百万个计算调度任务。维护好这些日积月累不断增长的海量数据本身就是一项巨大的挑战。

由于企业 A 的各大业务组织单元会针对其下游客户群体采购不同平台、经销商、分销商、供应商的数据，因此目前大量的数据属于在中心化数据湖之外的“游离数据”，这些数据并未形成统一标准，可能存在各种各样的形式（包括 Excel 表格、图片截图、压缩文件、文本等）。而企业每年需要投入上千万元来维护经年累月采购的不同技术供应商提供的软件、硬件等，如何选择和部署不同的工具来既满足企业级需求（如中心化数据分析团队的统一需求），又支持不同业务组织单元的差异化数据分析需求，是数据民主化在技术和工具方面的另一个挑战（见图 9-4）。

图 9-4　数据民主化在技术和工具方面的挑战

3. 来自文化层面的挑战

（1）被忽视的文化建设

来自文化的挑战往往被转型"局中人"所忽略。在企业 A 的数据民主化进程中，文化方面的挑战尤为复杂。企业 A 在 20 世纪 90 年代早期便开始了基于 SAP ERP 的业务流程数字化改造；2012—2015 年开始营销部门的数字化、自动化试点项目；2015 年后，更是将营销部门的数字化成功蓝本推广至各个业务线开始全业务线数字化升级。然而时至今日，每当我们谈论"数据文化"这一理念时，无论是内部企业用户还是外部领域专家都认为："在面向下一阶段数据民主化的转型中，'摸得着，看得见'的技术领域或工具并不是门槛，企业文化理念的转变才是一大难题。"

组织内部的数据观念亟须重塑。长期以来，数据一直被看作 IT 部门的专属资源，而不是全体企业员工共享的资产。这种深入人心的观点导致只有少数技术能力较强的人员参与数据分析。我们进行数据消费调查发现，面对数据获取和应用的需求，大多数企业员工的第一反应是请求中心化数据分析团队的支持，而非自行探索。即便有意愿进行数据探索的员工，也有超过 80% 的人因为数据定义的复杂性、缺乏探索能力或担心犯错而最终放弃。要改变这种状况，不是简单依赖购买先进技术工具或平台能够解决的，也不是短时间内能见效的，企业必须在隐形却无处不在的文化和意识层面上持续努力，构建和培养自己的数据文化。

（2）文化挑战与其他层面挑战的关系

在考虑文化挑战时，我们必须认识到“数据孤岛”现象不仅是技术难题，还是文化障碍的具体表现。以企业 A 为例，每个战略业务单元（业务组织单元）的独立运营模式导致了数据资产在不同单元间的流通和共享存在限制。举例来说，业务组织单元 a 可能已经建立了一套基于与淘系生态长期合作的营收（POS）指标体系；而另一个业务组织单元 b 在最近推出新产品线并需要与淘系合作时发现，由于与淘系合作的具体细节存在差异，业务组织单元 a 所定义的指标并不能直接迁移到业务组织单元 b 的业务中。这种情形在企业 A 中普遍存在。这不仅降低了决策的效率，也影响了决策的质量。

此外，由于各业务组织单元在数据管理方法上不一致，进一步导致了数据不一致性问题。在缺乏一个企业级统一视角的情况下，参与各个业务组织单元数据使用的各方往往难以理解和利用数据资产，这在日常数据的积累和消费过程中不断增加数据整合的难度，同时也阻碍了提高数据透明度的努力。在数据民主化的范式中，每个业务组织单元都需对其数据负责，并建立符合企业全局统一管理原则的数据管理机制和流程，同时保证所获取、管理和使用的数据满足既定的质量标准和流程。

进一步地，数据利用能力的不均衡也显现出文化挑战的特征。在不同的业务组织单元之间，一些单元可能展现出较强的数据分析能力，而其他单元在这方面则显得较为薄弱。这种差异可能源于数据思维和数据洞察能力的发展不均衡，即文化层面的差异。正是这种不均衡阻碍了数据民主化前进的步伐，因为数据分析和应用的能力是影响数据驱动决策效率和效果的关键因素。

在这一背景下，企业 A 面临的挑战不仅仅是在技术层面上解决数据孤岛问题，而是需要从根本上重塑数据文化，建立起一个数据共享、数据一致性和数据透明度都得到保障的环境，这样才能促进数据资产的有效流通和利用。通过这种方式，数据民主化不再是一个遥远的理念，而是可以通过每个员工的日常实践变为现实。

确保在企业层面上制定和形成一个全面的经营绩效指标体系是关键，这不仅是一项管理实践挑战，也体现了企业经营文化的深度。对于企业 A 来说，开发一个既符合其业务发展特点又适应其组织结构的个性化绩效指标体系是至关重要的。这种体系需要真实地反映数据分析的成果，以便更准确地衡量业绩和指导决策。一个有效的指标体系应该结合自上而下（top-down）的战略视角，从企业管理层拆解至下游职能部门，同时也应该包括自下而上（bottom-up）的视角，将来自业务组织单元的洞察归纳并汇总至企业管理层。

企业 A 的数据民主化的文化挑战要求组织在战略层面进行深刻的转变，并期望这种转变不仅仅发生在高层领导身上，而是渗透至每一位员工，使得数据驱动的决策和洞察成为他们行为和思维方式的一部分。这不是一项简单的任务，它要求企业在培养和发展数据文化方面做出持续和系统的努力。企业需要设计并实施多样化的数据分析能力培训和教育项目，确保这些能力能够通过多种形式和场景融入企业的日常文化之中。只有这样，企业才能确保数据文化的根植，加快数据民主化进程，最终促进企业的持续成长和创新。

通过这样的系统化努力，企业可以期望在每个层级上实现数据驱动文化的深度转变。从管理层到前线员工，每个人都应当成为数据的探索者和分析者，能够从数据中提取洞察，并以此指导日常工作和决策。进一步地，这种文化转变将使得数据不再是静态的记录，而是动态的资产，能够为企业提供持续的创新动力和竞争优势。因此，对于企业A来说，打造真正的数据文化，不仅是现代业务环境的需要，更是一次关乎企业未来的战略转型。

9.4.2 数据民主化的体验层：企业级数据资产门户

1. 数据民主化建设蓝图

数势科技，作为企业A的长期技术合作伙伴，在与企业内部的各个利益相关方就数据民主化达成的共识和讨论的基础上，构建了一份详尽的数据民主化建设蓝图。此蓝图旨在引导企业A实现数据民主化的转型，确保数据资产的透明度和利用效率得到提升。

在战略层面理解数据民主化，我们认为企业A要成功实现这一转型，必须在“必赢之战”领域取得突破，如图9-5所示。

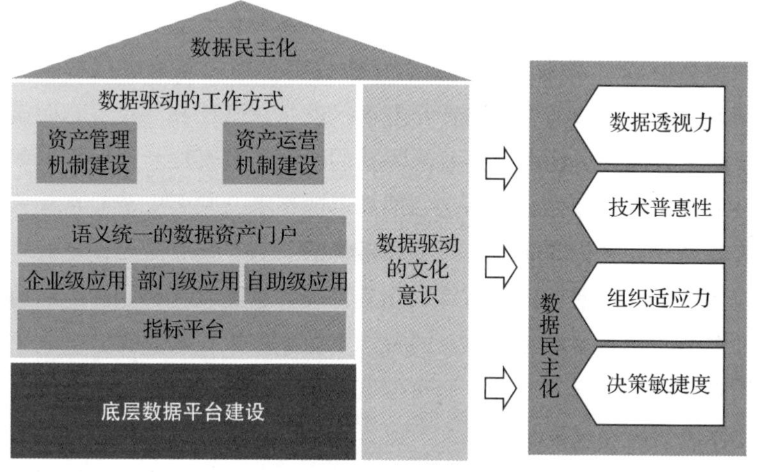

图9-5 数据民主化建设蓝图

（1）数据透视力

数据透视力指在整个组织中，全体企业员工能够清晰和便捷地查看企业数据蓝图和利用企业数据资产的能力。数据透视力确保所有利益相关者能够理解和跟踪数据的来源、处理过程及其如何影响决策。简单来说，就是“确保用户看得到企业有哪些数据资产、这些数据在哪里、数据是什么口径等信息”。

（2）技术普惠性

技术普惠性代表的是技术工具以及资源的可用性，这意味着每个企业员工都能够在需要的时候，低门槛甚至无门槛地访问和使用数据相关的工具和资源，而无论其技术能力如何。技术普惠性有助于降低进入门槛，使非技术人员也能够参与数据分析和决策过程。简单来说，就是“确保用户看到企业的数据资产之后，能够有趁手、方便的工具进行自助式的数据探索和分析”。

（3）组织适应力

面对不断变化的商业环境，企业必须能迅速适应新兴的数据消费模式。这不仅仅关乎企业文化、组织结构和数据管理机制的灵活性，而是能确保整个企业在数据的全生命周期中设立完善和科学的管理机制、流程、人员组织，以便能够快速响应内外部的数据需求。

（4）决策敏捷度

决策敏捷度关系到企业内部对市场变化的快速响应能力，包括迅速洞察基于数据的商业环境变化，并且能够基于数据做出敏捷的决策。具体来说，它涉及一个敏捷决策的响应闭环，这个闭环应能够对内外部商业环境的变化进行快速感知、分析，形成洞察，转化为行动并复盘行动结果。

2. 以用户体验为出发点的用户旅程设计

建设一个数据资产门户并非最终目的。透过现象看本质，数据资产门户对于数据民主化落地的价值在于：为全体企业客户创造一个工作空间，方便他们在日常工作中便捷、快速、轻松地查询、搜索、理解、使用所需的数据。

所以，在数据资产门户的构建过程中，项目团队采取了深度的用户研究方法，这里的用户研究方法格外注重“谁”（用户）在什么场景（具体工作场景）会关注什么（数据资产）。通过多轮次的深度访谈来洞察典型用户在使用数据过程中的需求，这些访谈涵盖了不同的角色和场景，目的是理解企业用户在数据获取和使用的不同阶段遇到的具体问题。通过深度访谈快速帮助项目团队识别出了分析开发者、业务分析师和商业用户等关键角色，并绘制出了他们的数据消费旅程图。

针对以上用户在数据消费阶段的“查数难、看不懂、找不到”的共同痛点，设计落地了企业级数据资产门户，通过用户友好的交互设计，整合企业内部已有的BI工具平台和数据科学平台，共同打造了三类不同用户在取数、用数的第一触点（即用户体验层）。通过企业级数据资产门户，用户可以按照所在业务组织单元、职能部门整体感知企业已有的资产分布情况，识别出哪些数据资产目前是最受欢迎的、哪些是新上线的，以及哪些数据集能够实现实时或近乎实时的更新。

3. 数据资产门户设计

此外，数据资产门户还支持用户根据不同的业务场景和流程进行深入探索，这包括查看企业内部现有的数据报表、指标、数据集、数据底表等不同阶段和层面的数据资产。门户提供的详细信息还包括数据资产的定义、负责维护的团队或个人，以及数据的使用场景。所有这些信息都以易于用户理解和查询的方式呈现，帮助用户快速掌握数据的内容和背景。

通过这种针对性的信息展示和用户旅程的差异化设计，数据资产门户有效地提高了用户在数据获取和使用过程中的便捷性和分析效率。用户现在可以在一个“一站式”的平台上快速定位所需数据，理解数据的上下文，从而在决策和业务执行中实现更高的敏捷性和精确性。这不仅加快了数据的流转速度，也提高了整个组织的数据治理和利用能力。

通过整合用户旅程，在数据资产门户提供数据产品级的数据消费体验，改变了过去“数据找不到、难理解、没人用”等数据消费难题，加速了数据民主化在数据透视力和技术普惠性“必赢之战”的进程。

数据民主化的成果如图 9-6 所示。

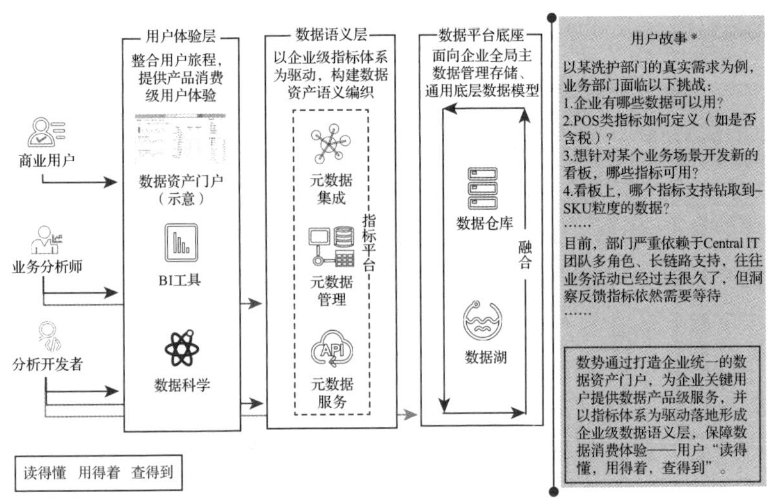

图 9-6　数据民主化的成果

透过用户体验层，企业需要在“台下”下足功夫，即体验层背后需要企业建立基于统一视角的数据语义层和数据平台底座来保障前端体验层消费的数据准确性和可用性。

在用户体验层之下，企业需要构建一个坚实的“台下”支撑体系，确保前端体验能够无缝接入准确和可用的数据。而在数势与企业 A 的共识下，这个支撑体系包括数据语义层和数据平台底座。一方面，数据语义层的构建是为了统一数据的定义、格式和标准，使得不同来源的数据可以被正确解释和匹配，这个层面的建设关键是以用户可以理解的“元数据”描述企业内部数据。它是确保数据在整个企业内部保持一致性和连贯性的关键所在，让用户在体验层无须担心数据的真实性和可靠性。

另一方面，数据平台底座则是技术实现层面的基础设施，它包含数据仓库、数据湖以及可能的数据集市等。这些技术解决方案为数据存储、处理和分析提供支撑，保障了用户体验层能够访问到实时或近实时的数据，以支持各种分析和业务决策。数据平台底座的建设需要企业在技术选型、系统架构和运维能力上下足功夫，确保数据平台的性能、可扩展性和安全性。

通过在“台下”构筑企业统一视角下的数据语义层和数据平台底座，为体验层用户的每一次查阅和消费数据提供强有力的数据支持。这样，当用户在体验层上进行数据探索、报表查看或指标分析时，可以信赖其背后的数据是经过精确处理和管理的，确保了数据的真实性和完整性，从而推进数据透视力和组织适应力等“必赢之战”落到实处。

9.4.3 数据民主化的语义层：数据资产管理

对于企业来说，数据资产管理是一项长期的、系统化的工程，它更像是一场绵长的马拉松，而非一次短暂的冲刺。数据民主化的本质并非放任自流、无限制的混乱状态，而是向着有效管理和高效利用数据的理念转变。对于企业 A 来说，数据资产管理是这一过程中至关重要的一环，这涉及对组织内数据的有效识别、分类、解读、管理以及保护。

1. 资产管理的实现

在双方的共识基础上，数势科技协助企业 A 以指标平台产品作为核心，构建了企业级的数据语义层。该语义层位于用户体验界面与数据平台基础设施之间，为企业内部数据民主化的架构奠定了坚实的基础。

在目前阶段，语义层涵盖了以企业级指标体系为核心（以及指标上下游关联的数据集、报表）的元数据集成、管理和服务等关键模块。它的主要职责是保证数据资产的口径记录标准化和统一性。对于企业 A 这样一个结构复杂的组织（各业务组织单元相对独立经营，集团的功能团队统一支持不同业务组织单元的混合型结构），数据语义层的构建在数据管理和消费方面发挥着至关重要的作用。它的建设不仅包括数据的分类和标签化，还包括元数据的集成与管理，以及开放服务。

2. 资产管理的策略

在大型企业的数据管理方面，需要采取全局视野，注重细节管理。对于“应该管理哪些数据资产，以及由谁来管理”等问题的处理，数势科技与企业 A 共同制定了一个混合型管理策略框架。这个框架旨在兼顾数据治理的灵活性与规范性，确保数据资产得到高效、有序的管理，同时促进组织内部数据民主化的健康发展。通过这种方式，企业 A 不仅强化了数据资产的管理，而且在数据驱动的决策制定中更为敏捷和精准，最终促进企业的整体效能和市场竞争力的提升。

从图 9-7 中可以解读出，企业 A 和数势科技协作定义了三种层级的数据资产管理的策略：企业级（Centralized）、业务组织单元级（De-centralized）和用户自助级（Self-service）。这些策略覆盖了诸如指标、报表、数据集等关键数据资产类型的管理。

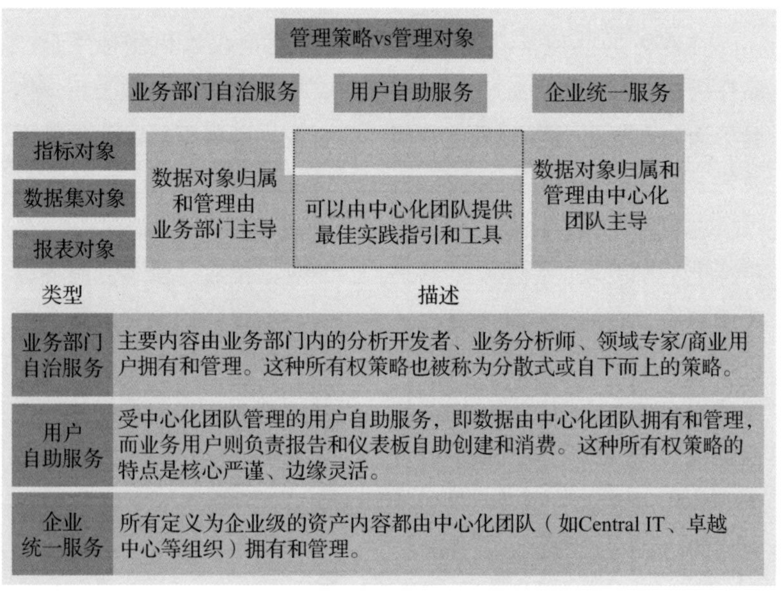

图 9-7　数据资产管理示意

这一混合型管理策略既考虑了从企业级高度集中统一管理数据资产的需求，又为业务组织单元和各职能部门下的用户提供了灵活性和自助式管理的选项。在此结构中，中心化团队在服务于业务组织单元和用户级别时，不仅分享最佳管理实践，而且提供一套用户友好的工具集，以支持用户在其权限范围内科学且有效地管理数据资产。

这些管理策略的详细说明如下：

- 企业级管理策略是高度集中的方法，确保关键数据资产（如指标定义、报表生成及数据集整合）在中心化团队的直接监管下维护和管理，保障数据资产的质量和一致性。

- 业务组织单元级管理策略赋予每个业务组织单元某种程度的自治权，使它们能够按照自身的特定业务需求来定制和管理数据资产，同时保持与企业级管理策略的对齐。
- 用户自助级管理策略则提供更大的灵活性，允许末端用户根据自己的需要，使用工具和平台自行进行数据资产的查询、使用和管理。

这种层次化的策略设计旨在为企业 A 提供一个既符合集中管理原则，又不失灵活性和自主性的数据治理框架，这对于加速数据民主化的进程、提升决策质量以及促进跨部门协作具有重要的价值。通过这种方式，企业 A 能够在维持数据治理的严谨性的同时，鼓励和促进数据的创新性使用和管理，这是朝着成为一个真正数据驱动的企业迈出的关键一步。

3. 资产管理的成果

回到项目本身，数势科技协助企业 A 的中心化数据分析团队识别了首批关键的企业级数据资产，不仅从数据源到数据集、指标以及报表设计了全面的数据资产管理机制和消费流程，还进行了试运行以确保这些流程的有效性。借鉴行业内的成功案例，共同创建了企业级资产管理委员会，这一举措旨在确保试运行阶段的流程得以顺利实施并落地。

在试运行初期，梳理出的关键资产包括“铺货体系”和“进货体系”业务场景下完整的指标体系（对于消费品行业客户而言），并追溯到数据源头进行细节确认和校准。除去企业级的管理机制和流程落地，也帮助业务组织单元和用户自助级服务制定了管理实践的战术手册，帮助他们在项目建设过程中利用或改造自身所需的管理方法。

最终，这些企业级的数据产品被集成并发布到了数据资产门户，供企业用户轻松访问和使用，大大提高了数据消费的便捷性和效率。在此之上，帮助企业 A 制定了数据源、数据集、指标、报表等多层的企业级资产管理框架体系和实践标准。按照企业级资产的实践标准开始运营首批资产，帮助企业 A 真正做到了“有管理、高效率”的数据民主。

通过这一系列的举措，企业 A 不仅在数据管理能力上取得了显著提升，也加速了企业级数据资产服务的开放效率，这为推动数据民主化的核心战略目标的实现打下了坚实的基础。

9.4.4 数据民主化的长期保障：数据文化和能力

1. 数据驱动的文化意识

在数据民主化的征途上，构建数据驱动的文化意识不仅是推动企业成功转型的核心要素，也是整个企业数据战略的关键支柱。数据驱动文化的核心在于整个企业都认可数据是基础生产要素的观念，并将其嵌入每位员工的日常工作实践中。在这种文化背景下，数据被赋予了企业核心资产的地位，员工则被激励利用数据来做出更明智的决策。

对企业 A 来说，培育这种数据驱动的文化意识意味着从最高层的领导到基层员工都需要重新认识数据的重要性，并积极融入由数据推动的日常业务分析和决策制定过程中。

在这一认知的基础上，我们清楚地认识到，仅仅文化的改变是不够的，员工使用、获取和理解数据的能力同等重要。这需要超越仅提供用户友好的分析工具和技术，更为关键的是，要通过系统的培训和支持来加强员工的数据利用习惯，以提高他们的数据素养。这就要求员工不仅理解他们所使用和获取的数据的含义，而且要能够熟练地处理和分析数据，知道在遇到数据问题时如何在组织内部寻求及时的帮助，并将数据转化为实际的洞察和行动。

2. 数据驱动的文化建设

在实施这一计划时，数势科技与企业 A 联手采取了一系列措施。首先，通过组织工作坊、培训班和在线课程，提高各业务组织单元员工的数据意识和分析能力。其次，通过设置内部竞赛，例如指标和报表创造大赛以及数据集的组装和编织挑战，激励员工在实际的业务场景中积极使用数据。这些活动不仅提升了员工对数据使用和获取的兴趣，也增强了他们的实战技能。通过这些在业务组织单元试点的经验，将成功的实践逐步扩展到其他业务组织单元，从而全面加速企业 A 的数据民主化进程。

此外，企业 A 为了支持数据文化和能力的长期发展，还创立了跨部门的数据社群，使其成为知识共享和最佳实践交流的平台，这些平台加速了数据文化在组织内的传播。在这些社群内，数据专家与业务专家通力合作，共同探索问题解决方案，推动了数据的内部流通和有效应用。

在技术层面，数势科技针对企业 A 的各个战略业务单元（业务组织单元）用户群体，推广了用户自助式的指标平台工具。这一策略大幅降低了用户在数据探索和指标计算时面临的技术障碍，赋能了非技术背景的员工以更高效和更直观的方式访问、定义、开发、计算、使用所需的数据指标，从而支持其业务分析和决策过程。

综合来看，数势科技的介入为企业 A 的数据民主化之旅铺设了坚实的基石。通过培育一种深厚的数据文化，并不断提升员工的数据能力，企业不仅确立了尊重和有效利用数据的文化基调，而且显著增强了员工的数据理解和数据驱动决策能力。这样的文化和技能的提升，不仅激发了员工的创造潜能，还大力促进了企业在业务洞察、成长、创新方面的整体效率和成效，推动企业在激烈的市场竞争中保持领先。

9.5 数据民主化的重要性

在数据民主化的战略实施过程中，企业 A 的经验提供了一个极具价值的案例范本。数据民主化的重要性不仅体现在促进企业决策向数据驱动转型上，更体现在它如何重塑组织文化，优化技术架构，并提升组织适应市场变化的能力上。

首先，数据透视力的增强是赢得数据民主化战斗的核心。企业 A 通过建立一个企业级的数据资产门户，极大地简化了数据的获取和解读过程，确保了关键决策点的数据支持。这样的门户通过在用户体验中呈现直观、易理解的数据关联，不仅增强了用户的信任和参与度，也大幅提高了数据资产的利用效率和分析质量。

其次，技术的普及性保证了企业每个角落的数据工具和平台的可达性。企业 A 利用自助式指标平台等工具，使技术力量触达每一位需要数据支持的员工，而不受技术水平的限制。这种平等的技术获取机会激励了所有员工的创新思维，并促进了一种自上而下及自下而上的数据创新文化。

再次，组织适应力的提升让企业 A 能够敏捷地应对市场的快速变化。数据民主化的实施需要企业在文化和结构上做出调整，形成跨职能团队，消除数据孤岛，实现跨部门的数据流通与共享。这样的结构优化赋予企业以更灵活的市场响应能力捕捉商机。

最后，决策敏捷性的提升是数据民主化的直接益处。确保数据的即时可用性和准确性，让企业 A 的业务决策变得更加迅速和精确。在当今快速变化的商业环境中，这种迅速的决策能力格外宝贵。

总体而言，数据民主化的价值不仅仅在于它带来的技术创新或管理上的改进，更在于它深刻地重塑了企业的整体运营模式。企业 A 的实践证明，通过精心管理和智能利用数据资产，企业可以在变革中稳健地前行，不断增强市场竞争力和持续创新的能力。

数据民主化作为一种战略，通过普及数据并使其易于理解，给予了企业内每个人利用数据的力量。这种文化和战略的转型不仅提升了个体和团队利用数据的能力，还帮助企业在激烈的数字经济竞争中保持竞争优势，并加快数据驱动的决策过程。

9.6　数据民主化实践的启示

通过企业 A 的数据民主化实践落地经验，我们可以提炼出几个关键的启示，它们对于那些正在或准备走上数据民主化之路的企业具有重要的参考价值。

第一，数据民主化不是一蹴而就的。企业 A 的经验表明，数据民主化不仅是技术和工具的应用，更是一种组织文化的转变。这种文化鼓励所有员工理解、利用数据并基于数据做出决策。为此，数势科技在与企业 A 的合作中不仅提供了用户友好的取数、用数工具和平台，而且还通过举办一系列培训、比赛来提高员工的数据素养，这是推动数据民主化不可或缺的一环。

第二，实践中的另一个关键启示是构建强大的数据语义层。在数势科技与企业 A 的合作中，利用指标平台工具来从源头定义、记录、管理指标和数据集等关键数据资产的相关信息，建立了打通用户体验层（前端）到数据平台基础（后端）的数据语言桥梁，确保了用户查阅和消费数据的标准化、一致性、安全性，确立了从前端用户体验到后端数据平台的无缝连接。这种全面的数据架构不仅加强了企业的数据管理能力，也为高效的数据消费奠定了基础，极大地提升了数据的可访问性和实用性。

第三，企业 A 的案例还告诉我们，数据民主化需要来自高层领导和中间层管理者的支持与推动。高层领导的认可和参与为数据民主化提供了方向和动力，而中间层管理者的参与和支持确保了企业层级的数据民主化战略能够与每个业务组织单元、小组的局部战略目标相一致，并且保证了必要的资源投入。

第四，持续监测和评估也是成功的关键。对于企业而言，制定符合自身组织特点的评估方案是一项重要任务。在定期评估数据民主化的过程中，要持续监测和评估自身数据管理、消费流程的效率和效果，并根据反馈进行优化。这种持续改进的方法可以确保数据民主化真正走入每个企业员工的日常工作，并能够适应不断变化的业务需求和技术环境。

第五，数据民主化实践还启示我们，要有一个整体的视角来审视数据的作用。数据不仅要用于日常运营，还要用于驱动创新和发展战略。企业 A 的数据民主化实践不断推动企业向数据驱动的决策模型转型，这一转型为企业带来了更深层次的业务洞察和更强的市场竞争力。

企业 A 的实践展示了一个成功的数据民主化案例，它提供了一个值得其他企业学习和借鉴的范本。通过将数据民主化视为一个全面的战略，企业可以确保在这个数据驱动的时代保持领先。

第 10 章 CHAPTER

大模型让企业数据洞察触手可及

在生成式 AI 技术迅猛发展的背景下，大型语言模型（Large Language Model，简称“大模型”）已经成为推动企业数据分析的前沿工具。随着这一技术的进步，企业正面临着将最新发展转化为实际洞察力的挑战，以促进决策制定和业务增长。

大模型技术能够高效处理大量且复杂的数据集，深入挖掘数据中的隐藏模式和趋势，进而提供精确的预测和分析支持。这些模型不仅显著提升了数据处理的速度，还具备识别数据之间关联性的能力，可助力企业更深入地理解客户行为、市场动态以及业务运营状况。借助大模型，企业能够实现更智能化、高效的数据分析，为战略决策提供更加坚实的信息基础，推动业务持续创新与发展。

本章旨在探讨如何利用大模型技术简化复杂的企业数据分

析，使数据洞察更加直观，便于各个层次的使用者和决策者进行有效利用。

10.1 大模型在数据分析中的作用

数据分析在企业决策中扮演着关键角色。它能通过进行精准、及时的分析，帮助管理层深入理解财务和业务指标，从而更有效地进行经营分析、制定重大决策、监控目标进展和执行情况。相较于过去依赖经验的粗放式决策，这种基于数据的决策方式是一种更加智能化和精准化的方式。

然而，在数据分析场景的应用落地过程中，无论是大型企业的经营分析系统还是中小企业的报表系统，都普遍面临一些挑战，如分析思维的不足、组织流程的烦琐以及分析产品的难以实施等。在这种背景下，大模型的出现有望彻底革新企业对数据分析问题的理解及其解决方案的认知。作为数据智能产品的提供商，数势科技提出了一种创新的思路：利用大模型的能力，打造一款对话式分析的产品。该产品能够基于自然语言交互的方式，依赖行业知识的嵌入，为企业提供深入的业务数据洞察和分析，从而帮助企业提升经营效率，促进业务增长。

10.1.1 大模型在数据分析场景中的优势

在数据分析领域，大模型已经彻底改变了用户与数据的交互方式。基于大模型的分析方式能够及时响应用户口语化的分析需求，极大简化数据分析的过程，使即使是没有专业技术的用户也能够轻松地获取和解读信息。特别是在处理非结构化数据，如社交媒体评论或新闻报道时，大模型能够挖掘出有价值的信息，为企业提供全面的数据视角。

在智能推理和预测方面，大模型的能力超越了简单的数据分析，它们能够基于现有数据预测未来的趋势和潜在问题，为企业决策提供数据支持。这种前瞻的能力对于企业来说是极具战略意义的，因为它能够帮助企业预见市场变化，从而做出更明智的决策。

此外，大模型还具备代码自动生成的能力，能够根据简单的自然语言指令编写复杂的代码，这一功能极大地降低了数据分析的技术门槛，使非编程人员也能够执行高级数据分析任务。这种自动化的代码生成不仅提升了数据分析的效率，还扩大了数据分析的应用范围。

由于大模型具有对语义的精准理解能力，引入了一种新的交互方式。这种交互方式更加直观和自然，用户无须学习复杂的软件操作，只需要用自然语言表达自己的需求。这种交互方式的引入不仅提升了用户体验，还使数据分析工具能够更好地融入用户的工作流程。

10.1.2　大模型的能力及构建步骤

1. 大模型的核心能力

它们的核心能力可以从以下几个方面来理解。

- 参数规模巨大：大模型的参数量通常在数十亿到数万亿之间，这使它们能够捕捉到数据中的复杂模式和细微差别。
- 自学习能力：通过大量的数据训练，大模型能够自我学习和优化，从而不断提高其推理和生成能力。
- 泛化能力：大模型不仅在训练数据上表现良好，还能很好地泛化到新的、未见过的数据上，这使得它们在实际应用中具有很高的灵活性和适用性。

- 多任务处理能力：大模型能够同时处理多个任务，如文本生成、文本分类、机器翻译等，这大大提高了模型的实用性和效率。
- 上下文理解能力：大模型能够理解长篇文本，捕捉到其中的上下文关系，从而提供更准确、更有深度的分析和预测。

处理和分析大规模数据集是企业利用大模型获取洞察力的关键步骤。而以上面提及的大模型的强大能力，给数据洞察带来了极大的技术探索空间。

2. 大模型分析和处理大规模数据集的能力

依托强大的自然语言处理能力，如 GPT-4 这样的模型能够识别并生成人类语言。这使得我们能够像与真人交谈一样，使用日常语言来查询和分析数据。随后，这些模型能够自动梳理数据关键点，并生成清晰、易懂的反馈。这个过程极大地简化了数据探索，让即使没有技术背景的用户也能轻松进行数据分析。

大模型同样能够处理涉及多个层次和步骤的复杂数据问题。例如，对于这样的问题："在过去半年中，每个月每个门店的营收额是多少，与去年同期相比增长了多少百分比？"这些模型能够理解问题的复杂性，将其分解为简单且可执行的子任务。接着，它们能够从大量数据中精确提取关键信息，并构建出详尽的回答，从而显著提高数据分析的便捷性。

更重要的是，这些模型强大的语言理解和表达能力，使得数据分析结果更加直观，并且以更人性化的方式呈现。面对复杂的分析结果，它们能够提供简明的解释和逻辑推理，让数据的含义及其带来的影响变得清晰、易懂。例如，如果某个基金产品的销售额突然下降，这些模型不仅能指出这一现象，还能深入挖掘背后的多种潜在因素，如股市指数的变动、市场趋势等，并根据这些分析提出合理的建议，如调整定价策略或加强市场推广。

这一切的变革都是由大模型的以下特点带来的。

- 模型结构和参数容量。大模型通常具有大量的参数和复杂的网络结构，这允许它们捕捉和学习数据中的细微模式和复杂关系。例如，大型深度学习模型如 Transformer 架构及其变体（如 BERT、GPT 系列等）能够处理丰富的序列数据，并展示出优秀的性能。
- 特征学习。深度学习模型能够从数据中自动提取有用的特征。这种端到端的学习能力特别适用于大规模数据集，因为手动设计特征在面对大数据量时常常不切实际。
- 模型泛化。随着数据量的增加，大模型由于其庞大的参数空间和强大的学习能力，可以实现更好的泛化。理论上，它们可以从大数据集中学习到更多的变化和模式，从而更好地针对未见数据做出预测。

这种变革是大模型的强大语言理解能力和生成能力所带来的。这不仅提高了数据分析的便利性和可接近性，也使数据分析变得更加直观和人性化。这是大模型对 BI 领域的一次重大变革，也预示着数据分析的未来发展趋势。

3. 构建大模型的 5 个步骤

为赋能数据洞察场景，构建一个大模型通常有以下几个步骤：

1）数据预处理。大规模数据集通常包含大量的噪声和不相关信息。因此，数据预处理是至关重要的。这包括数据清洗、去重、标准化等步骤，以确保数据的质量和一致性。

2）特征工程。通过特征工程，可以从原始数据中提取出有助于模型学习的特征。这包括选择、转换和缩放特征，以提高模型的性能和准确性。

3）模型训练。使用大规模数据集对大模型进行训练，使其能够捕捉到数据中的模式和规律。这通常需要大量的计算资源和时间。

4）模型评估和调优。通过评估模型的性能，如准确率、召回率等指标，可以了解模型的优劣。根据评估结果，对模型进行调优，以提高其性能。

5）模型部署和应用。将训练好的模型部署到实际应用场景中，如自动化报告生成、客户洞察分析等，从而为企业提供有价值的数据洞察。

通过以上步骤，企业可以利用大模型对大规模数据集进行处理和分析，从而获取深入的洞察力，驱动决策和增长。

10.1.3 利用自我学习能力发现数据中的潜在模式和关系

大模型具有处理和理解大规模数据的能力。这些模型通过深度学习和自我训练，可以从海量数据中识别出复杂的模式和关系。具体来说，大模型通过以下方式帮助企业发现数据中的潜在模式和关系。

- 自动特征识别。大模型可以自动从数据中识别出有用的特征，无须人工干预。这些特征可能是传统方法难以捕捉的，但对于理解数据背后的规律至关重要。
- 关联性分析。大模型能够识别数据点之间的复杂关联，不仅仅是线性关系，还包括非线性、高阶交互等。这对于揭示变量间的深层次联系非常有帮助。
- 异常检测。通过学习正常的数据模式，大模型能够有效地识别出异常情况，这对于金融欺诈检测、网络安全等领域尤为重要。

- 预测分析。大模型可以利用历史数据来预测未来的趋势和事件，为企业决策提供数据支持。例如，预测市场变化、消费者行为等。
- 自然语言处理。由于大模型在处理自然语言方面具有优势，它们可以从非结构化的文本数据中提取有价值的信息，如客户反馈、社交媒体评论等。
- 交互式查询。大模型可以与用户进行交互，响应用户的自然语言查询，这使得数据分析变得更加直观和易于理解。

这些能力使大模型能够简化复杂的数据分析任务，使得数据洞察不仅限于数据科学家或 IT 专业人员，而是可以被企业中各个层级的人员所利用。这种民主化的数据分析方式有助于企业更好地利用数据驱动决策，从而在激烈的市场竞争中保持优势。

10.2　指标在 GenAI 分析产品中的作用

在过去，产品常被视作达成目标的工具，关注于每一步任务的执行，给用户清晰地展示复杂过程。但随着大模型的崛起，产品已演进到新高度：它们不仅是工具，更是智能助手。这些助手通过自动规划和执行，简化了烦琐过程，只突出目标结果的展示，实现了真正的“所见即所得”。这一变革标志着新时代的来临，产品不再是单一的工具，而是与用户深度互动的智能伙伴。

在进行数据分析时，企业频繁面对各种复杂的分析需求。从图 10-1 的 5 个问题中可以清晰地看出，这些难题呈递增趋势。

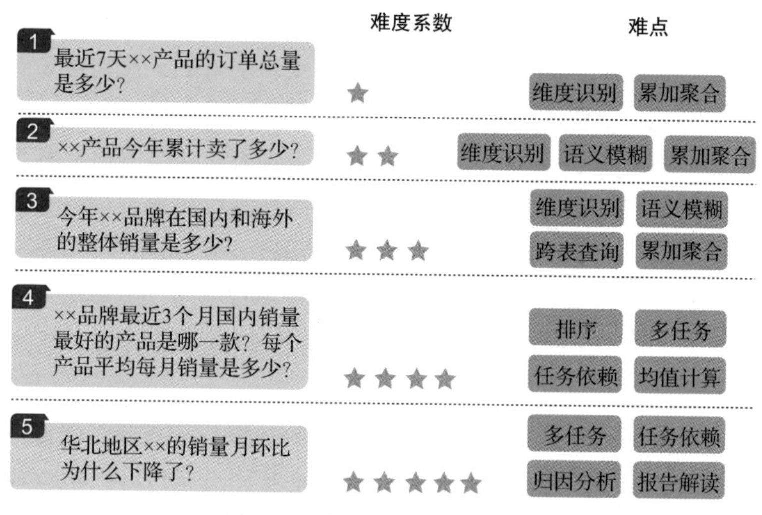

图 10-1 智能分析场景的挑战

首先，传统的 NLP2SQL 方法主要局限于处理数据查询和简单的聚合计算问题。由于中文表述与数据库表字段及 SQL 语句之间存在着显著的语义差异，这成为传统工具难以克服的障碍。例如，国内销量和海外销量在不同的数据库中可能都使用 order_count 作为字段名，这就需要在语义对齐过程中进行大量的基础表标注。然而，这些指标本身已经具备了语义能力和口径解释，这为与大模型进行有效的语义对齐提供了可能。

此外，当用户提出的问题涉及复杂的查询计算任务时，不同子任务之间可能存在前后依赖关系（例如问题 4 中所述）。在这种情况下，如果没有引入任务规划和拆解机制，分析产品将无法实现任务的串行处理，从而难以达到最终的任务目标。

更复杂的情况是，用户在分析数据时，不仅希望查看数据本身，还希望深入挖掘数据背后的规律或原因。这类需求就需要引入归因洞察算法，而这已经超出了 NL2SQL 的能力范围，需要通过调用函数或归因工具的 API 来实现。

这一系列问题的存在表明，一个真正有效的数据分析工具应当具备需求理解、任务拆分、工具 / 函数调用以及总结反思的能力。

数势科技针对数据分析领域的需求，通过融合大模型的能力，已经取得了显著的进展。智能分析助手 SwiftAgent 是一款由数势科技自主研发的创新型智能分析产品，它结合了最先进的大模型和数势科技指标平台产品的数据分析能力和指标语义化的能力，为数据分析师、商业智能专家和非技术用户提供了一个强大且直观的工具。

SwiftAgent 是行业内经过大模型能力赋能的自动化业务分析产品，具备以下多重优势。

- 意图理解能力。SwiftAgent 基于行业微调的模型，能够更深刻地理解用户提出的问题。这意味着它能够准确地把握用户的查询意图，从而提供更加精准的数据分析服务。
- 任务规划能力。SwiftAgent 能够将目标或复杂任务化繁为简，逐步拆解，使大模型能够自动执行。这种能力对于处理涉及多个子任务的复杂查询尤为重要，确保了分析的连贯性和准确性。
- 数据洞察能力。SwiftAgent 基于指标语义特性和口径描述，让大模型进一步理解数据，弥补了中文和表字段之间的差异性。这使得数据分析更加贴近用户的实际需求，增强了分析的深度和广度。
- 高效计算能力。通过数势科技自研的 HME 引擎提交查询计算任务，极大地优化了计算效率。这确保了即使是复杂的数据分析任务也能快速得到处理和反馈，提高了工作效率。

企业在构建大模型产品时，需考虑多个方面，如图 10-2 所示。

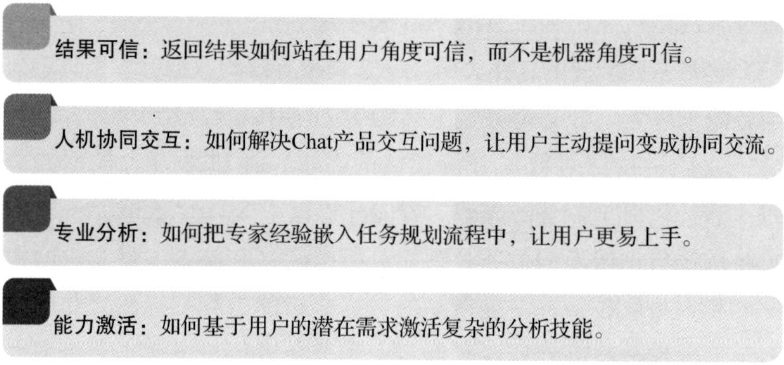

结果可信：返回结果如何站在用户角度可信，而不是机器角度可信。

人机协同交互：如何解决Chat产品交互问题，让用户主动提问变成协同交流。

专业分析：如何把专家经验嵌入任务规划流程中，让用户更易上手。

能力激活：如何基于用户的潜在需求激活复杂的分析技能。

图 10-2　大模型 Agent 在分析场景中的思考

首先，产品设计应注重用户问题的深入理解和洞察；其次，企业还需关注产品的“端到端”实现方式。这意味着，设计的逻辑和实现应该巧妙地整合在后端架构中，确保用户对结果的信任，而不仅仅是依赖于机器的可靠性。

在大模型产品设计中，强调人机协同尤为重要。产品不应仅仅局限于传统的问答模式，即人提问、机器回答。相反，机器应更主动地提供引导，帮助用户拓展分析思路。

以 SwiftAgent 为例，数势科技思考的关键在于如何将企业内部丰富的分析经验沉淀到产品中，形成良性的“飞轮效应”，使产品的使用更加得心应手。

此外，许多产品工具的高级能力往往处于“沉默”状态，这导致开发和使用的回报率相对较低。数势科技深入思考和设计时考虑到：通过大模型深刻理解客户需求，是否能够激发更多的分析技能？

在解答以上 4 个问题时，我们需要深入思考并设计的关键在于理解数势的概念，并建议各企业在打造大模型产品的过程中加以考虑。

首先，尽管“对话情境”并非由大模型直接创造，但“对话式任务执行”却是由大模型形成的一种新场景，增强了其应用于实际的可能性。

其次，大模型通过提高生产力，促进了生产关系的变革。例如，它简化了传统的业务流程，其中业务人员、分析人员、数据开发人员之间的协作模式将变得更加高效。

最后，大模型的本质是知识的压缩体，对生产生活产生深刻影响。人类随着知识的不断摄入进化了大脑，学会了使用工具、进行了发明创造。企业随着发展阶段的不断升级，逐渐引入先进技术赋能业务场景，这一切共同构成了大模型对企业经营和人类生产生活的深刻影响。

10.2.1　指标的语义化帮助大模型更精准对齐用户提问

指标的语义化对大模型精准对齐用户提问起到了至关重要的作用，首先，应理解什么是指标的语义化。简单来说，指标的语义化就是将数据指标与其背后的业务含义相结合，使模型能够理解指标所代表的具体业务场景。这样做的好处是，当用户提出与业务相关的问题时，模型能够准确地从数据中找到相应的指标，并给出准确的回答。

指标的语义化帮助大模型更精准地对齐用户提问，主要体现在以下几个方面。

- 提高问题理解的准确性。通过指标的语义化，大模型能够更好地理解用户提出的问题。当用户询问关于销售额、市场份额等具体业务指标时，模型可以迅速从数据中找到对应的指标，并给出相关的分析和预测。
- 降低歧义性。在实际应用中，用户提出的问题往往具有一定的歧义性。通过指标的语义化，大模型可以清晰地识别出用户所关注的业务指标，从而减少歧义，提高回答的准确性。

- 提升回答的相关性。指标的语义化使大模型能够根据用户提问的业务场景，从海量数据中筛选出与之相关的指标，这样模型给出的回答将更加具有针对性和实用性。
- 优化数据处理速度。在指标的语义化过程中，大模型可以对数据进行预处理，将复杂的业务数据转化为易于理解的指标。这有助于提高数据处理速度，使模型能够更快地响应用户的提问。
- 促进业务创新。指标语义化帮助大模型从数据中挖掘新的业务洞察，推动业务创新。例如，模型可能发现潜在市场趋势，为企业战略决策提供支持。

总之，指标的语义化对于大模型精准对齐用户提问具有重要意义。通过将数据指标与其背后的业务含义相结合，大模型能够更好地理解用户问题，减少歧义，提高回答的准确性和相关性。这将有助于企业更好地利用数据驱动决策，实现业务持续创新和发展。在未来，随着大模型技术的不断进步，指标的语义化将在企业数据分析领域发挥更大的价值。

10.2.2 大模型对企业经营分析的作用

在企业经营分析中，大模型技术的应用可以极大地提升对现状洞察的深度和广度。传统的数据分析工具往往需要预设的查询和固定的分析框架，而大模型则能够通过自然语言处理（NLP）理解复杂的问题，并从海量数据中提取出有价值的洞察。

例如，一个企业经理可能需要了解不同区域市场对于新产品线的反应。利用大模型，经理可以直接提问："哪些区域的客户对于我们新推出的产品线反响最好？”大模型能够理解这个问题，并从销售数据、社交媒体反馈、客户服务记录等多个数据源中综合分析，给出直观的答案。

此外，大模型还能够识别数据中的异常和潜在问题。在传统方法中，这可能需要复杂的统计分析和专家的深入挖掘。但大模型能够自动发现数据中的不一致性和异常值，及时提醒企业注意，从而采取措施预防和解决问题。

大模型在趋势预测方面同样具有显著优势。通过深度学习，大模型能够从历史数据中学习到复杂的模式和关联性，并利用这些信息来预测未来的市场变化和消费者行为。

例如，零售企业可以利用大模型分析历史销售数据、季节性波动、市场活动等因素，预测即将到来的购物季的销售趋势。这不仅帮助企业优化库存管理，还能指导营销策略，提高销售额。

大模型还能通过实时数据分析来预测市场动态。在金融领域，大模型能够监控全球新闻、市场情绪、经济指标等多种数据，预测股票市场的走势或货币的汇率变化，为投资者提供决策支持。

10.3　推动数据民主化与决策制定

10.3.1　对话式分析助手：人人都是数据分析师

在数据驱动的时代，洞察数据背后的价值已成为企业和个人成功的关键。然而，复杂的数据分析工具常使非专业人士感到无从下手。正当人们对此感到无助时，“对话式分析助手”的概念应运而生，预示着数据分析领域的一场革命。这项技术的出现标志着一个全新纪元的开始：在这个纪元里，不论专业背景如何，人人都有可能成为数据分析师。

传统的数据分析要求用户具备专业的技术知识，掌握数据查询语言（如 SQL），并能够操作复杂的数据分析软件。而对话式分析助手打破了这一壁垒。通过自然语言处理技术，用户可以像与朋友交谈一样与数据对话，完成从最基础到最复杂的数据分析任务。这使得“人人都是数据分析师”的目标变得触手可及。

假设营销部的小李想要掌握最近一个季度内不同广告渠道带来的访问量和转化率。在没有对话式分析助手之前，小李需要请求数据团队提供报告，或者亲自用复杂的工具制作图表，而这对于小李来说是一项艰巨的任务。现在，有了对话式分析助手，小李只需要简单输入或说出：“我想看看过去三个月，各个广告渠道的访问量和转化率”，助手便能够理解其意图，自动从数据库中提取相应的数据，快速生成直观的图表和摘要，小李即刻有了清晰的洞见。

对话式分析助手如同一个随身携带的数据专家，无论是在办公室的电脑上，还是在手机或平板等移动设备上，都可以随时随地通过输入或语音与之交互。试想，在一场紧急会议中，当上级询问关键业绩指标时，使用对话式分析助手的小李能够立即提供答案，这不仅节约了时间，也展现了极高的效率。

通过对话式分析助手的图形和报告，决策者可以更加直观地理解数据。例如，销售经理想知道新推出产品的市场表现，只需对助手说：“展示新产品在不同区域的销售数据”，在几秒钟内，一个包含销量、收入等关键指标的多维图表就展现在面前，可迅速识别出表现突出或需要改进的区域。

对话式分析助手是技术与需求完美结合的创新，它不仅消除了数据分析的复杂性，还赋予了每个人分析和理解数据的能力。对话式分析助手通过简化数据分析流程，让一线人员能够轻松获取和利用数据洞察力。这不仅提高了工作效率，也使企业能够更加敏捷地应对市场变化，为持续的业务创新和发展奠定坚实的基础。

10.3.2　大模型让数据分析结果更透明、更可信

传统的数据分析工具往往只提供最终结果，而忽略了分析过程的透明度。相比之下，大模型能够模拟人类的思考过程，将中间的分析步骤以文本的形式展现出来。这种特性允许数据分析人员不仅看到结果，还能追踪到数据的处理过程。

大模型还能够提供解释性分析，即它们可以解释为什么某个决策或预测是合理的。通过揭示数据中的关键模式和变量之间的关系，大模型使决策者能够深入理解分析结果背后的逻辑，从而增加对结果的信任。

与传统模型相比，大模型具有更强的持续学习和适应能力。它们能够根据新的数据和反馈不断优化自己的预测模型，确保分析结果能够反映最新的业务情况，从而提高结果的可信度。

10.4　构建基于大模型的智能分析助手的挑战

10.4.1　技术和管理挑战

1. 技术挑战

构建基于大模型的智能分析助手存在以下技术挑战：

- 数据质量和完整性。大模型依赖于大量的数据来训练和提供准确的预测。然而，企业数据往往存在质量问题和完整性问题，例如数据缺失、错误和重复。这些问题可能会影响模型的性能和可靠性。因此，企业需要采取措施来确保数据的质量和完整性，例如数据清洗、数据验证和数据整合。

- 模型选择和优化。市场上有许多不同类型的大模型可供选择，如何选择适合企业需求的模型是一个挑战。企业需要考虑模型的性能、可扩展性、成本和可解释性等因素。此外，企业还需要对模型进行优化和调整，以提高其在特定业务场景下的性能。
- 计算资源和成本管理。大模型通常需要大量的计算资源来训练和部署。企业需要确保拥有足够的计算能力来支持这些模型，并考虑如何高效地管理和分配这些资源。此外，企业还需要考虑如何扩展计算资源以应对业务增长和模型复杂度的增加。

2. 管理挑战

构建基于大模型的智能分析助手存在以下管理挑战：

- 组织结构和人才。大模型的整合和部署需要跨部门的合作和专业人才的支持。企业需要建立合适的组织结构，明确各个团队的责任和协作机制。此外，企业还需要培养和吸引具备相关技能的人才，例如数据科学家、机器学习工程师和业务分析师。
- 安全和隐私。对于大模型处理的数据，尤其是涉及敏感信息如个人信息和商业机密时，企业必须确保数据安全和隐私。实施数据加密、访问控制及合规性检查等安全措施是必要的。同时，遵守相关法律法规和行业标准，以保护用户和企业权益。
- 持续监控和评估。大模型的性能可能会随着时间的推移而下降，因此企业需要建立持续监控和评估机制来确保模型的准确性和可靠性。企业可以定期对模型进行评估和测试，并根据业务需求和数据变化进行调整和优化。

3. 应对建议

可以从这几个方面来应对以上挑战：

- 在数据质量和完整性方面，建立数据治理框架和数据质量评估体系，定期进行数据清洗和验证。
- 在模型选择和优化方面，进行市场调研和评估，选择适合企业需求的模型，并建立模型评估和优化流程。
- 在计算资源和管理方面，建立云计算平台和资源管理机制，以灵活地分配和扩展计算资源。
- 在组织结构和人才方面，建立跨部门合作机制和专业人才培养计划，吸引和留住相关人才。
- 在安全和隐私方面，建立数据安全和隐私保护机制，遵守相关法律法规和行业标准。
- 在持续监控和评估方面，建立模型性能监控和评估体系，定期进行模型调整和优化。

10.4.2　大模型的幻觉问题、数据隐私和安全性挑战

1. 大模型的幻觉问题

尽管大模型技术在企业数据分析中展现出巨大的潜力，但大模型在处理海量数据时可能会捕捉到一些虚假的关联性（这种现象叫作幻觉），从而导致错误的预测和决策。这种现象在金融、医疗和司法等高风险行业中尤其令人担忧，因为这些领域的决策失误可能会带来严重的后果。

（1）大模型产生幻觉的原因

大模型的幻觉现象通常源于以下几个原因：

- 过度泛化。大模型通过从大量数据中学习模式，有时会过度泛化，从而在新的、不相关的数据上看到虚假的模式。

- 数据偏见。如果训练数据存在偏见，大模型可能会学习并放大这些偏见，导致在推理时产生错误的结论。
- 缺乏透明度和可解释性。大模型通常被视为“黑箱”，其内部决策过程不透明，难以理解模型是如何得出某个结论的。
- 复杂性。随着模型规模的增加，其复杂性也随之增加，这使得模型更容易捕捉到虚假的关联性。

（2）幻觉现象带来的影响

幻觉现象可能会对企业和个人产生以下影响：

- 错误的决策。企业可能会基于模型的错误预测做出错误的战略决策，从而导致经济损失和市场机会的丧失。
- 信任危机。如果用户意识到模型可能会产生幻觉，他们可能会对模型的输出失去信任，从而减少对模型的使用。
- 法律和伦理问题。在金融、医疗等敏感领域，模型的错误输出可能会导致法律纠纷和伦理问题。
- 数据安全风险。如果模型输出的虚假信息被用作数据驱动的决策，可能会暴露数据安全漏洞。

（3）解决幻觉问题的思路

为了解决大模型的幻觉问题，可以从多个角度出发：

1）技术解决方案。

- 提高模型透明度和可解释性。通过开发新的算法和技术，如注意力机制可视化、模型蒸馏等，以提高模型决策过程的透明度。
- 偏见检测和缓解。在模型训练过程中集成偏见检测机制，以及使用去偏见算法来减少模型学习到的偏见。
- 集成人类专业知识。结合领域专家的知识，对模型输出进行验证和调整，以提高预测的准确性。

2）产品解决方案。

- 用户界面设计。设计更直观的用户界面，帮助用户更好地理解模型的输出，并允许用户对模型进行反馈。
- 决策支持系统。开发决策支持工具，将模型输出与人类专家的判断相结合，以提高决策的准确性。

3）市场和教育解决方案。

- 用户教育和培训。提高用户对大模型局限性的认识，并通过培训帮助他们更好地理解和使用模型。
- 行业标准和认证。建立行业标准和认证体系，确保模型的质量和可靠性。
- 监管和政策。制定相关的监管政策和法规，确保模型的应用不会对个人和社会造成伤害。

2. 数据隐私和安全性挑战

在大模型技术的应用过程中，数据隐私和安全性是另一个亟待解决的问题。由于大模型需要处理大量的个人和企业数据，因此保护这些数据的隐私和安全性至关重要。然而，现有的数据保护法规和技术手段尚不足以应对大模型的挑战。

为了应对这一挑战，企业和政府需要加强数据隐私和安全性方面的合作。首先，企业应该采用先进的数据加密和脱敏技术，确保数据在传输和存储过程中的安全。此外，市场应加强对大模型应用场景的监管力度，防止数据滥用和泄露，以保障数据隐私和安全性。

总之，尽管大模型技术在企业数据分析中具有巨大潜力，但我们仍需关注幻觉现象、数据隐私和安全性挑战。通过不断优化模型、提高透明度、加大法规建设和监管力度，我们可以充分发挥大模型的优势，推动企业数据分析迈向新的高度。在此基础上，企业可以更好地利用数据洞察，为决策和增长提供有力支持，实现可持续发展。

10.4.3 效果评估挑战

传统的指标平台有了大模型的加持，可以更加智能地处理海量数据，从而为企业发展带来诸多变化，这些变化可以通过以下方式来追踪和评估。

- 提高数据处理速度和准确性。大模型可以快速处理大量数据，揭示隐藏的模式和趋势，提供更准确的预测和决策支持。评估方法：比较引入大模型前后的数据处理效率及预测准确性。
- 深化对客户行为与市场趋势的理解。大模型能够识别数据中的关联性，帮助企业更好地理解客户行为、市场趋势和业务运营。评估方法：通过分析客户满意度、市场份额和业务增长等指标来衡量。
- 促进业务创新和发展。通过大模型，企业可以实现更智能、高效的数据分析，为战略决策提供更可靠的信息基础。评估方法：跟踪业务创新成果、新产品开发速度和市场竞争力等指标。
- 降低数据分析门槛。大模型使复杂的企业数据分析变得简单，让企业数据洞察更加容易被各个级别的使用者和决策者所利用。评估方法：通过调查员工对数据分析工具的满意度、使用频率和数据分析能力的提升来衡量。
- 提高决策效率和质量。大模型为企业提供实时的数据洞察，帮助决策者快速做出明智的决策。评估方法：监控决策周期、决策质量及相关业务成果。

10.5　大模型时代企业智能化发展之路

在当今信息爆炸的时代，企业面临着海量的数据资源。这些数据中蕴藏着巨大的价值，但传统的数据分析方法往往难以应对数据的复杂性和多样性。大模型技术的出现，使企业能够高效处理这些数据，挖掘深层次的信息，从而实现更加精准的决策。

企业迈进智能化通常需要完成以下几个步骤：

1）数据准备。智能化转型的首要步骤是确保高质量的数据基础。企业需要建立统一的数据管理体系，确保数据的准确性、完整性和及时性。

2）技术选型。选择合适的大模型技术至关重要。企业应根据自身业务需求、数据特性和技术能力，选择最适合的大模型工具。

3）模型训练与验证。在选定模型后，企业需要投入资源进行模型的训练和验证，确保模型能够准确反映业务逻辑和数据特征。

4）应用部署。将训练好的模型整合到业务流程中，实现数据的实时分析和决策支持。

5）持续优化。智能化是一个持续演进的过程。企业需要不断地收集反馈，优化模型，以适应不断变化的业务环境。

最后，智能化转型不仅仅是技术层面的变革，更是组织管理和文化层面的变革。企业需要建立适应智能化的组织结构和文化。

通过以上步骤，企业可以快速迈向智能化，利用大模型技术实现数据洞察的触手可及，从而在激烈的市场竞争中占据有利地位。

最后，我们参考自动驾驶 L1 ～ L5 的等级划分，给智能分析也划分了一系列能力等级和标准，如图 10-3 所示。当前我们仍然处于 L2 等级。随着大模型能力的不断提升和业务场景的不断打磨，我们有望达到 L5 等级，届时将能高效分析业务需求，迅速洞察数据背后的本质，并提供精准的决策建议。

需要指标语义层跨越L1至L2的鸿沟

需要CoT跨越L2至L3的鸿沟

需要高阶分析能力跨越L3至L4的鸿沟

需要决策输出能力跨越L4至L5的鸿沟

智能化分析等级		L1				L2			L3	L4	L5
能力形式		数据分析教学	Chat2 界面操作	Chat2DAL	Chat2Data （精准提问）	Chat2Data （模糊提问）	SeedReqSuggestionReq	Chat2 简报	Chat2Analytics	Chat2DS (Data Science)	AI Agent
用户价值	效率价值&效能价值	提升用户的学习和成长效率	降低门槛 简化生产关系 提升自助率	降低SQL编写门槛，提升自助率	降低门槛 简化生产关系 提升自助率	降低门槛 简化生产关系 提升自助率	LLM提出有价值问题	提升用户的总结效率	降低门槛 简化生产关系 提升自助率	降低门槛 把不能变成能	降低门槛 把能变成高效的能
能力描述	Input	自然语言	自然语言	自然语言	自然语言	自然语言	种子问题和数据特征	自然语言	复杂自然语言，多轮对话	复杂自然语言，多轮对话	任务目标，Agent内多轮复杂对话
	Processer	推理需要的文档或者内容	指令翻译，报表结构生成	代码翻译	代码翻译+查询	知识查询，意图识别，代码翻译+查询	文本生成	文本生成，对多段文本进行规划总结	推理，并执行多轮查询	推理，并执行多轮查询，以及高阶归因与预测	推理，多轮查询，高阶分析，输出方案
	Output	教学内容	报表结构	DAL代码（如SQL、Python、R）	数据	数据	有价值的问题	总结之后的简报	可能的洞见	可能的洞见	可能的洞见、决策
	关键能力指标	采纳率	翻译准确率	翻译准确率	翻译准确率	翻译准确率	问题采纳率	采纳率	CoT有效性	CoT有效性	决策建议的有效性
依赖的模型能力		1.文本分类 2.毒性检测 3.事实回答 4.阅读理解 5.文章生成 6.问答 7.文本摘要	1.文本分类 2.代码生成（DAL代码） 3.代码理解（DAL代码）	1.文本分类 2.代码生成（DAL代码） 3.代码理解（DAL代码）	1.文本分类 2.代码生成（DAL代码） 3.代码理解（DAL代码）	1.文本分类 2.代码生成（DAL代码） 3.代码理解（DAL代码） 4.共指消解	文本生成	1.文本分类 2.逻辑推理 3.文本摘要 4.文章生成	1.文本分类 2.CoT 3.ToT	1.文本分类 2.CoT 3.ToT	1.文本分类 2.CoT 3.ToT

图 10-3　大模型驱动的智能化分析等级划分

10.6　未来趋势：大模型与企业指标结合

10.6.1　大模型与企业指标的未来发展方向

随着技术的不断进步，大模型已经逐渐成为企业数据分析的核心工具。未来，大模型与企业指标的融合将呈现出以下几个趋势：

- 个性化和定制化分析。大模型将能够根据企业的特定需求和行业特点，提供更加个性化和定制化的数据分析服务。例如，在零售业，大模型能分析消费者行为和偏好，助力精准营销；在制造业，大模型能识别生产瓶颈，提升效率。
- 实时数据分析和决策支持。结合物联网和大数据技术，大模型将处理实时数据，提供即时决策支持。如金融行业实时市场分析辅助投资决策，交通行业实时交通流量分析优化路线规划。
- 跨领域数据融合和分析。大模型将整合不同领域和来源的数据，提供全面、深入的数据洞察。例如，结合财务和市场数据，进行全面市场分析和预测。
- 自动化和智能化的数据分析。大模型将能够自动识别和提取数据中的关键信息，为企业提供自动化的数据分析服务，这将大大减少企业对专业数据分析师的依赖，降低人力成本。
- 数据隐私和安全性的保障。随着数据隐私和安全性的关注度越来越高，大模型将需要具备更好的数据隐私保护能力，确保企业在使用大模型进行数据分析时，数据的安全性得到保障。

总的来说，大模型与企业指标的融合将使得企业能够更加智能、高效地进行数据分析，为企业的决策和发展提供更加可靠的信息基础。同时，这也将带来新的挑战，如数据隐私和安全性的保护，以及模型的解释性和透明度等。未来，随着技术的持续进步和应用的深化，大模型与企业指标的融合将成为企业数据分析领域的重要发展趋势。

10.6.2 大模型技术如何改善数据分析过程

大模型技术改善数据分析过程的具体思路如下：

1）大模型技术能高效处理海量且复杂的数据。在传统数据分析中，面对庞大的数据量，企业往往需要投入大量的时间和资源进行数据预处理，以提取有价值的信息。而大模型技术能够自动从原始数据中学习，挖掘隐藏的模式和趋势，显著减轻数据预处理的负担。

2）大模型技术在处理复杂数据类型方面具有优势。随着互联网和物联网的发展，企业所面临的数据类型日益丰富，涵盖文本、图像、音频等多种形式。大模型技术可以处理这些非结构化数据，从中提取有价值的信息，为企业提供更全面的洞察力。

3）大模型技术还能提高数据分析的实时性。在传统数据分析中，数据处理和模型训练通常耗时较长，导致分析结果存在滞后性。大模型技术能够快速处理海量数据，实现实时分析和预测，帮助企业及时捕捉市场变化，调整战略决策。

4）大模型技术显著提高了数据分析的准确性。借助深度学习算法，大模型可以从数据中自动学习到复杂的特征和关联性，从而提高预测和决策的准确性。此外，大模型技术还可以利用迁移学习等方法，将已有的知识迁移到新的任务上，进一步增强数据分析的效果。

5）大模型技术有效降低了数据分析的成本。得益于云计算和开源技术的进步，企业可以轻松获取和部署大模型技术，无须投入大量资金和人力。这使得数据分析变得更加普及，不仅大型企业可以从中受益，中小企业也能借助大模型技术开展智能数据分析。

总之，大模型技术正逐步改善数据分析过程，使其变得更加高效、实时、准确和低成本。企业应充分利用这些技术，增强数据洞察力，为决策和增长提供有力支持。在未来的发展中，大模型技术将持续推动企业数据分析向更高水平迈进，助力企业不断创新和发展。

推荐阅读

数据中台：让数据用起来 第2版

超级畅销书

这是一部系统讲解数据中台建设、管理与运营的著作，旨在帮助企业将数据转化为生产力，顺利实现数字化转型。

本书由国内数据中台领域的领先企业数澜科技官方出品，几位联合创始人亲自执笔，作者都是资深数据人，大部分来自原阿里巴巴数据中台团队。他们结合过去帮助百余家各行业头部企业建设数据中台的经验，系统总结了一套可落地的数据中台建设方法论。本书得到了包括金蝶国际软件集团创始人在内的多位行业专家的高度评价和推荐。

本书第1版累计销量超过10万册，第2版更新和新增的篇幅超过60%。

中台战略：中台建设与数字商业

超级畅销书

这是一本全面讲解企业如何建设各类中台，并利用中台以数字营销为突破口，最终实现数字化转型和商业创新的著作。

云徙科技是国内双中台技术和数字商业云领域领先的服务提供商，在中台领域有雄厚的技术实力，也积累了丰富的行业经验，已经成功通过中台系统和数字商业云服务帮助良品铺子、珠江啤酒、富力地产、美的置业、长安福特、长安汽车等近40家国内外行业龙头企业实现了数字化转型。

云原生数据中台：架构、方法论与实践

超级畅销书

从云原生角度讲解数据中台的业务价值、产品形态、架构设计、技术选型、落地方法论、实施路径和行业案例。

作者曾在硅谷的Twitter等企业从事大数据平台的建设工作多年，随后又成功创办了国内领先的以云原生数据中台为核心技术和产品的企业。他们将在硅谷的大数据平台建设经验与在国内的数据中台建设经验进行深度融合，并系统阐述了云原生架构对数据中台的必要性及其相关实践，本书对国内企业的中台建设和运营具有很高的参考价值。